新疆博尔塔拉蒙古自治州南部山区森林资源科学考察

Scientific Investigation of Mountain Forest Resources in Southern Bortala Mengol Autonomous Prefecture, Xinjiang

陈　涛　崔大方　廖文波　主编

Editor-in-Chief: CHEN Tao　CUI Da-Fang　LIAO Wen-Bo

中国林业出版社
China Forestry Publishing House

图书在版编目（CIP）数据

新疆博尔塔拉蒙古自治州南部山区森林资源科学考察 / 陈涛，崔大方，廖文波主编. --北京：中国林业出版社，2021.1
ISBN 978-7-5219-0983-8

Ⅰ. ①新… Ⅱ. ①陈… ②崔… ③廖… Ⅲ. ①森林资源—科学考察—博尔塔拉蒙古自治州 Ⅳ. ①S757.2

中国版本图书馆CIP数据核字（2021）第017519号

新疆博尔塔拉蒙古自治州南部山区森林资源科学考察　　**陈　涛　崔大方　廖文波　主编**

出版发行：中国林业出版社（中国·北京）
地　　址：北京市西城区德胜门内大街刘海胡同7号

策划编辑：王　斌
责任编辑：张　健　刘开运　吴文静　　**装帧设计**：广州百彤文化传播有限公司

印　　刷：北京雅昌艺术印刷有限公司
开　　本：889 mm × 1194 mm　1/16
印　　张：20.75（其中彩插6.5个印张）
字　　数：540千字
版　　次：2021年1月第1版　第1次印刷
定　　价：198.00元（USD 39.00）

新疆博尔塔拉蒙古自治州南部山区森林资源科学考察

编辑委员会

新疆博尔塔拉蒙古自治州南部山区森林资源科学考察项目组

主要完成单位和参加人员

中山大学生命科学学院

廖文波　张丹丹　刘蔚秋　谢委才
刘忠成　赵万义　项兰斌　刘庆明
张信坚　潘嘉文　冯　璐　叶　矾
方平福　凡　强　陈志晖　邹艳丽

华南农业大学林学与风景园林学院

崔大方　施　诗　吴保欢　王剑瑞
鄂建宇　赖铭捷

新疆农业大学

王　兵　孟　岩　唐汇忠

中国科学院深圳仙湖植物园

陈　涛　李　楠　郑　艳

广东省微生物研究所

张　明　李　挺　李骥鹏　徐隽彦
钟祥荣　邓旺秋

中国科学院新疆生态与地理研究所

马　鸣　吴世新

新疆维吾尔自治区天然林保护中心

肖中琪

其他参加单位和参加人员

新疆大学生命科学与技术学院

热依木·马木提　吾尔妮莎·沙依丁

西藏自治区高原生物研究所

文雪梅

新疆农业科学院农作物品种资源研究所

王永刚　邓超宏

新疆博尔塔拉蒙古自治州公益林和国有林场管理站

吴加清　王　刚　牟宗江　杨怀亮

新疆博尔塔拉蒙古自治州博乐市三台国有林管理局

艾斯哈提·吾甫尔

新疆博尔塔拉蒙古自治州精河县精河国有林管理局

孙红兵

序

Preface

天山是世界七大山系之一，是世界上最大的独立纬向山系，也是世界上距离海洋最远、全球干旱地区面积最大的山系。2013年中国境内天山以“新疆天山”名称成功申报成为世界自然遗产地，这也是中国第44处世界遗产地。该地区具有独特的山地森林、草原景观，是中亚森林、草原及各类生物资源的重要组成部分，对中亚经济发展和生态环境保护具有重要的作用，是发掘生物种质资源和开展科学研究的重要基因宝库。

新疆博尔塔拉蒙古自治州南部山区位于北天山西段支脉博洛霍罗山和科古尔琴山北麓，是新疆天山重要的组成部分，其地形地貌复杂，水源丰富，气候条件多样，为各种植被和植物资源的繁衍发育，提供了良好的生存环境。自古以来，这里就有着茂密的天然森林和广阔的天然草场。为了全面地了解和掌握森林资源现状，在新疆林业和草原局的支持下，博尔塔拉蒙古自治州林业和草原局启动了南部山区森林资源科学考察，由中山大学、博尔塔拉蒙古自治州公益林和国有林林区组织了10多个大学和科研单位，开展了为期两年的森林资源本底科学调查与研究。考察队员克服宿营、饮食、交通、通讯等各种困难，采集了大量标本、样方数据、图片影像等第一手基础资料，完成了自然地理与环境、植被类型与群落特征、维管植物区系、苔藓植物多样性、地衣多样性、大型真菌多样性、动物多样性、昆虫多样性等研究，开展了森林资源评价，为更好地促进林业发展、保护森林资源以及合理开发利用提供了科学依据。

打开《新疆博尔塔拉蒙古自治州南部山区森林资源科学考察》书稿，让我回忆起60多年前，作家碧野以天山景物为内容的游记散文《天山景物记》，“天山连绵几千里，远望天山，美丽多姿，雪峰、溪流、森林、野马、蘑菇圈、旱獭、雪莲，迷人的夏季牧场还有峰峦高处的天然湖”。该文运用很浓的抒情色彩描述了天山的美丽和一种无限温柔的感情，一直作为中学语文教材的传统篇目。本次新疆博尔塔拉蒙古自治州南部山区科考，内容丰富，数据翔实，那常年积雪高插云霄的群峰下面，那富于色彩、连绵不断的山峦深处，其独特的区系地理特征、珍稀濒危保护物种、可利用的动植物资源以及脆弱的生态环境，揭示了博州南部山区生态环境与生物资源保护的重要性。这些科考成果将为“新疆天山”自然遗产的保护和管理奠定基础。

《新疆博尔塔拉蒙古自治州南部山区森林资源科学考察》是一部对当地生态资源进行全面系统研究和论述的著作，其所获得的科学数据和研究成果，可为建设美丽新疆，保护好天山自然生态环境，保护好生物多样性，实现国家绿水青山理念发挥重要作用。本书的出版，对丝绸之路“中国——中亚经济带”的自然生态资源整合与研究，以及对促进区域社会经济可持续发展具有重要意义。

2020年6月15日

博尔塔拉蒙古自治州（以下简称博州），地处新疆维吾尔自治区西北部，准噶尔盆地西南边缘、天山西段北麓，与哈萨克斯坦接壤。博州地形地貌复杂，水资源丰富，气候条件多样，为各种植被类型的生长发育，提供了较为良好的生存环境，孕育了各类丰富的森林资源。自古以来，博州就有茂密的天然山地森林、大面积的平原天然林、河漫滩天然混合林、荒漠灌木林、沼泽芦苇丛以及广阔的天然草场等。然而，由于长期的能源严重缺乏而带来的高强度人类经济活动，昔日的丰盛水草和繁茂树木，遭遇了荒漠化的严重威胁。改革开放以来，州委州政府对森林资源保护和森林植被恢复高度重视，在国家部委和自治区党委、自治区人民政府的大力支持下，逐年持续开展退耕还林工程、防护林工程、天然林保护工程、湿地保护与恢复工程等林业建设。迄今为止，全州拥有受保护的天然林约1025万亩*。然而，博州迄今尚未开展过全面的森林资源科学考察，生物多样性本底情况不清楚，不利于森林资源管理和生态环境保护。

为了全面了解和掌握博州森林资源现状，更好地为全州林牧业发展、森林草原保护和资源合理利用提供科学依据，新疆博州公益林和国有林林区委托中山大学生命科学学院，并邀请华南农业大学、广东微生物研究所、中国科学院深圳仙湖植物园、中国科学院新疆生态与地理研究所、新疆农业大学、新疆大学、西藏自治区高原生物研究所等相关单位的专家学者，对博州南部山区开展了植物、脊椎动物、昆虫、地衣和大型真菌以及植被群落等森林资源本底的全面专业科学考察和研究。

本次考察区域位于博尔塔拉蒙古自治州国有林林区精河、三台林区（精河林管局管辖的范围、治林管局管辖的范围，下同）管理的辖区范围内，为天山西段北麓，东到古尔图河与乌苏市毗连，南以博洛霍罗山、科古尔琴山、婆罗克努尔山之脊为界与伊犁地区的尼勒克县和伊宁县接壤，西与哈夏林林区相接，北以森林分布下线的低山丘林为界。地理坐标为东经80°45′～83°40′，北纬44°03′～44°32′。东西长约204.5 km，南北宽约57.5 km，总面积509332.1 hm^2。

本次科学考察工作历时两年多（2017—2019），参与科学考察共计500余人次，累计野外工作时间180多天，采集标本5000多号，包括维管植物2800多号、苔藓植物300余号、地衣200余号、大型真菌320余号、昆虫1596号，拍摄照片30000多张，调查植被群落样方53个。考察研究结果表明，博州南部山区植被类型主要有寒温性针叶林、落叶阔叶林、灌丛、荒漠、草原、草甸、沼泽与水生植被、高山冰缘带植被八种类型；植被垂直带谱发育完整，自下而上依次为山地荒漠、山地草原（荒漠草原、山地典型草原、山地草甸草原）、山地森林与草甸、山地灌丛、亚高山和高山草甸、高山冰缘带植被。经内业整理鉴定，编写了博州南部山区森林野生物种多样性编目，其中野生维管植物有80科424属1134种（若仅有种下等级的其一按1种计），包括蕨

*1亩≈666.7 m^2。

类植物6科8属12种、裸子植物3科3属11种、被子植物71科413属1115种；苔藓植物30科57属93种，包括苔类植物8科9属10种、藓类植物22科48属83种；地衣植物23科42属85种；大型真菌20科48属85种；脊椎动物84科206属338种，包括鱼类3科10属13种、两栖类2科3属3种、爬行类5科12属15种、鸟类57科143属263种、哺乳类17科38属44种；昆虫60科252种。

博州南部山区的野生植物资源非常丰富，包括食用植物、药用植物、工业用植物、饲用植物、观赏植物、野生农作物近缘植物、特有与濒危植物等7大类，其中各类珍稀濒危保护植物有37种，包括世界自然保护联盟（IUCN）的濒危物种伊犁花1种、国家Ⅱ级重点保护野生植物17种，如肉苁蓉、新疆贝母、雪莲、中麻黄、小斑叶兰等；新疆维吾尔自治区I级保护裸子植物麻黄属7种，被子植物天山桦、梭梭、光果甘草、半日花、锁阳、多伞阿魏、肉苁蓉、雪莲、新疆贝母等15种。博州南部山区有国家级野生保护脊椎动物约59种，其中国家Ⅰ级重点保护动物有雪豹、北山羊等10种，国家Ⅱ级重点保护动物有棕熊、马鹿等49种；新疆维吾尔自治区保护动物25种，其中Ⅰ级保护动物14种，Ⅱ级保护动物11种；科考区域内还发现有国家Ⅱ级保护昆虫阿波罗绢蝶。博州南部山区约有60%的物种属于“国家保护的有益的或者有重要经济、科学研究价值的陆生野生动物名录”(以下简称三有保护动物名录)。这些野生物种都具有较高的保护价值。

在博州南部山区森林资源考察过程中，发现了不少生物新分布记录属种，包括2个中国大型真菌新记录属*Paralepista*和*Tephrocybe*，4个新记录种科迪勒拉蘑菇*Agaricus cordillerensis*、*Chrysomphalina chrysophylla*、*Melanoleuca cognata*和*Myxompha liamaura*；1个中国鸟类新记录种侏鸬鹚*Phalacrocorax pygmeus*；2个中国昆虫新记录种珀薄翅野螟*Evergestis politalis*和刺薄翅野螟*Evergestis spiniferalis*；27个新疆昆虫新记录种，如华丽野螟*Agathodes ostentalis*、深色白眉天蛾*Celerio gallii*和赫妃夜蛾*Drasteria herzi*等；2个新疆地衣新记录种小管地指衣*Dactylina madreporiformis*和黄髓大孢衣*Physconia enteroxantha*。此外，还发现若干尚待进一步研究确定的疑似新种。

《新疆博尔塔拉蒙古自治州南部山区森林资源科学考察》参考了该区域往年积累的相关调查和研究成果。在考察和报告编研过程中，得到了新疆维吾尔自治区、博州林业和草原局、相关部门各级领导的关心和支持，也得到了新疆博州公益林和国有林林区、三台林区和精河林区的大力支持和帮助，在此一并致谢！

本专著是新疆博州森林资源本底数据科学考察的阶段性成果。这项基础性工作的持续深入，必将为深化博州森林资源保育和天然林保护实践翻开新的篇章。由于科考工作涉及学科面广，编研时间较紧，不足之处在所难免，恳请读者批评指正。

全体编写者

2020年6月

第1章　自然地理环境

1.1　地理位置

天山是世界七大山系之一，位于欧亚大陆腹地，横跨乌兹别克斯坦、吉尔吉斯斯坦、塔吉克斯坦、哈萨克斯坦和中国5个国家。天山西起咸海东岸荒无人烟的图兰平原，东达中蒙边境的浩瀚戈壁，从东经65°以西，向东延伸至东经95°，东西全长3000 km；在纬度上从北纬40°，扩展至北纬45°，山体南北宽250～350 km，最宽处达820 km。

本次科考的山区位于新疆维吾尔自治区西北部的博尔塔拉蒙古自治州（简称博州）南部，涵盖北天山西段支脉博洛霍罗山和科古尔琴山北麓，隶属于博州国有林管理局精河、三台林区管辖范围内（图1-1）。该区域东起古尔图河与乌苏市毗连，南以博洛霍罗山和科古尔琴山之脊为界与伊犁地区的尼勒克县和伊宁县接壤，西与哈夏林区相接，北以森林分布下线的低山丘陵为界与准噶尔盆地西南边缘相连。地理坐标为东经80°45′～83°40′，北纬44°03′～44°32′。东西长约204.5 km，南北宽约57.5 km。区域总面积509332.1 hm^2。

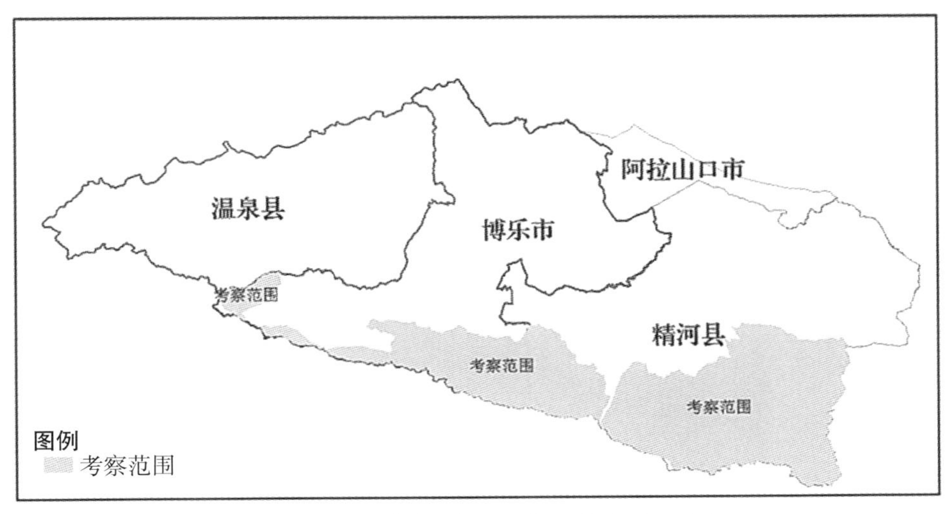

图1-1　新疆博州南部山区森林资源考察范围

1.2　地质地貌概况

天山山系为横跨在中亚内陆的一条巨型地质构造带，在漫长的地质历史时期，地壳运动引起沧桑巨变。前寒武纪建造是整个天山山系初露的最古老的建造，加里东建造是早古生代建造，海西建造是晚古生代建造，是天山分布最为广泛的构造。天山山系指状分布与深断裂指状分布相关，其中博洛霍罗—阿其克库都克—沙泉子深断裂走向由北西西走向转为北东东走向，深断裂两侧派生断裂与挤压褶皱强烈，沿断裂带有海西建造期的超基性岩及酸性岩，断裂切割元古代至中～新生代地层，并有多期活动。

在距今17.0亿～6.0亿年的晚元古代时期，天山古陆的范围进一步扩大，与目前天山轮廓大体相似，古陆边缘有博洛霍罗东段深断裂。古陆边缘的科古尔琴山堆积了冰碛岩延伸到古陆边缘的水体中，表明这里有天山最古老的冰川活动的痕迹。在距今6.0亿～4.4亿年前的寒武纪——奥陶纪时期，由于自西向东的张裂活动，致使天山古陆基本消失，成为古地中海的一部分。

进入中生代，在2.3亿～1.6亿年前三叠纪至早－中侏罗纪时期，古天山主要是夷平时期，地貌接近准平原状态。这时，准噶尔盆地全部沉降，在北天山包括博洛霍罗山支脉北麓的山前凹陷沉降。1.6亿～1.4亿年前的中侏罗纪至晚侏罗纪时期，天山再度隆起，构造活动性加强，并出现广泛的皱褶隆起，有些凹陷部分被卷入隆起范围中。直至距今1.4亿年～8000万年前的白垩纪受古地中海海侵影响，古天山被再度夷平为准平原状态。

进入新生代后，新构造运动决定了现代天山山地的特征塑造。在早第三纪，新疆境内山体隆起的幅度还不很大，上升速度减缓，还没有高大的山体，但整体气候较干旱。到晚第三纪以后，各大山系的隆升才有较大规模，整个天山发生了大规模的剧烈断块隆升，出现山体隆起抬升，尤其到了晚上新世和第四纪初期新构造活动天山抬升急剧，博洛霍罗山和科古尔琴山支脉抬升在3000 m，这是山地断块非等量升降的结果。与此同时，在山麓地带发生了新的皱褶，形成了以第三纪为主的低山丘陵。此时，包括博洛霍罗山和科古尔琴山支脉的现代北天山基本形成。晚更新世以来天山抬升运动仍在进行，但上升幅度较小，从有些褶皱的背斜顶部，覆有冰水沉积和黄土，可以看出天山在第四纪时还继续隆起。进入全新世，现代天山山地的地貌仅以修饰改造为主。

博州南部山区地貌随天山山地地貌经过漫长的地质发展演变，主体山地由古生代和更早时期的地层及各类岩体构成（后发育为现代高山带），后来的中、新生代早期地层形成了中山带、低山带和山前带地貌，因强烈的断块升降又发生解体，形成不同的梯级地貌，导致垂直地貌结构的复杂化。晚上新世和第四纪早更新世剧烈断块隆升山地，奠定了现代天山山系的格局。考察区域的博洛霍罗山和科古尔琴山总体为东西走向，山地北麓山前与准噶尔盆地相连，高差悬殊，地形对照性强烈，垂直地貌带因受到不同外营力作用的影响，地表特征明显不同。山顶与山麓的高差达2800 m左右，垂直地貌带发育完整，层次明显。其中在高山地貌带，海拔大于3200 m的高山冰缘地貌发育普遍，2600～3000 m为亚高山、高山地貌带，可以见到微倾斜的坡面平台和山顶面构成的二级夷平面和古冰川遗迹；海拔1600～2600 m为中山带，也是雪岭云杉林带，这里是考察区域最大降水分布地带，年平均降水量在500 mm以上，降水丰富，流水侵蚀作用强烈，地表破坏严重，常见到冲刷谷沟纵横，岭谷相间地貌多有分布；海拔600～1600 m为低山丘陵地貌带，即前山带，这里是山地荒漠、荒漠草原、山地草原发育的地带，流水侵蚀与堆积同时存在，与中山带相比流水的切割密度较小，很少有支流汇入，但侵蚀强度仍未减弱，侵蚀作用仍占主导地位。

天山山系普遍存在着三级夷平面，主要分布在中山带与低山带的分界地段，这些夷平面的分异变型，以断裂或断块变型为主，在考察区域存在着与博洛霍罗山和科古尔琴山走向一致的大断裂，它们大多在新构造运动时期仍有强烈活动，从而导致夷平面的分异解体。

1.3　气候

博州南部山区的气候首先取决于它所处的纬度地带和地处欧亚大陆中心的位置，气候带属于温带大陆性干旱半干旱气候。这里夏季温凉温润，冬季严寒，很少受到海洋湿气流的影响，气候的大陆性和干燥度很强，而且光热资源丰富。太阳年总辐射量约为5000～5500 MJ/m^2，总辐射随着海拔高度增加而减少，海拔高度每上升100 m总辐射递减0.062 MJ/m^2，直接辐射增幅3～4月最大，增加量为112.5 MJ/m^2，直接辐射最大值出现在7月，为513.27 MJ/m^2，直接辐射最小值出现在12月，为81.45 MJ/m^2。年日照时数2600～2800 h，≥10.0 ℃的年积温一般在1800～3000 ℃（三台林区－精河林区），积温初日在4月中旬，积温终日在9月底至10月初，持续约160天。另外，气候的大陆性特征还表现在气温变化剧烈，气温的年较差、日较差年际变化都很大，年平均温度为2.0～5.0 ℃，其中最热月（7月）平均温度为20.0～25.0 ℃，最冷月（1月）平均温度为−15.0～−20.0 ℃，年平均日较差13.1 ℃，最高日较差在7月，为16.4 ℃，最低日较差在12月，为8.6 ℃。由于温度低，无霜冻期短，植物生长发育期短，一般4月开始萌生，5月开始生长，10月即完全转入冬季。博州天山北坡温度情况如表1−1所示：

表1−1　博州南部平均气温、平均最高和最低气温表（°C）

项目	1月	4月	7月	10月	较差	年平均
平均气温	−17.3	9.9	23.1	6.7	40.4	5.6
平均最高气温	−10.7	17.1	31.3	13.5	42.0	12.5
平均最低气温	−22.3	3.3	14.9	0.8	37.2	-0.6

在博州南部山区，山地的温度条件随地势升高而递减，由炎热的荒漠气候变为低温的山地草原、森林以至高山寒冷的气候，在海拔660～800 m的山前冲积扇下缘和部分河谷地带，年平均气温4.2～4.9 ℃，≥10.0 ℃的年积温2800～3000 ℃，干燥度2.9～3.2，无霜期140天左右；海拔800～1500 m的山前冲积——洪积扇地带，年平均气温3.0～4.2 ℃，≥10.0 ℃的年积温1800～2800 ℃，干燥度2.5～2.9，无霜期130 天左右；海拔1500 m以上，年平均气温3.0 ℃ 以下；海拔3500 m以上常年积雪，终年处于冰雪条件下。这里冬季还有明显的逆温现象，逆温最大强度带在1900～2400 m，宽度约500 m，逆温一般开始于10月上旬，一般平均终期在3月中旬。

博州南部山区气候的另一特征是积雪时间长且厚度大。在考察区域降雪占年降水量20%～45%，积雪达20～30 cm。深厚的积雪不仅保护着植物越冬，而且春季融雪为植物补充水分，促进植物复苏，因此这里的积雪量显然是影响着植被分布和植物区系组成的重要因素。

1.4　水文

天山山脉以其高大的身躯拦截了大量的水汽，形成干旱区中的湿岛，构成众多内陆河流的发源地。博州南部山区的水资源包括大气降水、地面径流、地下水和固态的冰川。降水一部分以地表径流的形式直接补给河流，另一部分在高山地带以降雪的形式积累，或者以地下水的形式补给河流，其中冰雪融水和地下水补给分别占河流总径流的22.2%、39.0%，而季节积雪融水和雨水占38.8%。博洛霍罗山海拔3800 m以上有终年积雪和现代冰川发育，不论是哪座山上的冰川，均出现夏季消融，成为河流的发源地。

天山山区多年平均年降水总量为987×10^8 m^3，其中天山北坡多年平均降水总量591×10^8 m^3，占天山山区总降水量的60%。博州南部山区年降水稀少而且分布不均匀，博乐三台林区山区降雨资源8.13亿m^3、降雪资源4.59亿m^3、降水资源总量12.72亿m^3；精河林区山区降雨资源9.35亿m^3、降雪资源3.72亿m^3、降水资源总量13.07亿m^3。总的趋势随山地海拔升高而降水量增大，在前山带降水最多在夏季，占年降水总量的43%，为77.8 mm；降水量最少在冬季，占年降水总量的7%，为12.9 mm；接近准噶尔盆地边缘地带年降水量一般在200～300 mm；而海拔1600～2600 m的中山带（雪岭云杉林带），是考察区域最大降水分布地带，年平均降水量在500 mm以上，是涵养水分调节气候的制约因素。而且降水量的年内分配极不均匀，主要集中在夏秋季节，连续最大4个月降水量出现在6～9月，降水总量约占全年的66.5%；其中夏季6～8月的降水量占年降水量的56.3%。

博州南部山区年径流量在1亿方以上的河流有精河和大河沿子河。

精河发源于博洛霍罗山，由南向北汇入艾比湖，全长114 km，流域范围东经81°46′～83°51′，北纬44°02′～45°10′，流域面积2150 km^2，年平均流量14.7 m^3/s，多年平均年径流量4.75×10^8 m^3，全流域年径流量8.81 亿m^3。精河在博州南部山区河长80 km，集水面积为1419 km^2，主要支流有乌图精河、冬都精河和厄门精河。精河源头发育有大小冰川129条，冰川覆盖面积96.2 km^2，冰川总储量54.60×10^8 m^3，冰川年融水量为0.96×10^8 m^3，占精河径流量20.6%。

精河多年平均年径流量为4.75×10^8 m^3，最大径流量出现在1988年，为6.01×10^8 m^3；最小径流量出现在1992年，为3.68×10^8 m^3，绝对变化幅度为2.33×10^8 m^3，最大与最小年径流量比差1.63倍。其水文特征还表现为径流年内分配不均，其中夏季（6～8月）径流量占年径流量的64.1%，而春（3～5月）、秋（9～11月）、冬（12～次年2月）季分别占年径流量的10.3%、18.5%和7.1%。

大河沿子河发源于博洛霍罗山北麓西段，科古尔琴山北面，源头位于南北两山交汇处，翻越源头海拔2290 m的隘口，在博州南部山区内河流呈西－东流向，河长77.4 km，流域面积为1697 km^2，较大的支流有铁里门萨依、喀克萨依、阿合峡河、托逊能苏、库鲁铁列克和苏勒铁列克等。其后河流转90°呈南北流向向北流出山口，经过沙尔托海水文站至大河沿子镇最终汇入博尔塔拉河。大河沿子河源头发育有大小冰川34条，冰川覆盖面积4.17 km^2。

大河沿子河多年平均年径流量为1.34×10^8 m^3，最大径流量出现在2002年，为1.81×10^8 m^3；最小径流量出现在1992年，为0.98×10^8 m^3，绝对变化幅度为0.83×10^8 m^3，最大与最小年径流量比差近2倍。其水文特征还表现为径流年内分配不均，其中夏季（6～8月）径流量占年径流量的37.64%，春（3～5月）、秋（9～11月）、冬（12～次年2月）季分别占年径流量的24.41%、21.07%和6.88%。径流量连续最大的4个月集中在5～8月，占全年径流量的50.34%，而2～3月、11～12月的径流量仅占全年径流量的21.91%；多年最大月径流量一般出现在6月份，占年径流量的14.69%；最小月径流量一般出现在2月份，占年径流量的4.41%；最大约径流量是最小月径流量的3.33倍。

1.5 土壤

组成天山的母岩多种多样。高山和中高山带，多为古生代变质岩系和火成岩系，有花岗岩、石英岩、片麻岩、石灰岩等；山前、低山和部分中高山区多由中生代和新生代的砂岩、泥岩等水成岩系组成。

博州南部山区土壤的成土过程以及土壤的地理分布规律，明显地受到地质、地貌和强大的干旱气候影响。在干旱气候控制下前山和低山土壤进行着荒漠土壤的成土过程。山地随着海拔高度的增加，气候干燥度的下降，土壤也相应地出现草原土壤成土过程、森林土壤成土过程和草甸土壤成土过程。

博州南部山区土壤具有明显的山地垂直带谱结构。随着海拔高度的变化，由低到高分布着山地灰棕色荒漠土、山地棕钙土、山地栗钙土、山地黑钙土、山地灰褐土、亚高山草甸土、高山草甸土。其中，山地灰棕色荒漠土处于山地下部的荒漠植被下，主要与温带荒漠相适应，大面积的蒿类荒漠和琵琶柴（*Reaumuria soongorica*）荒漠主要发育在这类土壤上。荒漠土壤中还有小面积的沙漠，其上发育着梭梭（*Haloxglon ammodendron*）荒漠和沙拐枣（*Calligonum mongolicum*）荒漠。荒漠土壤普遍进行着盐化和石膏化过程，这主要由干旱所致。随着海拔升高，山地棕钙土与山地荒漠草原相适应，山地栗钙土发育着各类典型草原；山地黑钙土处于山地草甸、草甸草原、山地阔叶灌丛下；山地灰褐色森林土与雪岭云杉林相适应。高山草甸土处于冰碛物、冰水沉积物或坡积物上，为粗骨质或细土质，这类土壤为高山草甸、高山垫状植被提供了土壤条件。

博州南部山区由于受到准噶尔西部山地阿拉套山阻挡的影响，处于显著的雨影区范围内，垂直带谱结构中干旱性状的土壤类型越来越显著，天山北坡广泛分布的黄土及黄土状物质缺乏，母质较粗，土层薄；荒漠土的分布可以升高到海拔1700 m，而森林断续呈小片状分布，林线下限提升到2100 m，有些区域的比伊犁地区森林带下限（1700～1900 m）抬升了数百米；同时干旱气候也影响到亚高山、高山带景观，构成亚高山和高山草甸的草层低矮，草被发育差，甚至有些地段出现亚高山带土不完整或缺失。

在土地利用方面，博州南部山区天然草场丰富，海拔1000～1500 m的前山低山区是春秋草场，海拔1500～2000 m的向阳坡分布着冬草场，在海拔1600～2600 m的中山带分布着山地草甸草场和天然林云杉，在海拔2000～3500 m发育着亚高山草甸草场、高山草甸草场，博州南部山区适宜发展林业和畜牧业。

1.6 植被

博州南部山区所处的地理位置，决定了其温带大陆性干旱半干旱气候特征，表现出大陆性旱生植被地带性的特点，成为欧亚荒漠地带的重要组成部分，是亚洲中部荒漠与中亚（伊朗－吐兰）荒漠的过渡地区。在欧亚大陆的水平植被地带结构中，天山主脉分水岭以北至额尔齐斯河之间的平原与山地构成准噶尔荒漠亚地带（温带荒漠），地带性的植被类型为小半乔木、灌木、半灌木和小半灌木为主所构成的荒漠植被，其中梭梭和琵琶柴荒漠在天山北麓的山前冲积平原上发育最为广泛。

博州南部山区植被垂直带发育完善，自下而上依次为：山地荒漠带－山地草原带－山地森林、草甸带－高山亚高山草甸带－高山冰缘带植被。

山地荒漠位于海拔600～1500 m的低山坡地、山前洪积扇、古老阶地及倾斜平原上，组成荒漠植物区系的成分有中亚成分、吐兰－准噶尔成分、亚洲中部成分。其中由蒿属（*Artemisia*）、绢蒿属（*Seriphidium*）植物不同种类构成的荒漠成分在博州南部山区的低山带和山前倾斜平原上广泛分布，同时由于冬春降水（雪）较多等特点，使得在荒漠群落中往往短命植物与类短命植物层片十分发育。

草原植被按海拔高度分为三个植被亚型，即草甸草原、典型草原和荒漠草原亚型，并构成垂直带发育。在博州南部山区山地草原植被发育在海拔1200～1800（2200）m的低山带－中山带，这里降雨量比荒漠区增多，而气温和蒸发量又降低，中亚典型的针茅（*Stipa capillata*）和羊茅（*Festuca ovina*）山地草原在这里也得到了很好的发育。

位于博州南部山区海拔1600～2600 m的中山带阴坡和半阴坡发育着寒温性常绿针叶林，几乎完全由雪岭云杉（*Picea schrekiana*）为建群种组成了单优森林群落；在海拔1600～1800 m河流台地的缓坡地带还间断分布有雪岭云杉与欧洲山杨、天山桦等组成的针阔混交林。山地落叶阔叶林，通常与山地针叶林有密切的联系，海拔不超过针叶林带。

灌丛植被不具有地带性意义，但其分布遍及山地、河谷，几乎出现在除高山植被带上部以外的所有植被垂直带中。其中针叶灌丛主要分布在海拔2200～2800 m的山地石质化阳坡或半阳坡，并与高山草甸、亚高山草甸镶嵌结合。落叶阔叶灌丛常生长在海拔1000～2200 m的森林草原过渡带和旱生的山地草原带的石质化阳坡和半阳坡，一些种能分布到严酷的亚高山区域，在高山冷凉阴湿的阴坡和干旱的阳坡都可以形成群落。在荒漠地带，耐盐、抗旱的灌木更比森林树种有着优越的适应性，通常其分布区域广泛。

草甸根据生态发生和群落学特征可分为高山草甸、亚高山草甸、山地（中山）草甸三个亚型。其中高山草甸分布于海拔2800～3300 m的高山山坡凹陷处；亚高山草甸分布于海拔2600～3000 m的森林带上部的缓坡或宽谷底部；山地草甸广泛发育在中山带海拔1600～2600 m山地草原与亚高山垂直带之间的山间开阔地、山地针叶林下及其林缘区域。

高山冰缘带植被是海拔最高的植被带，在博州南部山区其分布于高山灌丛和高山草甸上部，高海拔冰川恒雪带的下部，海拔在3200 m以上，这里受到冰川的影响，环境非常残酷，除在岩石表面生长一些地衣外，还生长有高山禾草、蒿草和垫状植物，包括高寒砾石草甸和高山垫状植被两个植被亚型。

参考文献

程涛. 新疆大河沿子河流域水文资料“三性”及径流变化特征分析[J]. 地下水，2018，40（2）：163-165.

陈忠. 博尔塔拉州农业自然资源综合评价[J]. 新疆农业科学，1982（6）：1-4.

董煜，张立山，陈学刚. 精河流域径流变化特征及其对降水变化的响应[J]. 南水北调与水利科技，2016，14，（4）：60-65.

李加强，陈亚宁，李卫红，等. 天山北坡中小河川降水与径流变化特征[J]. 干旱区地理，2010，33，（4）：615-622.

胡汝骥主编. 中国天山自然地理[M]. 北京：中国环境科学出版社，2004：9.

胡为忠. 新疆博乐地区的“三水”资源及其开发利用与生态环境保护[J]. 新疆环境保护，1990，12（3）：12-20.

新疆维吾尔自治区国土整治农业区划局. 新疆国土资源（第一分册）[M]. 乌鲁木齐：新疆人民出版社，1986.

熊嘉武主编. 新疆天山东部山地综合科学考察[M]. 北京：中国林业出版社，2015：12.
熊嘉武主编. 新疆天山西部山地综合科学考察[M]. 北京：中国林业出版社，2017：10.
杨利普编著. 新疆维吾尔自治区地理[M]. 乌鲁木齐：新疆人民出版社，1987：2.
中国科学院新疆综合考察队，中国科学院植物研究所. 新疆植被及其利用[M]. 北京：科学出版社，1978.

第2章 植被类型及其特征

植被与气候、土壤、地形及水文状况等自然环境要素密切相关。天山地理区域所处的纬度地带和地处欧亚大陆中心的位置，决定了其温带大陆性干旱半干旱气候特点，在欧亚大陆的水平植被地带结构中，其植被表现出大陆性旱生植被地带性的特点，成为欧亚荒漠地带的重要组成部分，是亚洲中部荒漠与中亚（伊朗–吐兰）荒漠的过渡地区。

2018—2019年项目组考察了北天山西段支脉博洛霍罗山和科古尔琴山北麓，博州国有林管理局精河、三台林区，地点包括厄门精、冬都精、乌图精、堰塞湖、巴音那木、小海子、喀拉达坂、乔西卡勒、克孜里玉、萨尔巴斯陶、赛里木湖南岸等。主要采用路线调查法和群落样方法，开展了对博州南部山区植被群落与植物资源的实地调查。根据植被分类系统和原则，分析总结出博州南部山区植被类型主要有寒温性针叶林、落叶阔叶林、灌丛、荒漠、草原、草甸、沼泽与水生植被、高山冰缘带植被8种类型，其中针叶林、阔叶林、灌丛、荒漠是以木本植物为主体的植被类型。通过实地调查发现博州南部山区植被类型属垂直带状分异的山地植被，植被垂直带谱发育完整，自下而上依次为山地荒漠、山地草原（荒漠草原、山地典型草原、山地草甸草原）、山地森林与草甸、山地灌丛、亚高山草甸、高山草甸、高山冰缘带植被。

2.1 植被分类系统

根据《中国植被》的分类原则，博州南部山区的自然植被分类系统划分为3级，即8个植被型、19个植被亚型、50个群系（各群系所依据的样方表见29页表2–1）。

2.1.1 寒温性针叶林（植被型）

1. 山地常绿针叶林（植被亚型）

（1）雪岭云杉群系（Form. *Picea schrenkiana*）

2.1.2 落叶阔叶林（植被型）

2. 山地落叶阔叶林（植被亚型）

（2）欧洲山杨群系（Form. *Populus tremula*）

（3）天山桦群系（Form. *Betula tianschanica*）

（4）伊犁柳群系（Form. *Salix iliensis*）

3. 河谷落叶阔叶林（植被亚型）

（5）密叶杨群系（Form. *Populus talassica*）

2.1.3 灌丛（植被型）

4. 常绿针叶灌丛（植被亚型）

（6）欧亚圆柏群系（Form. *Juniperus sabina*）

（7）西伯利亚刺柏群系（Form. *Juniperus sibirica*）

5. 落叶阔叶灌丛（植被亚型）

（8）鬼箭锦鸡儿群系（Form. *Caragana jubata*）

（9）多刺蔷薇群系（Form. *Rosa spinosissima*）

（10）金丝桃叶绣线菊群系（Form. *Spiraea hypericifolia*）

（11）金露梅群系（Form. *Pentaphylloidcs fruticosa*）

（12）镰叶锦鸡儿群系（Form. *Caragana aurantiaca*）

（13）白皮锦鸡儿群系（Form. *Caragana leucophloea*）

（14）黑果小檗系（Form. *Berberis heteropoda*）

（15）栒子群系（Form. *Cotoneaster* spp.）

（16）忍冬群系（Form. *Lonicera* spp.）

（17）白花沼委陵菜群系（Form. *Comarum salesovianum*）

2.1.4 荒漠（植被型）

6. 小乔木荒漠（植被亚型）

（18）梭梭群系（Form. *Haloxylon ammodendron*）

7. 灌木荒漠（植被亚型）

（19）泡果沙拐枣群系（Form. *Calligonum junceum*）

（20）刺木蓼群系（Form. *Atraphaxis spinosa*）

（21）驼绒藜群系（Form. *Ceratoides latens*）

（22）木本猪毛菜群系（Form. *Salsola arbuscula*）

8. 半灌木、小半灌木荒漠（植被亚型）

（23）琵琶柴群系（Form. *Reaumuria soongarica*）

（24）刺旋花群系（Form. *Convolvulus tragacanthoides*）

（25）小蓬群系（Form. *Nanophyton erinaceum*）

（26）博乐绢蒿群系（Form. *Seriphidium borotalense*）

（27）纤细绢蒿（小蒿）群系（Form. *Seriphidium gracilescens*）

2.1.5 草原（植被型）

9. 草甸草原（植被亚型）

（28）禾草及杂类草草甸草原（Form. *Festuca* spp.，*varii herbae*）

（29）苔草及杂类草草甸草原（Form. *Carex* spp.，*varii herbae*）

（30）早熟禾群系（Form. *Poa* spp.）

10. 典型草原（植被亚型）

（31）针茅群系（Form. *Stipa capillata*）

（32）羊茅群系（Form. *Festuca ovina*）

（33）沟羊茅群系（Form. *Festuca valesiaca* subsp. *sulcata*）

11. 荒漠草原（植被亚型）

（34）镰芒针茅群系（Form. *Stipa caucasica*）

（35）碱韭群系（Form. *Alliun polyrhizum*）

2.1.6 草甸（植被型）

12. 高山草甸（植被亚型）

（36）高山杂类草草甸（Form. *varii herbae*）

（37）高山嵩草、苔草草甸（Form. *Kobresia* spp.，*Carex* spp.）

13. 亚高山草甸（植被亚型）

（38）亚高山杂类草草甸（Form. *varii herbae*）

（39）亚高山禾草及杂类草草甸（Form. *festuca* spp.，*Poa* spp.，*varii herbae*）

（40）山地橐吾群系（Form. *Ligularia narynensis*）

（41）天山羽衣草群系（Form. *Alchemilla tianschanica*）

14. 山地（中山）草甸（植被亚型）

（42）禾草及杂类草山地草甸（Form. *Festuca* spp.，*Poa* spp.，*varii herbae*）

（43）高草杂类草草甸（Form. *varii herbae*）

（44）糙苏群系（Form. *Phlomis* ssp.）

（45）焮麻群系（Form. *Urtica cannabina*）

15. 低地、河漫滩草甸（植被亚型）

（46）芨芨草群系（Form. *Achnatherum splendens*）

2.1.7 沼泽与水生植被（植被型）

16. 沼泽植被（植被亚型）

（47）苔草群系（Form. *Carex* spp.）

17. **水生植被（植被亚型）**

（48）芦苇群系（Form. *Phragmites australis*）

2.1.8 高山冰缘带植被（植被型）

18. **高寒砾石草甸植被（植被亚型）**

19. **高山垫状植被（植被亚型）**

（49）双花委陵菜群系（Form. *Potentilla biflora*）

（50）簇生囊种草群系（Form. *Thylacospermum caespitosum*）

2.2 植被类型的主要特征

2.2.1 寒温性针叶林（植被型）

针叶林植被是以针叶乔木树种为建群种所组成的森林植物群落。在博州南部山区针叶林植被为寒温性常绿针叶林（图2-1），只有雪岭云杉群系（Form. *Picea schrenkiana*）。

图2-1 博州南部山区针叶林植被分布图（见319页图版10）

1. **山地常绿针叶林（植被亚型）**

（1）雪岭云杉群系（Form. *Picea schrenkiana*）

发育在博州南部山区山地荒漠和草原带以上，位于海拔1600～2600 m的中山带阴坡和半阴坡，几乎完全由雪岭云杉（*Picea schrenkiana*）为建群种组成了单优森林群落。在植物区系方面与中亚的山地草甸、草原、灌丛和阔叶林有密切联系。群落高度20～40 m，林相较为稀疏，林冠郁闭度30%～60%。群落结构较为简单，分为乔木层和草本层，小乔木、灌木、藓类没有形成层。林下植物区系种类组成贫乏，木本植物种类稀少，在林窗和林缘处零星分布有欧洲山杨（*Populus tremula*）、天山桦（*Betula tianschanica*）、天山花楸（*Sorbus tianschanica*）、欧洲稠李（*Prunus padus*）、刚毛忍冬（*Lonicera hispida*）、黑果栒子（*Cotoneaster melanocarpus*）等。林下草本层多为中性耐阴植物，种类较多，常见的禾草有林地早熟禾（*Poa nemoralis*）、毛轴异燕麦（*Helictotrichon pubescens*），常见杂类草有欧酸模（*Rumex pseudonatronatus*）、准噶尔繁缕（*Stellaria soongorica*）、达乌里卷耳（*Cerastium davuricum*）、高山唐松草（*Thalictrum alpinum*）、西伯利亚羽衣草（*Alchemilla sibirica*）、水杨梅（*Geum aleppicum*）、森林草莓（*Fragaria vesca*）、短距凤仙花（*Impatiens brachycentra*）、新疆党参（*Codonopsis clematidea*）、大苞点地梅（*Androsace maxima*）等，以及毛茛（*Ranunculus* spp.）、勿忘草（*Myosotis* spp.）、千里光（*Senecio* spp.）等属植物。

雪岭云杉种群径级分布呈倒“J”型，总体属于增长型，中龄树和小树苗较多，更新能力较强，与天山中部其他地区雪岭云杉林种群情况基本一致（图2-2）。

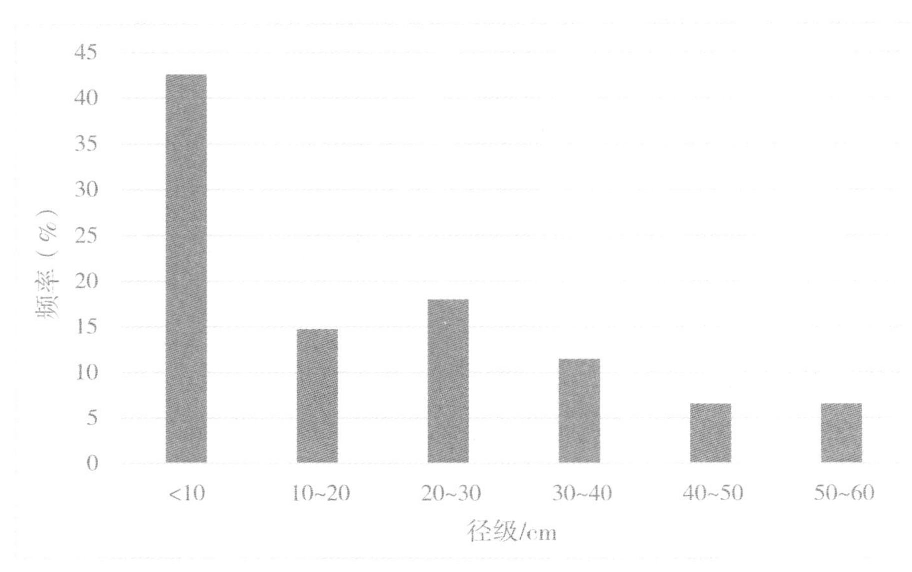

图2-2　雪岭云杉胸径径级分布图

另外，在博州南部山区海拔1600～1800 m河流台地的缓坡地带还间断分布有雪岭云杉与欧洲山杨、天山桦等组成的针阔混交林。该群落的显著特征是其乔木树冠彼此多少相连结，形成一定程度郁闭的林冠层，具有巨大的生物量积累，从而对林下的植物、其他生物成分、土壤、小气候和周围环境，以至整个自然景观产生影响。

2.2.2　落叶阔叶林（植被型）

2. 山地落叶阔叶林（植被亚型）

由杨柳科和桦木科的树种构成的山地落叶阔叶林，通常与山地针叶林有密切的联系。山地落叶阔叶林树种，比河谷落叶阔叶林树种更耐严寒，更适应于大陆性较强的北方寒冷条件，在博州南部山区分布的海拔不超过针叶林带，且在低海拔针叶林的区域都有分布。主要建群植物有欧洲山杨（*Populus tremula*）、天山桦（*Betula tianschanica*）及伊犁柳（*Salix iliensis*）。

（2）欧洲山杨群系（Form. *Populus tremula*）

位于海拔1500 m左右的山地半阴坡或河谷地带。群落高度15～25 m，林冠郁闭度50%左右。群落树种组成简单，植物种类不多。常可划分出乔、灌、草三层，苔藓极少。林下伴生木本植物有天山桦（*Betula tianschanica*）、天山花楸（*Sorbus tianschanica*）、伊犁柳（*Salix iliensis*）、金丝桃叶绣线菊（*Spiraea hypericifolia*）、宽刺蔷薇（*Rosa platyacantha*）、黑果小檗（*Berberis heteropoda*）、栒子（*Cotoneaster* spp.）等。林下草本层稀疏，常见的有亚欧唐松草（*Thalictrum minus*）、瓣蕊唐松草（*Th. petaloideum*）、白花车轴草（*Trifolium repens*）、塔什克羊角芹（*Aegopodium tadshikorum*）、丘陵老鹳草（*Geranium collinum*）、林地早熟禾（*Poa nemoralis*）等，以及蒲公英（*Taraxacum* spp.）、梯牧草（*Phleum* spp.）等属植物。

（3）天山桦群系（Form. *Betula tianschanica*）

主要分布于中山带海拔1500～1700 m的沟谷地带，可形成小片次生林。群落高度15～25 m，林冠郁闭度50%左右。常见伴生有欧洲山杨（*Populus tremula*）、天山花楸（*Sorbus tianschanica*）、欧洲稠李（*Prunus padus*）、黑果栒子（*Cotoneaster melanocarpus*）、多花栒子（*C. multiflorus*）、金丝桃叶绣线菊（*Spiraea hypericifolia*）、宽刺蔷薇（*Rosa platyacantha*）、腺齿蔷薇（*R. albertii*）、天山茶藨子（*Ribes meyeri*）、新疆鼠李（*Rhamnus songorica*）、黑果小檗（*Berberis heteropoda*）等。林下草本层常见有准噶尔蓼（*Polygonum songaricum*）、准噶尔繁缕（*Stellaria soongorica*）、水杨梅（*Geum aleppicum*）、塔什克羊角芹（*Aegopodium tadshikorum*）、丘陵老鹳草（*Geranium collinum*）、林地早熟禾（*Poa nemoralis*）等，以及唐松草（*Thalictrum* spp.）、蒲公英（*Taraxacum* spp.）、苔草（*Carex* spp.）等属植物。

（4）伊犁柳群系（Form. *Salix iliensis*）

常成片、块状分布于中山带海拔1500～2000 m的沟谷和河岸地带。成熟林高度5～8 m，林冠郁闭度在20%～40%。常见伴生有欧洲稠李（*Prunus padus*）、天山花楸（*Sorbus tianschanica*）、刚毛忍冬（*Lonicera hispida*）、小叶忍冬（*L. microphylla*）、天山茶藨子（*Ribes meyeri*）、蔷薇（*Rosa* spp.）等，林下常见有天山羽衣草（*Alchemilla tianschanica*）、水杨梅（*Geum aleppicum*）、白花车轴草（*Trifolium repens*）、丘陵老鹳草（*Geranium collinum*）、短距凤仙花（*Impatiens brachycentra*）、塔什克羊角芹（*Aegopodium tadshikorum*）、花荵（*Polemonium caeruleum*）、新疆党参（*Codonopsis clematidea*）、款冬（*Tussilago farfara*）、林地早熟禾（*Poa nemoralis*）、毛轴异燕麦（*Helictotrichon pubescens*）及车前（*Plantago* spp.）、蒲公英（*Taraxacum* spp.）等属植物。

3. 河谷落叶阔叶林（植被亚型）

（5）密叶杨群系（Form. *Populus talassica*）

广泛分布在中、低山海拔1300～1800 m的河谷、河漫滩地带。群落高近20 m，林内空旷，群落密度较小，郁闭度约20%。林下灌木种类有伊犁柳（*Salix iliensis*）、金丝桃叶绣线菊（*Spiraea hypericifolia*）、天山花楸（*Sorbus tianschanica*）、宽刺蔷薇（*Rosa platyacantha*）、黑果小檗（*Berberis heteropoda*）、刚毛忍冬（*Lonicera hispida*）、小叶忍冬（*L. microphylla*）。林下草本层常见有亚欧唐松草（*Thalictrum minus*）、水杨梅（*Geum aleppicum*）、准噶尔繁缕（*Stellaria soongorica*）、杂交苜蓿（*Medicago* × *varia*）、黄花草木樨（*Melilotus officinalis*）、白花车轴草（*Trifolium repens*）、丘陵老鹳草（*Geranium collinum*）、林地早熟禾（*Poa nemoralis*）等，以及委陵菜（*Potentilla* spp.）、拉拉藤（*Galium* spp.）、车前（*Plantago* spp.）等属植物。

2.2.3 灌丛（植被型）

4. 常绿针叶灌丛（植被亚型）

针叶灌丛是由匍匐生长的中生或旱中生常绿针叶灌木构成的群落。它的建群植物主要是刺柏属（*Juniperus*）的一些种。在博州南部山区针叶灌丛植被不具有地带性意义，但其分布却遍及山地、河谷，在这里其分布可以到高山带和亚高山带的所有植被垂直带中。

（6）欧亚圆柏群系（Form. *Juniperus sabina*）

欧亚圆柏群系在博州南部山区分布较广，匍匐状生长在海拔1500～3000 m的山地石质化阳坡或半阳坡，并与高山草甸、亚高山草甸镶嵌结合。群落结构简单，总盖度20%～50%，高度0.8～1.2 m。伴生有西伯利亚刺柏（*Juniperus sibirica*）、刚毛忍冬（*Lonicera hispida*）、金露梅（*Potentilla fruticosa*）等灌木。草本层物种较为丰富，主要为亚高山和山地草甸常见的禾草或杂类草。常见的禾草有高山早熟禾（*Poa alpina*）、假梯牧草（*Phleum phleoides*）、无芒雀麦（*Bromus inermis*）、布顿大麦（*Hordeum bogdanii*）、羊茅（*Festuca ovina*），常见杂类草有珠芽蓼（*Polygonum viviparum*）、西伯利亚羽衣草（*Alchemilla sibirica*）、双花堇菜（*Viola biflora*）、西藏堇菜（*Viola kunawarensis*）、阿尔泰堇菜（*Viola altaica*）、北点地梅（*Androsace septentrionalis*）、假报春（*Cortusa matthioli*）、单花龙胆（*Gentiana subuniflora*）、白花老鹳草（*Geranium albiflorum*）、二叶梅花草（*Parnassia bifolia*）、球茎虎耳草（*Saxifraga sibirica*）、黄白火绒草（*Leontopodium ochroleucum*）及蒲公英（*Taraxacum* spp.）、车前（*Plantago* spp.）等属植物。

（7）西伯利亚刺柏群系（Form. *Juniperus sibirica*）

主要分布在海拔1400～2500 m的林缘、林间空地及干燥多石山坡。群落高度在1 m左右，覆盖度较高，总盖度高达60%～90%。常见伴生有欧亚圆柏（*Juniperus sabina*）、金丝桃叶绣线菊（*Spiraea hypericifolia*）、小叶忍冬（*Lonicera microphylla*）、刺蔷薇（*Rosa acicularis*）、单花栒子（*Cotoneaster uniflorus*）、金露梅（*Potentilla fruticosa*）、木贼麻黄（*Ephedra equisetina*）等灌木。草本层物种较为丰富，主要为山地草甸、亚高山草甸的常见禾草或杂类草，常见有草地早熟禾（*Poa pratensis*）、大看麦娘（*Alopecurus pratensis*）、细果苔草（*Carex stenocarpa*）、圆叶八宝（*Hylotelephium ewersii*）、白花老鹳草（*Geranium albiflorum*）、山地糙苏（*Phlomis oreophila*）、克什米尔羊角芹（*Aegopodium kashmiricum*）、拟百里香（*Thymus proximus*）及唐松草（*Thalictrum* spp.）等属植物。

5. 落叶阔叶灌丛（植被亚型）

落叶阔叶灌丛是由中生、旱生和超旱生的阔叶灌木为建群种的各种群落，其生态幅度和不良环境条件的适应性比针叶灌丛要宽广得多，它们在起源上具有多样性，形成的群落类型也复杂得多。通常生长在中生的森林—草原过渡带和旱生的草原带阳坡，一些种类能分布到严酷的亚高山区域。至于由超旱生的灌木和半灌木构成的群落，已属荒漠植被。常见的建群植物有鬼箭锦鸡儿（*Caragana jubata*）、多刺蔷薇（*Rosa spinosissima*）、金丝桃叶绣线菊（*Spiraea hypericifolia*）、金露梅（*Potentilla fruticosa*）、白皮锦鸡儿（*Caragana leucophloea* ）、黑果小檗（*Berberis heteropoda*）及栒子（*Cotoneaster* spp.）、忍冬（*Lonicera* spp.）等属植物。

（8）鬼箭锦鸡儿群系（Form. *Caragana jubata*）

主要分布于山地森林带上部海拔2500～2800 m的亚高山沟谷坡地，其生态幅度较大，在亚高山冷凉阴湿的阴坡和干旱的阳坡都可以形成群落。群落高0.5～1.0 m，盖度达70%～80%，可分为灌、草两层。群落以鬼箭鸡锦儿占绝对优势，盖度达40%～50%，伴生有金露梅（*Potentilla fruticosa*）、黑果栒子（*Cotoneaster melanocarpus*）、多刺蔷薇（*Rosa spinosissima*）等灌木；下层生长有天山大黄（*Rheum wittrockii*）、萹蓄（*Polygonum aviculare*）、珠芽蓼（*Polygonum viviparum*）、高山龙胆（*Gentiana algida*）、短筒獐芽菜（*Swertia connata*）、球茎虎耳草（*Saxifraga sibirica*）、火绒草（*Leontopodium leontopodioides*）、冰草（*Agropyron cristatum*）、柯孟鹅观草（*Elymus kamoji*）、线叶蒿草（*Kobresia capillifolia*）及早熟禾（*Poa* spp.）、黄芪（*Astragalus* spp.）、委陵菜（*Potentilla* spp.）、老鹳草（*Geranium* spp.）等属植物。

（9）多刺蔷薇群系（Form. *Rosa spinosissima*）

主要分布于海拔1000～2200 m的半阴坡和部分阴坡上。群落盖度40%～70%。常见伴生有刺蔷薇（*Rosa*

acicularis）、落花蔷薇（*R. beggeriana*）、腺刺蔷薇（*R. albertii*）、黑果小檗（*Berberis heteropoda*）、黑果栒子（*Cotoneaster melanocarpus*）、金丝桃叶绣线菊（*Spiraea hypericifolia*）、刚毛忍冬（*Lonicera hispida*），群落内还有水杨梅（*Geum aleppicum*）、蓍（*Achillea millefolium*）、丘陵老鹳草（*Geranium collinum*）、短距凤仙花（*Impatiens brachycentra*）、唐松草（*Thalictrum* spp.）及无芒雀麦（*Bromus inermis*）、奢异燕麦（*Helictotrichon hookeri* subsp. *schellianum*）、假梯牧草（*Phleum phleoides*）、鸭茅（*Dactylis glomerata*）、草地早熟禾（*Poa pratensis*）、柄状苔草（*Carex pediformis*）等。

（10）金丝桃叶绣线菊群系（Form. *Spiraea hypericifolia*）

广泛分布在海拔1200～1800 m山地草原带的石质化阳坡和半阳坡。群落结构通常由灌木、草本和苔藓三层。群落高度达1.5 m，盖度在50%左右。伴生有腺齿蔷薇（*Rosa albertii*）、黑果栒子（*Cotoneaster melanocarpus*）、鞑靼忍冬（*Lonicera tatarica*）、小叶忍冬（*Lonicera microphylla*）、刺木蓼（*Atraphaxis spinosa*）、木地肤（*Kochia prostrata*）、镰叶锦鸡儿（*Caragana aurantiaca*）。草本层由禾草和杂类草组成，常见针茅（*Stipa capillata*）、羊茅（*Festuca ovina*）、溚草（*Koeleria macrantha*）、窄颖赖草（*Leymus angustus*）、无芒雀麦（*Bromus inermis*）、镰荚苜蓿（*Medicago falcata*）、蓬子菜（*Galium verum*）等。

（11）金露梅群系（Form. *Pentaphylloidcs fruticosa*）

分布在前山带海拔1500～2000 m山地草原带干旱山坡。群落高度约0.5 m，灌木层中金露梅相对多度达80%以上。常见伴生有镰叶锦鸡儿（*Caragana aurantiaca*）、刺木蓼（*Atraphaxis spinosa*）和博乐绢蒿（*Seriphidium borotalense*）。草本植物较多样，常见有无芒隐子草（*Cleistogenes songorica*）、镰芒针茅（*Stipa caucasica*）、羊茅（*Festuca ovina*）、拟百里香（*Thymus proximus*）、二裂委陵菜（*Potentilla bifurca*）、黄花瓦松（*Orostachys spinosa*）、新疆野豌豆（*Vicia costata*）等。

（12）镰叶锦鸡儿群系（Form. *Caragana aurantiaca*）

常生长于海拔1200～2000 m中山带和前山带的砂砾质或砾石质河谷阳坡或半阳坡坡地。群落高度1～1.5 m，总盖度可达40%～60%。群落组成较为简单，伴生有金丝桃叶绣线菊（*Spiraea hypericifolia*）、木地肤（*Kochia prostrata*）、驼绒藜（*Krascheninnikovia ceratoides*）、博乐绢蒿（*Seriphidium borotalense*）、新疆亚菊（*Ajania fastigiata*）及蒿属（*Artemisia* spp.）等。草本植物常见有弯果胡卢巴（*Trigonella arcuata*）、单花胡卢巴（*T. monantha*）、蓍（*Achillea millefolium*）、毛节兔唇花（*Lagochilus lanatonodus*）、伊犁郁金香（*Tulipa iliensis*）、鸢尾蒜（*Ixiolirion tataricum*）、草原苔草（*Carex liparocarpos*）及白羊草（*Bothriochloa ischaemum*）、冰草（*Agropyron cristatum*）、芨芨草（*Achnatherum splendens*）等禾草。

（13）白皮锦鸡儿群系（Form. *Caragana leucophloea*）

常见生长于海拔800～2200 m的山地洪积扇和干河沟，成丛分布，群落高度1～1.5 m。因为水分条件较好，群落盖度较大，约30%～40%，白皮锦鸡儿相对多度达30%。群落组成简单，优势植物有驼绒藜（*Krascheninnikovia ceratoides*）、刺旋花（*Convolvulus tragacanthoides*）、博乐绢蒿（*Seriphidium borotalense*）和镰芒针茅（*Stipa caucasica*）等。常见伴生植物有无芒隐子草（*Cleistogenes songorica*）、新疆针茅（*Stipa capillata*）、毛穗赖草（*Leymus paboanus*）、准噶尔铁线莲（*Clematis songorica*）、毛节兔唇花（*Lagochilus lanatonodus*）。

（14）黑果小檗群系（Form. *Berberis heteropoda*）

广泛分布于海拔800～2200 m的山谷阳坡，森林带下缘。群落高度4～6 m，郁闭度较高，盖度30%～

60%，个别区域盖度达80%～90%。常见伴生有西伯利亚刺柏（*Juniperus sibirica*）、黑果栒子（*Cotoneaster melanocarpus*）、金丝桃叶绣线菊（*Spiraea hypericifolia*）、宽刺蔷薇（*Rosa platyacantha*）、落花蔷薇（*R. beggeriana*）、小叶忍冬（*Lonicera microphylla*）、刚毛忍冬（*L. hispida*）等。草本植物有东方铁线莲（*Clematis orientalis*）、亚欧唐松草（*Thalictrum minus*）、箭头唐松草（*Th. simplex*）、水杨梅（*Geum aleppicum*）、丘陵老鹳草（*Geranium collinum*）、短距凤仙花（*Impatiens brachycentra*）、拉拉藤（*Galium aparine*）、北方拉拉藤（*G. boreale*）、白花车轴草（*Trifolium repens*）、蓍（*Achillea milefolium*）、奢异燕麦（*Helicotrichon hookeri* subsp. *schellianum*）、鸭茅（*Dactylis glomerata*）、林地早熟禾（*Poa nemoralis*）等。

（15）栒子群系（Form. *Cotoneaster* spp.）

由黑果栒子（*Cotoneaster melanocarpus*）、毛叶水栒子（*C. submultiflorus*）、多花栒子（*C. multiflorus*）、异花栒子（*C. allochrous*）等栒子属植物构成的植物群系广泛分布于海拔1000～2500 m的沟谷坡地及林缘。群落盖度20%～ 50%，伴生有金丝桃叶绣线菊（*Spiraea hypericifolia*）、多刺蔷薇（*Rosa spinosissima*）、宽刺蔷薇（*R. platyacantha*）、落花蔷薇（*R. beggeriana*）、黑果小檗（*Berberis heteropoda*）、小叶忍冬（*Lonicera microphylla*）、刚毛忍冬（*L. hispida*），草本植物有蓍（*Achillea millefolium*）、块根糙苏（*Phlomis tuberosa*）、龙蒿（*Artemisia dracunculus*）、奢异燕麦（*Helictotrichon hookeri* subsp. *schellianum*）、假梯牧草（*Phleum phleoides*）、德兰臭草（*Melica transsilvanica*）、草地早熟禾（*Poa pratensis*）及委陵菜（*Potentilla* spp.）、棘豆（*Oxytropis* spp.）和苔草（*Carex* ssp.）等属植物。

（16）忍冬群系（Form. *Lonicera spp.*）

由刚毛忍冬（*Lonicera hispida*）、小叶忍冬（*L. microphylla*）、鞑靼忍冬（*L. tatarica*）等忍冬属植物构成的群系广泛分布于海拔800～2200 m的沟谷坡地及林缘。群落盖度50%～ 70%。常见伴生植物主要有多刺蔷薇（*Rosa spinosissima*）、黑果小檗（*Berberis heteropoda*）、金丝桃叶绣线菊（ *Spiraea hypericifolia*）、镰叶锦鸡儿（*Caragana aurantiaca*），灌丛下还生长有亚欧唐松草（*Thalictrum minus*）、箭头唐松草（*Th. simplex*）、鸭茅（*Dactylis glomerata*）、德兰臭草（*Melica transsilvanica*）、草地早熟禾（*Poa pratensis*）、白羊草（*Bothriochloa ischaemum*）、冰草（*Agropyron cristatum*）及委陵菜（*Potentilla* spp.）等属植物。

（17）白花沼委陵菜群系（Form. *Comarum salesovianum*）

在博州南部山区分布很少，生长在海拔1800～3000 m的碎石坡地或谷地。群落结构简单，总盖度30%，高度0.5～1.0 m。伴生植物常是山地草甸类的种类，有鹅绒委陵菜（*Potentilla anserina*）、块根糙苏（*Phlomis tuberosa*）、西伯利亚葶苈（*Draba sibirica*）、光果孪果鹤虱（*Rochelia leiocarpa*）、光青兰（*Dracocephalum imberbe*）、高山紫菀（*Aster alpinus*）、黄白火绒草（*Leontopodium ochroleucum*）、枝穗大黄（*Rheum rhizostachyum*）、高山早熟禾（*Poa alpina*）、溚草（*Koeleria macrantha*）、无芒雀麦（*Bromus inermis*）等。

2.2.4 荒漠（植被型）

荒漠是超旱生小乔木、灌木、半灌木和小半灌木占优势的稀疏植被，是在干燥的大陆气候条件下发育形成的极度耐旱的稀疏植被类型。这里年降水量不超过200 mm，土壤钙化强，植被覆盖十分的稀疏，有些地方甚至大面积裸露。

荒漠种类很多，发育在博州南部山区的荒漠为山地荒漠类型，位于海拔600～1400 m的低山坡地、山前洪积扇、古老阶地及倾斜平原上，组成荒漠植物区系的成分有中亚成分、吐兰－准噶尔成分、亚洲中部成分。建群植物有：梭梭（*Haloxylon ammodendron*）、泡果沙拐枣（*Calligonum junceum*）、刺木蓼（*Atraphaxis spinosa*）、驼绒藜（*Krascheninnikovia ceratoides*）、琵琶柴（*Reaumuria soongarica*）、刺旋花（*Convolvulus tragacanthoides*）、本木猪毛菜（*Salsola arbuscla*）、小蓬（*Nanophyton erinaceum*）、博乐绢蒿（*Seriphidium borotalense*）、纤细绢蒿（*Seriphidium gracilescens* ）等。

6. 小乔木荒漠（植被亚型）

小乔木荒漠是由超旱生小乔木所形成的植物群落。该植物群落广泛分布于准噶尔盆地，在博州南部山区山前冲积平原上，梭梭群系（Form. *Haloxylon ammodendron*）成为分布最广的地带性植被类型，并常常与超旱生的半灌木、小半灌木形成群落。

（18）梭梭群系（Form. *Haloxylon ammodendron*）

群落结构较为简单，通常分为3层。上层的建群植物为小半乔木梭梭，高度可达3 m，盖度约30%；在山前洪积扇、山麓前沿、河床等条件较好的生境，梭梭的相对多度可达90%以上。中层为灌木层，由泡果沙拐枣（*Calligonum junceum*）、刺木蓼（*Atraphaxis spinosa*）、刺毛碱蓬（*Suaeda acuminata*）、白皮锦鸡儿（*Caragana leucophloea* ）、驼绒藜（*Krascheninnikovia ceratoides*）等植物组成，高度约0.5～1 m，盖度约10%；在低海拔区域梭梭种群发育较差，泡果沙拐枣（*Calligonum junceum*）、刺毛碱蓬（*Suaeda acuminata*）等灌木的相对多度可达40%。群落的下层草本层稀疏，常见狗尾草（*Setaria viridis*）、齿稃草（*Schismus arabicus*）、雾冰藜（*Bassia dasyphylla*）等一年生植物。

7. 灌木荒漠（植被亚型）

灌木荒漠是由适中温、超旱生灌木所形成的植物群落。该植物群落生长在山麓洪积扇和淤积平原上。其植物种类组成很贫乏，群落结构也极简单，大多为单层结构，少数群落具双层结构。主要建群植物有泡果沙拐枣（*Calligonum junceum*）、刺木蓼（*Atraphaxis spinosa*）、驼绒藜（*Krascheninnikovia ceratoides*）、木本猪毛菜（*Salsola arbuscula*）等。

（19）泡果沙拐枣群系（Form. *Calligonum junceum*）

发育在前山带山麓洪积扇600～800（1000）m的砾石质坡地或有薄沙覆盖的地段，群落种类组成比较贫乏，盖度只有10%～20%。主要伴生植物有梭梭（*Haloxylon ammodendron*）、刺木蓼（*Atraphaxis spinosa*）、白皮锦鸡儿（*Caragana leucophloea* ）等。群落下层发育有四齿芥（*Tetracme quadricornis*）、角果藜（*Ceratocarpus arenarius*）、角果毛茛（*Ceratocephalus testiculatus*）、刺沙蓬（*Salsola tragus*）、散枝猪毛菜（*Salsola brachiata*）、小车前（*Plantago minuta*）、对节刺（*Horaninovia ulicina*）、倒披针叶虫实（*Corispermum lehmannianum*）、东方旱麦草（*Eremopyrum orientale*）等短命植物层片。

（20）刺木蓼群系（Form. *Atraphaxis spinosa*）

发育在山地荒漠草原地带的沟谷、干河床上，群落高50～80 cm，盖度在25%左右。主要伴生植物有梭梭（*Haloxylon ammodendron*）、泡果沙拐枣（*Calligonum junceum*）、驼绒藜（*Krascheninnikovia ceratoides*）等。群落下层发育有小甘菊（*Cancrinia discoidea*）、准噶尔铁线莲（*Clematis songorica*）、弯果胡卢巴（*Trigonella arcuata*）、小车前（*Plantago minuta*）、东方旱麦草（*Eremopyrum orientale*）等。

（21）驼绒藜群系（Form. *Ceratoides latens*）

发育在扇形石质坡地或有薄沙覆盖的地段，海拔850～1350 m，常小片分布。群落种类组成比较贫乏，高

40 cm左右，总盖度10%～20%，相对多度达到50%以上，从属层片由刺旋花（*Convolvulus tragacanthoides*）、木本猪毛菜（*Salsola arbuscula*）、刺木蓼（*Atraphaxis spinosa*）等形成。伴生植物有博乐绢蒿（*Seriphidium borotalense*）、新疆野豌豆（*Vicia costata*）等。

（22）木本猪毛菜群系（Form. *Salsola arbuscula*）

广泛发育在山麓洪积扇海拔600～1000 m的砾石质坡地，群落种类组成比较贫乏。群落高30～80 cm，盖度40%左右。主要伴生植物有刺木蓼（*Atraphaxis spinosa*）、驼绒藜（*Krascheninnikovia ceratoides*）、白皮锦鸡儿（*Caragana leucophloea* ）、小蓬（*Nanophyton erinaceum*）、博乐绢蒿（*Seriphidium borotalense*）等。

8. 半灌木、小半灌木荒漠（植被亚型）

半灌木、小半灌木荒漠是由超旱生半灌木、小半灌木所形成的植物群落。在博州南部山区的低山带和山前冲、洪积扇地区得到广泛的发育，随海拔升高，干旱性逐渐增强。群落结构简单、盖度小，大部分为单层结构，常常和灌木荒漠交错分布在砾质、石质戈壁上。主要建群植物有：琵琶柴（*Reaumuria soongarica*）、刺旋花（*Convolvulus tragacanthoides*）、小蓬（*Nanophyton erinaceum*）、博乐绢蒿（*Seriphidium borotalense*）、纤细绢蒿（小蒿）(*Seriphidium gracilescens*)。

（23）琵琶柴群系（Form. *Reaumuria soongarica*）

琵琶柴群系分布非常广泛，在平原区域成为地带性植被，到山地成为垂直带植被。在博州南部山区的低山带和山前冲、洪积扇区域琵琶柴群系得到广泛的发育，群落高度约30～60 cm，总盖度约10%～15%，相对多度达25%。从属层片由膜果麻黄（*Ephedra przewalskii*）、木本猪毛菜（*Salsola arbuscula*）、盐爪爪（*Kalidium foliatum*）、博乐绢蒿（*Seriphidium borotalense*）、新疆绢蒿（*Seriphidium kaschgaricum*）等形成。常见有小甘菊（*Cancrinia discoidea*）、四齿芥（*Tetracme quadricornis*）、角果毛茛（*Ceratocephalus testiculatus*）、角果藜（*Ceratocarpus arenarius*）、散枝猪毛菜（*Salsola brachiata*）、刺沙蓬（*Salsola ruthenica*）、小车前（*Plantago minuta*）、齿稃草（*Schismus arabicus*）、东方旱麦草（*Eremopyron orientale*）等短命植物层片。

（24）刺旋花群系（Form. *Convolvulus tragacanthoides*）

群落高度约10～20 cm，单层片结构，总盖度约10%，刺旋花的相对多度达20%以上。从属层片由镰芒针茅（*Stipa caucasica*）、东方针茅（*Stipa orientalis*）、深裂叶黄芩（*Scutellaria przewalskii*）、毛节兔唇花（*Lagochilus lanatonodus*）、驼绒藜（*Krascheninnikovia ceratoides*）等形成。

（25）小蓬群系（Form. *Nanophyton erinaceum*）

主要发育在海拔600～1100 m的山麓洪积扇或河谷老阶地上，形成单优势种，群落高5～10 cm，总盖度10%～30%，种类组成很少，伴生植物有驼绒藜（*Krascheninnikovia ceratoides*）、盐生假木贼（*Anabasis salsa*）、木地肤（*Kochia prostrata*）、沙生针茅（*Stipa caucasica subsp. glareosa*）、碱韭（*Alliun polyrhizun*）、角果藜（*Ceratocarpus arenarius*）等形成从属层片。

在海拔1000 m左右的低山，小蓬还与多年生禾草（针茅茅、沙生针茅）形成荒漠化草原，群落高度5～10 cm，总盖度10%～15%，伴生植物有博乐绢蒿（*Seriphidium borotalense*）、碱韭（*Alliun polyrhizun*）等形成从属层片。

（26）博乐绢蒿群系（Form. *Seriphidium borotalense*）

由博乐绢蒿组成的荒漠群系广泛分布于海拔600～1100 m的山麓洪积扇上。群落结构简单，单层结构，总盖度20%～30%，植物种类组成稀少，常以博乐绢蒿（*Seriphidium borotalense*）为单优势种，有时也与碱韭（*Alliun polyrhizun*）形成共建群落。常见的伴生植物有盐生假木贼（*Anabasis salsa*）、无叶假木贼（*Anabasis aphylla*）、木本猪毛菜（*Salsola arbuscula*）、沙蒿（*Artemisia arenaria*）。生长在低海拔的群落中还混生有多种短命植物，显示出该地区春季多雨、夏季干热的中亚荒漠气候。在山地荒漠垂直带的上部，有镰芒针茅（*Stipa caucasica*）、沙生针茅（*S. caucasica* subsp. *glareosa*）及羊茅（*Festuca* spp.）等草原禾草出现，表明由山地荒漠向山地草原的垂直过渡。

（27）纤细绢蒿（小蒿）群系（Form. *Seriphidium gracilescens*）

广泛分布于海拔600～2000 m的山麓洪积扇、干河谷阶地和山间平原砾质坡地，在砾石化强烈的地段也可以很好地生长，可形成单优种的荒漠。群落高度10～25 cm，总盖度20%～30%，除纤细绢蒿为建群种外，伴生植物多为超旱生小半灌木松叶猪毛菜（*Salsola laricifolia*）、木本猪毛菜（*Salsola arbuscula*）、木地肤（*Kochia prostrata*）、小蓬（*Nanophyton erinaceum*）、无叶假木贼（*Anabasis aphylla*）、短枝假木贼（*Anabasis brevifolia*）、白垩假木贼（*Anabasis cretacea*）等10～15种。随着海拔的升高，还可与多年生禾草沙生针茅（*Stipa caucasica* subsp. *glareosa*）、新疆针茅（*S. sareptana*）、东方针茅（*S. orientalis*）、冰草（*Agropyron cristatum*）等组成荒漠化草原。

在博州南部山区的山前洪积倾斜平原上，荒漠群落下层短命植物与类短命植物层片十分发育。主要植物种类有四齿芥（*Tetracme quadricornis*）、离子芥（*Chorhpora tenefla*）、角果毛茛（*Ceratocephalus testiculata*）、角果藜（*Ceratocarpus arenarius*）、弯果胡卢巴（*Tiigonella arcuata*）、小车前（*Plantago minuta*）、齿稃草（*Schismus arabicus*）、东方旱麦草（*Eremopyron orientale*）和黑色地衣层片，不完全统计约有50种以上。在半灌木、小半灌木荒漠群落下层通常还发育着一年生的紫翅猪毛菜（*Sagola affjnis*）、柔毛盐蓬（*Halimocnemrs villosa*）等组成的盐柴类层片。

2.2.5 草原（植被型）

草原植被是由多年生、丛生性、低温旱生禾草植物占优势构成的草本植物群落。在博州南部山区海拔1200～1800（2200）m的低山带－中山带，随着山体逐渐隆起抬升，这里降雨量比荒漠区增多，而气温和蒸发量又降低，但仍有大陆性气候的特征。在这种特定的气候条件下，一方面多年生丛生旱生禾草通常混生有旱生小半灌木和灌木成分，另一方面又使得群落内旱中生禾草得到一定的发育，种类增多，群落变得复杂起来。

根据博州南部山区草原植被的特征，按海拔高度分为三个植被亚型，即草甸草原、典型草原和荒漠草原，并构成垂直带发育。

9. 草甸草原（植被亚型）

（28）禾草及杂类草草甸草原（Form. *Festuca* spp.，*varii herbae*）

主要发育在海拔1800～2300 m中山带的山地草甸土或暗栗钙土上，建群种羊茅（*Festuca ovina*）、苔草（*Carex* spp.）常与多年生杂类草植物组成群落，群落高30～50 cm，总盖度在60%～90%。常见的禾草主要有新疆针茅（*Stipa capillata*）、草地早熟禾（*Poa pratensis*）、无芒雀麦（*Bromus inermis*）、毛轴异燕麦（*Helictotrichon pubescens*）、布顿大麦草（*Hordeum bogdanii*）、假梯牧草（*Phleum phleoides*）等，杂类草主要有斜升秦艽（*Gentiana decumbens*）、黄白火绒草（*Leontopodium ochroleucum*）、新疆假龙胆（*Gentianella turkestanorum*）、蓬子菜（*Galium verum*）、白花车轴草（*Trifolium repens*）、森林草莓（*Fragaria vesca*）、块根糙苏（ *Phlomis tuberosa*）、拟百里香（*Thymus proximus*）、异株百里香（*Thymus marschallianus*）、全叶青兰（*Dracocephalum integrifolium*）、阿尔泰狗娃花（*Aster altaicus*）及唐松草（*Thalictrum* spp.）、蒿（*Artemisia* spp.）、蓍（*Achillea* spp.）等属植物。群落中有时出现宽刺蔷薇（*Rosa platyacantha*）、金丝桃叶绣线菊（*Spiraea hypericifolia*）、新疆亚菊（*Ajania fastigiata*）等灌木。

（29）苔草及杂类草草甸草原（Form. *Carex* spp.，*varii herbae*）

主要分布于海拔1800～2300 m的山地阳坡和半阳坡。群落高40 cm左右，覆盖度50%左右。主要建群种有柄状苔草（*Carex pediformis*）、沟羊茅（*Festuca valesiaca* subsp. *sulcata*）、草地早熟禾（*Poa pratensis*），伴生植物有看麦娘（*Alopecurus aequalis*）、无芒雀麦（*Bromus inermis*）、布顿大麦草（*Hordeum bogdanii*）、梯牧草（*Phleum pretense*）、假梯牧草（*Ph. phleoides*）等，群落内常有大量杂类草或其他草甸植物，如多根毛茛（*Ranunculus polyrhizus*）、白花车轴草（*Trifolium repens*）、斜升秦艽（*Gentiana decumbens*）、草原老鹳草（*Geranium pratense*）、山地糙苏（*Phlomis oreophila*）、拟百里香（*Thymus proximus*）、新疆假龙胆（*Gentianella turkestanorum*）、蓬子菜（*Galium verum*）、黄白火绒草（*Leontopodium ochroleucum*）、镰叶顶冰花（*Gagea fedtschenkoana*）等。

（30）早熟禾群系（Form. *Poa* spp.）

主要分布于海拔1500～2300 m中山带的山地阳坡和半阳坡。群落高20 cm左右，覆盖度小于40%。主要建群种有细叶早熟禾（*Poa angustifolia*）、新疆早熟禾（*P. versicolor* subsp. *relaxa*），常伴生有草地早熟禾（*Poa pratensis*）、羊茅（*Festuca ovina*）、冰草（*Agropyron cristatum*），群落内常有大量杂类草或其他草甸植物，如克氏岩黄芪（*Hedysarum krylovii*）、拟百里香（*Thymus proximus*）、草原糙苏（*Phlomis pratensis*）、阿尔泰狗娃花（*Aster altaicus*）、新疆亚菊（*Ajania fastigiata*）、及萎陵莱（*Potentilla* spp.）、黄芪（*Astragalus* spp.）、棘豆（*Oxytropis* spp.）等属植物。

10. 典型草原（植被亚型）

（31）针茅群系（Form. *Stipa capillata*）

针茅草原是欧亚草原区分布最广的草原群落之一，从欧洲向东经过西伯利亚、哈萨克斯坦一直到我国内蒙古。在博州南部山区海拔1500～2300 m中山带的山地栗钙土上，建群种针茅（*Stipa capillata*）常与丛生禾草沟叶羊茅（*Festuca valesiaca* subsp. *sulcata*）形成亚群系，群落高30～40 cm，总盖度在40%左右。优势植物主要有长羽针茅（*Stipa kirghisorum*）、新疆针茅（*S. capillata*）、西北针茅（*S. capillata* subsp. *krylovii*）、无芒隐子草（*Cleistogenes songorica*）、冰草（*Agropyron cristatum*）、毛穗赖草（*Leymus paboanus*）、无芒雀麦（*Bromus inermis*）、溚草（*Koeleria cristata*）。伴生杂类草主要有星毛萎陵莱（*Potentilla acaulis*）、二裂委陵菜（*P. bifurca*）、蓬子莱（*Galium verum*）、克氏岩黄芪（*Hedysarum krylovii*）、东北点地梅（*Androsace filiformis*）、绢毛点地梅（*A. nortoniis*）及黄芪（*Astragalus* spp.）、棘豆（*Oxytropis* spp.）等属植物。在局部碎石质山坡上，有时出现有中旱生的木地肤（*Kochia prostrata*）、白皮锦鸡儿（*Caragana leucophloea*）等灌木，构成草原灌丛。

（32）羊茅群系（Form. *Festuca ovina*）

在海拔2000～2500 m中山带的山地栗钙土上，建群种羊茅（*Festuca ovina*）常与丛生禾草针茅（*Stipa capillata*）、新疆针茅（*S. capillata*）等针茅属植物组成群落，群落高30～60 cm，总盖度在40%左右。优势植物主要有冰草（*Agropyron cristatum*）、溚草（*Koeleria cristata*）、短柱苔草（*Carex turkestanica*）、冷蒿（*Artemisia frigida*）。伴生杂类草主要有星毛萎陵菜（*Potentilla acaulis*）、二裂委陵菜（*P. bifurca*）、拟百里香（*Thymus proximus*）、伊犁郁金香（*Tulipa iliensis*）及点地梅（*Androsace* spp.）、黄芪（*Astragalus* spp.）、棘豆（*Oxytropis* spp.）等属植物。在局部碎石质山坡上，有时出现有中旱生的木地肤（*Kochia prostrata*）、金丝桃叶绣线菊（*Spiraea hypericifolia*）、白皮锦鸡儿（*Caragana leucophloea*）等灌木，构成草原灌丛。

（33）沟羊茅群系（Form. *Festuca valesiaca subsp. sulcata*）

分布于海拔1500～2000 m的半阴坡及水分条件较好的凹形谷地，上限与草甸草原交错分布。群落高度20～60 cm，盖度50%～60%。优势植物主要有针茅（*Stipa capillata*）、短柱苔草（*Carex turkestanica*）、冰草（*Agropyron cristatum*）、溚草（*Koeleria cristata*）；主要伴生种有二裂委陵菜（*Potentilla bifurca*）、多裂委陵菜（*P. multifida*）、长梗胡卢巴（*Trigonella cancellata*）、镰荚苜蓿（*Medicago falcata*）、草原糙苏（*Phlomis pratensis*）、异株百里香（*Thymus marschallianus*）、全叶青兰（*Dracocephalum integrifolium*）、药用琉璃草（*Cynoglossum officinale*）、阿尔泰狗娃花（*Aster altaicus*）、新疆亚菊（*Ajania fastigiata*）、奢异燕麦（*Helictotrichon hookeri* subsp. *schellianum*）、芨芨草（*Achnatherum splendens*）。

11. 荒漠草原（植被亚型）

（34）镰芒针茅群系（Form. *Stipa caucasica*）

位于海拔1100～2300 m中低山带山地草原带的下部，是向山地荒漠垂直带的过渡带。群落高30～40 cm，盖度30%～50%。植被以多年生丛生旱生禾草镰芒针茅（*Stipa caucasica*）为主，建群植物有新疆针茅（*S. capillata*）、沙生针茅（*S. caucasica* subsp. *glareosa*）、无芒隐子草（*Cleistogenes songorica*）、博乐绢蒿（*Seriphidium borotalense*）、碱韭（*Alliun polyrhizun*）等，主要伴生种有高石竹（*Dianthus elatus*）、星毛萎陵莱（*Potentilla acaulis*）、克氏岩黄芪（*Hedysarum krylovii*）、绢毛点地梅（*Androsace nortoniis*）、驼舌草（*Goniolimon speciosum*）、簇枝补血草（*Limonium chrysocomum*）、深裂叶黄芩（*Scutellaria przewalskii*）、黄花瓦松（*Orostachys spinosus*）、毛节兔唇花（*Lagochilus lanatonodus*）及棘豆（*Oxytropis* spp.），群落中有时还混生有相当多的山地荒漠灌木、半灌木和小半灌木，如刺旋花（*Convolvulus tragacanthoides*）、驼绒藜（*Krascheninnikovia ceratoides*）、木地肤（*Kochia prostrata*）、白垩假木贼（*Anabasis cretacea*）、白皮锦鸡儿（*Caragana leucophloea* ）、新疆亚菊（*Ajania fastigiata*）、绢蒿（*Seriphidium* spp.）及蒿属（*Artemisia* spp.）等植物。

（35）碱韭群系（Form. *Alliun polyrhizun*）

主要分布于海拔900～1600 m山前倾斜平原和山间谷地。群落高度20 cm，成层结构明显，盖度达40%。群落中常见的优势植物有镰芒针茅（*Stipa caucasica*）、沙生针茅（*S. caucasica* subsp. *glareosa*）和博乐绢蒿（*Seriphidium borotalense*）。主要伴生植物有紫翅猪毛菜（*Salsola affinis*）、克氏岩黄芪（*Hedysarum krylovii*）、深裂叶黄芩（*Scutellaria przewalskii*）、戈壁画眉草（*Eragrostis collina*），群落中有时还混生有相当多的山地荒漠植物种类，如短枝假木贼（*Anabasis brevifolia*）、白垩假木贼（*A. cretacea*）、小蓬（*Nanophyton erinaceum*）、琵琶柴（*Reaumuria soongarica*）、刺旋花（*Convolvulus tragacanthoides*）、新疆亚菊（*Ajania fastigiata*）等。

2.2.6 草甸（植被型）

草甸是由多年生中生草本植物为主的植物群落，是中度湿润条件下形成和发展起来的。博州南部山区的草甸多由多年生中生草本植物组成群落，根据生态发生和群落学特征可分为高山草甸、亚高山草甸、山地

（中山）草甸三个亚型。

12. 高山草甸（植被亚型）

高山草甸是由寒冷中生多年生草本植物占优势的植物组群落，分布于亚高山草甸以上的高山地带，因为温度低，盛夏季节也可能降雪，日温差很大，风力强，太阳辐射强烈，使得群落低矮，结构简单，层次分化不明显，一般仅具有草本层，草群密集，根条盘结致密，在比较湿润的地段还有苔藓、地衣层。土壤为高山草甸土。

（36）高山杂类草草甸（Form. *varii herbae*）

位于亚高山草甸带以上的高山山坡凹陷处，海拔3150～3300 m，以中生的阔叶杂类草和禾草为优势种，草层高度10～40 cm，群落盖度50%～60%。常见的植物有珠芽蓼（*Polygonum viviparum*）、钟萼白头翁（*Pulsatilla campanella*）、高山唐松草（*Thalictrum alpinum*）、星毛委陵菜（*Potentilla acaulis*）、高山龙胆（*Gentiana algida*）、石生老鹳草（*Geranium saxatile*）、大花青兰（*Dracocephalum grandiflorum*）、高山紫菀（*Aster alpinus*）、蓝苞葱（*Allium atrosanguineum*）等，常见丛生禾草和莎草科植物有高山早熟禾（*Poa alpina*）、穗状寒生羊茅（*Festuca ovina* subsp. *sphagnicola*）、线叶嵩草（*Kobresia capillifolia*）、细果苔草（*Carex stenocarpa*）等。

（37）高山嵩草、苔草草甸（Form. *Kobresia* spp.，*Carex* spp.）

位于亚高山草甸上部至高山冰缘带之间的较狭窄的植被垂直带，海拔2800～3300 m，是由中生嵩草、苔草与杂类草构成，群落盖度60%～95%。优势植物有嵩草（线叶嵩草*Kobresia capillifolia*、矮嵩草*K. humilis*）、苔草（黑穗苔草*Carex atrata*、黑花苔草*Carex melantha*、细果苔草*C. stenocarpa*）植物。常见的杂类草有鹅绒委陵菜（*Potentilla anserina*）、星毛委陵菜（*P. acaulis*）、高山唐松草（*Thalictrum alpinum*）、瞿麦（*Dianthus superbus*）、球茎虎耳草（*Saxifraga sibirica*）、寒地报春（*Primula agida*）、欧氏马先蒿（*Pedicularis oederi*）、珠芽蓼（*Polygonum viviparum*）、黄白火绒草（*Leonthopodium ochroleucum*）、喜山葶苈（*Draba oreades*）、西藏堇菜（*Viola kunawarensis*）等。常见的禾草有高山早熟禾（*Poa alpina*）、矮羊茅（*Festuca coelestis*）、紫羊茅（*F. rubra*）。在海拔3000 m以上以嵩草类植物占优势的群落中，嵩草类植物的相对多度通常可达到60%以上。

13. 亚高山草甸（植被亚型）

（38）亚高山杂类草草甸（Form. *varii herbae*）

由中生杂类草与禾草构成的亚高山杂类草草甸，发育在海拔2600～2800 m的亚高山草甸土上，群落高度30～50 cm，覆盖度80%～95%，其植物种类组成十分丰富。常见优势植物有高山唐松草（*Thalictrum alpinum*）、腺毛唐松草（*Th. foetidum*）、珠芽蓼（*Polygonom viviparum*）、准噶尔蓼（*P. songaricum*）、西伯利亚羽衣草（*Alchemilla sibirica*）、天山羽衣草（*A. tianschanica*），优势植物的相对多度都可以达到50%～60%。伴生有阿尔泰金莲花（*Trolius altaicus*）、瞿麦（*Dianthus superbus*）、天山卷耳（*Cerastium tianschanicum*）、高山地榆（*Sanguisorba alpina*）、圆叶八宝（*Hylotelephium ewersii*）、野罂粟（*Papaver nudicaule*）、直立老鹳草（*Geranium rectum*）、白花老鹳草（*G. albiflorum*）、草原糙苏（*Phlomis pratensis*）、山地糙苏（*Ph. oreophila*）、聚花风铃草（*Campanula glomerata*）、大叶橐吾（*Ligularia macrophylla*）、蓍（*Achillea millefolium*）、牛至（*Origanum vulgare*）、火绒草（*Leontopodium leontopodioides*）、高山紫菀（*Aster alpinus*）及毛茛（*Ranunculus* spp.）、马先蒿（*Pedicularis* spp.）等属植物，常见的主要禾草有高山黄花茅（*Anthoxanthum odoratum* subsp.

alpinum）、细叶早熟禾（*Poa angustifolia*）、阿尔泰早熟禾（*P. altaica*）、鸭茅（*Dactylis glomerata*）、大看麦娘（*Alopecurus pratensis*）、无芒雀麦（*Bromus inermis*）、紫羊茅（*Festuca rubra*）、梯牧草（*Phleum pratense*）等。

（39）亚高山禾草及杂类草草甸（Form. *festuca* spp.，*Poa* spp.，*varii herbae*）

分布于海拔（2600）2700～2800 m的森林带上部的缓坡台地或宽谷底部，土壤为亚高山草甸土。群落高20～30 cm，盖度60%～80%。群落的植物组成比较复杂，主要禾草有穗状寒生羊茅（*Festuca ovina* subsp. *sphagnicola*）、沟羊茅（*Festuca valesiaca* subsp. *sulcata*）、紫羊茅（*F. rubra*）、高山早熟禾（*Poa alpina*）、疏穗早熟禾（*P. lipskyi*）、草地早熟禾（*P. pratensis*）、冰草（*Agropyron cristatum*）、高山梯牧草（*Phleum alpinum*）；杂类草有高山蓼（*Polygonum alpinum*）、珠芽蓼（*P. viviparum*）、准噶尔蓼（*P. songaricum*）、瞿麦（*Dianuhus sperbus*）、六齿卷耳（*Cerastium cerastoides*）、镰状卷耳（*Cerastium bungeanum*）、无心菜（*Arenaria serpyllifolia*）、高山唐松草（*Thalictrum alpinum*）、腺毛唐松草（*Th. foetidum*）、天山羽衣草（*Alchemilla tianschanica*）、高山龙胆（*Gentiana algida*）、牛至（*Origanum vulgare*）、春米努草（*Minuartia verna*）、洼瓣花（*Lloydia serotina*）、灰叶匹菊（*Pyrethrum pyrethroides*）、石生韭（*Allium caricoides*）及委陵菜（*Potentilla* spp.）、火绒草（*Leontopodium* spp.）等属植物。

（40）山地橐吾群系（Form. *Ligularia narynensis*）

分布在海拔2600～2800 m森林带上部的河岸缓坡台地或林带边缘。群落以山地橐吾占绝对优势，组成群落的植物种类较多，盖度60%～90%。常见的伴生植物有珠芽蓼（*Polygonum viviparum*）、准噶尔蓼（*P. songaricum*）、天山羽衣草（*Alchemilla tianschanica*）、高山地榆（*Sanguisorba alpina*）、山地糙苏（*Phlomis oreophila*）、高山紫菀（*Aster alpinus*）、蓝苞葱（*Allium atrosanguineum*）、牛至（*Origanum vulgare*）、高山龙胆（*Gentiana algida*）、草地早熟禾（*Poa pratensis*）、天山鸢尾（*Iris loczyi*）、鹅绒委陵菜（*Potentilla anserina*）及火绒草（*Leontopodium* spp.）、马先蒿（*Pedicularis* spp.）等属植物。群落内偶尔还能见到零星分布的鬼箭锦鸡儿（*Caragana jubata*）、金露梅（*Potentilla fruticosa*）等灌木。

（41）天山羽衣草群系（Form. *Alchemilla tianschanica*）

分布在海拔2300～2800 m森林带上部的河岸缓坡台地或林带边缘。群落以天山羽衣草占绝对优势，组成群落的植物种类较多，盖度60%～90%。主要伴生有珠芽蓼（*Polygonum viviparum*）、白花车轴草（*Trifolium repens*）、山地糙苏（*Phlomis oreophila*）、块根糙苏（*Ph. tuberosa*）、无芒雀麦（*Bromus inermis*）、假梯牧草（*Phleum phleoides*）、草地早熟禾（*Poa pratensis*）等。还有其他的伴生植物如黄花委陵菜（*Potentilla chrysantha*）、野火球（*Trifolium lupinaster*）、高山紫菀（*Aster alpinus*）、高山龙胆（*Gentiana algida*）、单花龙胆（*Gentiana subuniflora*）、长根马先蒿（*Pedicularis dolichorrhiza*）、钟萼白头翁（*Pulsatila campanella*）、寒地报春花（*Primula algida*）、蓝苞葱（*Allium atrosanguineum*）、细果苔草（*Carex stenocarpa*）及委陵菜（*Potentilla* spp.）、火绒草（*Leontopodium* spp.）、马先蒿（*Pedicularis* spp.）等属植物。

14. 山地（中山）草甸（植被亚型）

在博州南部山区中山带，山地草原与亚高山垂直带之间，海拔1500～2700 m，是由典型的中生禾草和杂类草组成的植物群落。

（42）禾草及杂类草山地草甸（Form. *festuca* spp.，*Poa* spp.，*varii herbae*）

由中生、旱中生多年生禾草和杂类草组成，广泛发育在中山带海拔1600～2600 m山间开阔地，土壤为山地草甸土，群落盖度80%～90%。这种草甸类型植物组成丰富，常见禾草有穗状寒生羊茅（*Festuca ovina* subsp. *sphagnicola*）、沟羊茅（*F. valesiaca* subsp. *sulcata*）、紫羊茅（*F. rubra*）、草地早熟禾（*Poa pratensis*）、细叶早熟禾（*P. angustifolia*）、疏穗早熟禾（*P. lipskyi*）、林地早熟禾（*P. nemoralis*）、高山早熟禾（*P. alpina*）、鸭茅（*Dactylis glomerata*）、大看麦娘（*Alopecurus pratensis*）、无芒雀麦（*Bromus inermis*）、短柄草（*Brachypodium sylvaticum*）、老芒麦（*Elymus sibiricus*）、假梯牧草（*Phleum phleoides*）、高山梯牧草（*Ph. alpinum*）、冰草（*Agropyron cristatum*）等；杂类草主要有瓣蕊唐松草（*Thalictrum petaloideum*）、天山大黄（*Rheum wittrockii*）、白喉乌头（*Aconitum leucostomum*）、黄花委陵菜（*Potentilla chrysantha*）、多裂委陵菜（*P. multifida*）、白花车轴草（*Trifolium repens*）、野火球（*T. lupinaster*）、细叶野豌豆（*Vicia tenuifolia*）、牧地山黧豆（*Lathyrus pratensis*）、大车前（*Plantago major*）、山地糙苏（*Phlomis oreophila*）、牛至（*Origanum vulgare*）、塔什克羊角芹（*Aegopodium tadshikorum*）、兴安独活（*Heracleum dissectum*）、水杨梅（*Geum aleppicum*）、新疆党参（*Codonopsis clematidea*）、光青兰（*Dracocephalum imberbe*）、山羊臭虎耳草（*Saxifraga hirculus*）、垂花龙胆（*Gentiana prostrata*）、大叶橐吾（*Ligularia macrophylla*）、火绒草（*Leontopodium leontopodioides*）、蓍（*Achillea millefolium*）等。

（43）高草杂类草草甸（Form. *varii herbae*）

由中生的高大型杂类草组成，广泛发育在中山带海拔1600～2600 m河谷开阔平台和林缘空地、半阴坡沟谷，土壤为山地黑钙土，群落高70～150 cm，盖度80%～100%。这种草甸类型植物组成丰富，常见植物有欧酸模（*Rumex pseudonatronatus*）、天山大黄（*Rheum wittrockii*）、高山地榆（*Sanguisorba alpina*）、天山羽衣草（*Alchemilla tianschanica*）、箭头唐松草（*Thalictrum simplex*）、白喉乌头（*Aconitum leucostomum*）、牛至（*Origanum vulgare*）、山地糙苏（*Phlomis oreophila*）、草原糙苏（*Ph. pratensis*）、草原老鹳草（*Geranium pratense*）、勿忘草（*Myosotis alpestris*）、塔什克羊角芹（*Aegopodium tadshikorum*）、兴安独活（*Heracleum dissectum*）、新疆党参（*Codonopsis clematidea*）、聚花风铃草（*Campanula glomerata* subsp. *speciosa*）、大叶橐吾（*Ligularia macrophylla*）、龙蒿（*Artemisia dracunculus*）等。

（44）糙苏群系（Form. *Phlomis* spp.）

在森林带半阴坡沟谷或林缘空地，是由优势植物块根糙苏（*Phlomis tuberosa*）、草原糙苏（*P. pratensis*）和无芒雀麦（*Bromus inermis*）组成的草甸群落，群落高50～80 cm，盖度60%～80%。伴生植物有鸭茅（*Dactylis glomerata*）、大看麦娘（ *Alopecurus pratensis*）、蒙古异燕麦（*Helictrichon mongolicum*）、毛轴异燕麦（*H. pubescens*）、奢异燕麦（*Helictrichon hookeri* subsp. *schellianum*）、梯牧草（*Phleum phleoides*）、紫苞鸢尾（*Iris ruthenica*）、珠芽蓼（*Polygonom viviparum*）、天山羽衣草（*Alchemilla tianschanica*）、丘陵老鹳草（*Geranium collinum*）、斗篷草（*Alehemilla vulgaris*）、新疆党参（*Codonopsis clematidea*）、山地橐吾（*Ligularia narynensis*）、亚洲蓍（*Achillea asiatica*）、龙蒿（*Artemisia dracunculus*）及火绒草（*Leontopodium* spp.）、委陵菜（*Potentilla* spp.）、勿忘草（*Myosotis* spp.）等属植物。

（45）焮麻群系（Form. *Urtica cannabina*）

广泛分布于博州南部山区牧民居住区周边区域。群落高度100～150 cm，盖度60%～ 80%。伴生植物主要有酸模（*Rumex acetosa*）、扁蓄（*Polygonum aviculare*）、藜（*Chenopodium album*）、独行菜（*Lepidium apetalum*）、播娘蒿（*Descurainia sophia*）、菥蓂（*Thlaspi arvense*）、野胡麻（*Dodartia orientalis*）、山地糙苏（*Phlomis oreophila*）、鼠掌老鹳草（*Geranium sibiricum*）、牛蒡（*Arctium lappa*）、大麻（*Cannabis sativa*）、喜盐鸢尾（*Iris halophila*）、偃麦草（*Elytrigia repens*）、赖草（*Leymus secalinus*）、狗尾草（*Setaria viridis*）及大蒜芥

（*Sisymbrium* spp.）、车前（*Plantago* spp.）、蒿（*Artemisia* spp.）等属植物。

15. 低地、河漫滩草甸（植被亚型）

（46）芨芨草群系（Form. *Achnatherum splendens*）

在博州南部山区的草原带广泛发育，常出现在海拔1200～1750 m山谷台地、河谷低地上，块状分布。群落高70～100 cm，盖度30%～80%，植物种类组成简单。伴生植物主要有布顿大麦（*Hordeum bogdanii*）、拂子茅（*Calamagrostis epigeios*）、苦豆子（*Sophora alopecuroides*）、镰荚苜蓿（*Medicago falcata*）、光果甘草（*Glycyrrhiza glabra*）、簇枝补血草（*Limonium chrysocomum*）等。

2.1.7 沼泽与水生植被（植被型）

水生植被是由生长在水域中的水生植物所组成的植被类型。在博州南部山区中山带长期积水的河谷低洼地段发育有沼泽与水生植被，包括湿地植物苔草群系和水生植物芦苇群系。

16. 沼泽植被（植被亚型）

沼泽通常都出现在积水的低地和地形低陷的部位，经常有缓慢流水或地势凹陷而形成的积水，极度湿润。博州南部山区的沼泽植被属典型的低位沼泽（草本沼泽）。

（47）苔草群系（Form. *Carex* spp.）

发育在中山带海拔1600～2600 m河谷低洼地段上，以苔草及湿生禾本科植物占优势，几乎全为多年生植物。群落主要以黑花苔草（*Carex melanantha*）、圆囊苔草（*C. orbicularis*）为优势种。群落中混生有水葫芦苗（*Halerpestes sarmentosa*）、红萼毛茛（*Ranunculus rubrocalyx*）、珠芽蓼（*Polygonum viviparum*）、马先蒿（*Pedicularis albevti*）、看麦娘（*Alopecurus aequalis*）、沿沟草（*Catabrosa aquatica*），以及蒿草（*Kobresia* spp.）、早熟禾（*Poa* spp.）、委陵菜（*Potentilla* spp.）、蒲公英（*Taraxacum* spp.）、车前（*Plantago* spp.）、火绒草（*Leontopodium* spp.）、老鹳草（*Geranium* spp.）等属植物。

17. 水生植被（植被亚型）

水生植被由水生植物所组成的生长在水域环境中的群落类型，在博州南部山区只见到芦苇群系。

（48）芦苇群系（Form. *Phragmites australis*）

芦苇适生能力非常强，属广生态幅植物。在博州低海拔盐积化的低地可形成盐化草甸；在准噶尔盆地南缘地下水溢出带或在河漫滩周期性河水泛滥积水形成河滩地或草甸洼地上可形成沼泽草甸；在博州南部山区中山带的山间低洼地和河湾积水区可以见到成片生长的芦苇，属于挺水水生植被。水体中常见鞘叶眼子菜（*Potamogeton vaginatus*）、篦齿眼子菜（*P. pectinata*）、角果藻（*Zannichellia palustris*）、具刚毛荸荠（*Eleocharis valleculosa* var . *setosa*）、水葫芦苗（*Halerpestes sarmentosa*）等。

2.2.8 高山冰缘带植被（植被型）

高山冰缘带植被是海拔最高的植被带，在博州南部山区位于高山灌丛和高山草甸上部，高海拔冰川恒雪带的下部，海拔在3200 m以上，这里受到冰川的影响，环境非常残酷，除在岩石表面生长一些地衣外，还生长有极稀疏的高山禾草、蒿草和垫状植物，这些植物种类属于高山适冰雪成分，包括高寒砾石草甸和高山垫状植被两个植被亚型。

18. 高寒砾石草甸植被（植被亚型）

发育在高山带海拔3200～3400 m寒冷的岩屑堆和乱石滩稍平缓的坡地，群落有寒旱生的双子叶植物和丛生禾草，总盖度在50%以下。优势植物有珠芽蓼（*Polygonum viviparum*）、细果苔草（*Carex stenocarpa*）、高山早熟禾（*Poa alpina*）、短药羊茅（*Festucava brachyphylla*），伴生植物有星毛委陵菜（*Potentilla acaulis*）、高山唐松草（*Thalictrum alpinum*）、瞿麦（*Dianthus superbus*）、喜山葶苈（*Draba oreades*）、火绒草（*Leonthopodium leontopodioides*）、线叶蒿草（*Kobresia capillifolia*）等。

19. 高山垫状植被（植被亚型）

生长在高山山顶沼泽地、流石滩，成一坨垫状，可以保温、保水，很好地适应了高山冰缘带极端的寒旱环境，同时也为其他高寒植物提供“肥岛效应”庇护，丰富了高山植物的多样性。

（49）双花委陵菜群系（Form. *Potentilla biflora*）

发育在海拔3200 m以上现代高山带冰川下部的流石滩、砾石质陡坡和高山垫状植被中。群落盖度30%～60%。优势植物有双花委陵菜（*Potentilla biflora*）、垫状刺矶松（*Acantholimon diapensioides*）、高山山莓草（*Sibbaldia tetrandra*）、天山点地梅（*Androsace ovczinnikovii*）、大苞点地梅（*A. maxima*）、球茎虎耳草（*Saxifraga sibirica*）等。常见的伴生植物多属高山草甸的一些种，有高山唐松草（*Thalictrum alpinum*）、淡紫金莲花（*Trollius lilacinus*）、耐寒委陵菜（*Potentilla gelida*）、雪白委陵菜（*P. nivea*）、高山离子芥（*Chorispora bungeana*）、石生老鹳草（*Geranium saxatile*）、长鳞红景天（*Rhodiola gelidaa*）及火绒草（*Leontopodium* spp.）、龙胆（*Gentiana* spp.）、蒿草（*Kobresia* spp.）等属植物，此外还有高山早熟禾（*Poa alpina*）、高山黄花茅（*Anthoxanthum odoratum* subsp. *alpinum*）、芒溚草（*Koeleria litvinowii*）等高山类禾草。

（50）簇生囊种草群系（Form. *Thylacospermum caespitosum*）

分布于海拔3400～3600 m寒冷的流石滩、砾石质陡坡和高山垫状植被中。群落稀疏，高为20～50 cm，多呈垫状，覆盖度10%左右。伴生种有黄白火绒草（*Leontopodium ochroleucum*）、鼠麴雪兔子（*Saussurea gnaphalodes*）、繁缕（*Stellaria media*）、厚叶美花草（*Callianthemum alatavicum*）、高山离子芥（*Chorispora bungeana*）、中亚兔耳草（*Lagotis integrifolia*）、寒地报春（*Primula agida*）、山羊臭虎耳草（*Saxifraga hirculus*）、石生老鹳草（*Geranium saxatile*）、短药羊茅（*Festucava brachyphylla*）、高山早熟禾（*Poa alpina*）、黑鳞苔草（*Carex melanocephala*）等。

2.3 植被的水平与垂直带特征

博州南部山区所处的地理位置，决定了其温带大陆性干旱半干旱气候特征，表现出大陆性旱生植被地带性的特点，成为欧亚荒漠地带的重要组成部分，是亚洲中部荒漠与中亚（伊朗—吐兰）荒漠的过渡地区。在欧亚大陆的水平植被地带结构中，天山主脉分水岭以北至额尔齐斯河之间的平原与山地构成准噶尔荒漠亚地带（温带荒漠），地带性的荒漠植被为小半乔木、灌木、半灌木和小半灌木为主所构成荒漠类型，其中梭梭（*Haloxylon ammodendron*）和琵琶柴（*Reaumuria soongarica*）荒漠在天山北麓的山前冲积平原上发育最为广泛。

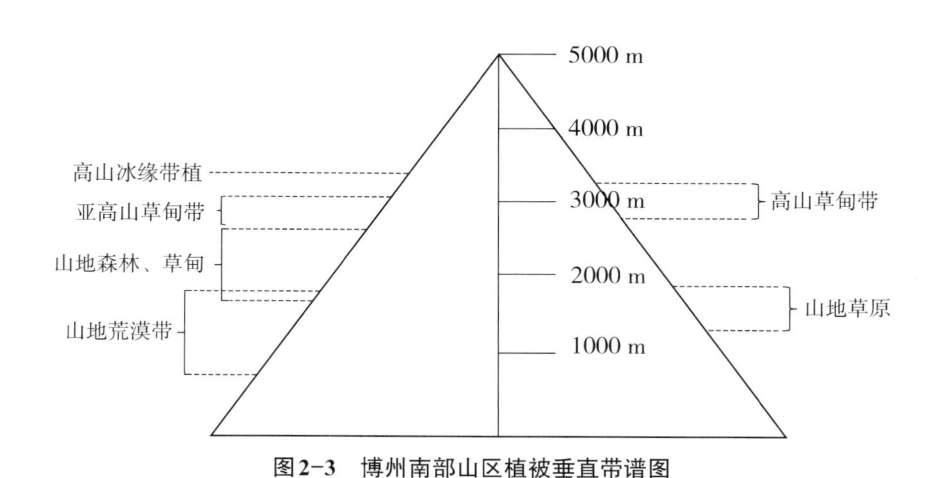

图2-3 博州南部山区植被垂直带谱图

博州南部山区植被垂直带发育完整，自下而上依次为：山地荒漠带（海拔600～1700 m)—山地草原带（海拔1200～1800 m，包括荒漠草原、山地典型草原、山地草甸草原)—山地森林、草甸带（海拔1600～2600 m)—亚高山草甸带（海拔2600～2800 m)—高山草甸带（海拔2800～3300 m)—高山冰缘带植被（海拔>3200 m)。

荒漠植被在博州南部山区为山地荒漠类型，一般位于海拔600～1500 m的低山坡地、山前前洪积扇、古老阶地及倾斜平原上，组成荒漠植物区系的成分有中亚成分、吐兰－准噶尔成分、亚洲中部成分。其中由蒿属、绢蒿属植物不同种类构成的荒漠在博州南部山区的低山带和山前倾斜平原上广泛分布，主要以博乐绢蒿（*Seriphidium borotalense*)、纤细绢蒿（*Seriphidium gracilescens*）为建群种，并有冷蒿（*Artemisia frigida*）加入。由于受到准噶尔西部山地阿拉套山阻挡的影响，这里成为显著的雨影区范围，荒漠植被可以升高到海拔1700 m，尤其是其冬春降水（雪）较多的特点，使得在荒漠群落中往往短命植物与类短命植物层片十分发育。另外，在第三级台原上，分布着由中亚典型的针茅属植物（*Stipa*）加入小半灌木的草原化荒漠，如镰芒针茅（*Stipa caucasica*)、沙生针茅（*S. caucasica* subsp. *glareosa*)、碱韭（*Allium polyrhizun*）等加入，有时还伴生有白垩假木贼（*Anabasis cretacea*）与驼绒藜（*Krascheninnikovia ceratoides*)，表明向草原地带的过渡。

草原植被按海拔高度分为三个植被亚型，即草甸草原、典型草原和荒漠草原，并构成垂直带发育。在博州南部山区草原植被发育在海拔1200～1800（2200）m的低山带－中山带，这里降水量比荒漠区增多，而气温和蒸发量又降低，但仍有大陆性气候的特征。在这种特定的气候条件下，一方面多年生丛生旱生禾草通常混生有旱生小半灌木和灌木成分，另一方面又使得群落中旱中生禾草得到一定的发育，中亚典型的羊茅或针茅山地草原，在这里也得到了很好的发育。

在博州南部山区位于海拔1600～2600 m的中山带阴坡和半阴坡发育着寒温性常绿针叶林，几乎完全由雪岭云杉为建群种组成了单优森林群落；在海拔1600～1800 m河流台地的缓坡地带还间断分布有雪岭云杉与欧洲山杨、天山桦等组成的针阔混交林。山地落叶阔叶林，通常与山地针叶林有密切的联系，分布的海拔不超过针叶林带，但在有针叶林的区域都可以发现它的踪迹。

针叶灌丛植被不具有地带性意义，主要分布在海拔2200～2800 m的山地石质化阳坡或半阳坡，其分布遍及山地、河谷，可以到亚高山带，几乎出现在除高山植被带上部以外的所有植被垂直带中。并与高山草甸、亚高山草甸镶嵌结合。落叶阔叶灌丛常生长在海拔1000～2200 m的森林草甸过渡带和旱生的山地草原带的石质化阳坡和半阳坡，一些种能分布到严酷的亚高山区域，如鬼箭锦鸡儿群系分布于山地森林带上部，在高山冷凉阴湿的阴坡和干旱的阳坡都可以形成群落；在荒漠地带，耐盐、抗旱的灌木更比森林树种有着优越的适应性，通常其分布区域广泛。

草甸根据生态发生和群落学特征可分为高山草甸、亚高山草甸、山地（中山）草甸三个亚型。博州南部山区的草甸由多年生中生草本植物组成群落，是中度湿润条件下形成和发展起来的。其中高山草甸分布在海拔2800～3300 m的高山山坡凹陷处；亚高山草甸分布于海拔2600～3000 m森林带上部的缓坡或宽谷底部，亚洲中部高山上独特的蒿草（*Kobresia*）和苔草（*Carex*）组成的亚高山草甸、高山草甸在这里得到了较好的发育；山地草甸广泛发育在中山带海拔1600～2600 m山地草原与亚高山垂直带之间的山间开阔地、山地针叶林下及其林缘区域。

高山冰缘带植被是海拔最高的植被带，在博州南部山区位于高山灌丛和高山草甸上部，高海拔冰川恒雪带的下部，海拔在3200 m以上，这里受到冰川的影响，环境非常残酷，除在岩石表面生长一些地衣外，还生长有极稀疏的高山禾草、蒿草和垫状植物，包括高寒砾石草甸和高山垫状植被两个植被亚型。

参考文献

中国科学院新疆综合考察队，中国科学院植物研究所. 新疆植被及其利用[M]. 北京：科学出版社，1978.

吴征镒主编. 中国植被[M]. 北京：科学出版社，1980：6.

新疆维吾尔自治区国土整治农业区划局. 新疆国土资源（第一分册)[M]. 乌鲁木齐：新疆人民出版社，1986.

娄安如，张新时. 新疆天山中段植被分布规律的初步分析[J]. 北京师范大学学报（自然科学版)，1994，30（4）：540-545.

张新时主编. 中国植被及其地理格局[M]. 北京：地质出版社，2007：6.

陈灵芝主编. 中国植物区系与植被地理[M]. 北京：科技出版社，2014：12.

熊嘉武主编. 新疆天山东部山地综合科学考察[M]. 北京：中国林业出版社，2015：12.

刘兴义，张云玲主编. 新疆草原植物图鉴（博乐卷）[M]. 北京：中国林业出版社，2016.

熊嘉武主编. 新疆天山西部山地综合科学考察[M]. 北京：中国林业出版社，2017：10.

表 2-1　植被群落样地信息表

编号	群落名称	样地号	样方地点	经纬度	海拔	样方调查日期
1	雪岭云杉群系（Form. *Picea schrenkiana*）	JH云杉1号	精河林区冬都精	E83°12′43″，N44°08′17″	2234 m	2018.05.16
1a	雪岭云杉群系（Form. *Picea schrenkiana*）	JH云杉2号	精河林区乌图精恰差沟	E83°18′34″，N44°19′13″	2000 m	2018.06.26
2	欧洲山杨群系（Form. *Populus tremula*）	欧杨样地	三台林区喀拉莎依沟河谷	E81°73′62″，N44°42′42″	1570 m	2019.06.28
3	天山桦群系（Form. *Betula tianschanica*）	天山桦样地	三台林区喀拉莎依沟河谷	E81°73′62″，N44°42′42″	1570 m	2019.06.28
4	伊犁柳群系（Form. *Salix iliensis*）	伊犁柳样地	三台林区喀拉莎依沟河谷	E81°73′62″，N44°42′42″	1600 m	2019.06.28
5	密叶杨群系（Form. *Populus talassica*）	18号样方	精河林区巴音那木检查站旁	E83°12′56″，N44°36′20″	1413 m	2018.07.02
6	欧亚圆柏群系（Form. *Juniperus sabina*）	2号样方	精河林区厄门精	E83°27′22″，N44325′99″	2575 m	2018.06.27
6a	欧亚圆柏群系（Form. *Juniperus sabina*）	43号样方	精河林区厄门精	E83°31′76″，N44°26′43″	2818 m	2018.06.27
7	西伯利亚刺柏群系（Form. *Juniperus sibirica*）	46号样方	三台林区喀拉莎依沟	E81°71′38″，N44°44′14″	1633 m	2019.06.28
8	鬼箭锦鸡儿群系（Form. *Caragana jubata*）	鬼箭锦鸡儿样地	精河林区大海子东南2.5公里处	E83°18′57″，N44°23′50″	2570 m	2018.07.01
9	多刺蔷薇群系（Form. *Rosa spinosissima*）	6号样方	精河林区小海子	E83°19′64″，N44°38′06″	1686 m	2018.06.29
10	金丝桃叶绣线菊群系（Form. *Spiraea ypericifolia*）	36号样方	精河林区奥木仁	E83°06′98″，N44°34′17″	1505 m	2018.06.29
11	金露梅群系（Form. *Pentaphylloidcs fruticosa*）	11号样方	三台林区喀拉达坂管护站进山5 km处山坡	E81°86′03″，N44°52′94″	1790 m	2018.06.30
12	镰叶锦鸡儿群系（Form. *Caragana aurantiaca*）	36号样方	精河林区奥木仁	E83°06′98″，N44°34′17″	1500 m，	2018.06.29
13	白皮锦鸡儿群系（Form. *Lonicera leucophloea*）	8号样方	四台山前洪积扇、荒漠	E81°80′00″，N41°80′85″	1216 m	2018.06.30
14	黑果小檗群系（Form. *Berberis heterpoda*）	35号样方	精河林区小海子	E83°19′61″，N44°38′06″	1917 m	2019.06.24
15	栒子群系（Form. *Cotoneaster* spp.）	17号样方	精河林区巴音那木左山谷灌木丛	E83°08′94″，N44°35′22″	1545 m	2018.07.02
16	忍冬群系（Form. *Lonicera* spp.）	18号样方	精河林区巴音那木检查站旁	E83°12′56″，N44°36′20″	1413 m	2018.07.02
16a	忍冬群系（Form. *Lonicera* spp.）	46号样方	三台林区喀拉莎依沟	E81°71′38″，N44°44′14″	1633 m	2019.06.28
17	白花沼委陵菜群系（Form. *Comarum salesovianum*）	白花沼委陵菜样地	精河林区乌图精恰差沟丁格尔大板	E83°23′28″，N44°16′33″	2448 m	2019.06.26
18	梭梭群系（Form. *Haloxglon ammodendron*）	1号样方	精河林区冬都精茶甘屯，梭梭荒漠	E82°53′08″，N44°20′74″	937 m	2018.05.16
18a	梭梭群系（Form. *Haloxglon ammodendron*）	21号样方	精河林区巴音那木山前冲积扇	E83°03′27″，N44°42′56″	846 m	2018.07.03

续表（1）

编号	群落名称	样地号	样方地点	经纬度	海拔	样方调查日期
19	泡果沙拐枣群系（Form. *Calligonum junceum*）	沙拐枣群落1号	精河县大河沿子大桥南	E82°20′70″，N44°27′03″	540 m	2018.05.17
20	刺木蓼群系（Form. *Atraphaxis spinosa*）	刺木蓼1号样方	精河大河沿进山口，前山带石质化山坡地	E82°31′57″，N44°46′33″	730 m	2019.06.23
21	驼绒藜群系（Form. *Ceratoides latens*）	驼绒藜群落1号	三台林区乔西卡乐，	E81°55′46″，N44°26′61″	1237 m	2018.05.18
22	木本猪毛菜群系（Form. *Salsola arbuscula*）	32号样方	三台林区库斯木其克村	E82°22′96″，N44°44′10″	814 m	2019.06.23
23	琵琶柴群系（Form. *Reaumuria soongorica*）	15号样方	精河林区（精河-巴音那木）约20 km，山前冲积扇	E81°97′89″，N44°44′60″	676 m	2018.07.01
24	刺旋花群系（Form. *Covolvulus tragacanthoides*）	9号样方	三台林区卡拉达坂管护站旁小山坡	E81°80′29″，N44°55′66″	1220 m	2018.06.30
25	小蓬群系（Form. *Nanophyton erinaceum*）	19号样方	精河林区亡丁乡联合牧场	E83°06′39″，N44°42′70″	937 m	2018.07.03
26	博乐绢蒿群系（Form. *Seriphidium borotalense*）	样方11号	三台林区喀拉达坂管护站进山5 km处山坡	E81°86′03″，N44°52′95″	1790 m	2018.06.30
27	纤细绢蒿（小蒿）群系（Form. *Seriphidium gracilescens* ）	样方37号	精河林区敖木仁	E83°06′98″，N44°34′17″	1505 m	2019.06.25
28	禾草及杂类草草甸草原群系（Form. *Festuca* spp.，*varii herbae*）	12号样方	三台林区赛里木南部山坡草地	E81°45′92″，N44°48′01″	2130 m	2018.07.01
29	苔草及杂类草草甸草原群系（Form. *Carex* spp.，*varii herbae*）	草甸草原2号	精河林区小海子旁	E83°19′70″，N44°38′06″	2000 m	2019.06.25
30	早熟禾群系（Form. *Poa* spp.）	早熟禾群系样地	市三台林区克孜里玉－赛里木湖南岸之间山坡草地	E81°50′30″，N44°52′92″	2000 m	2019.06.28
31	针茅群系（Form. *Stipa capillata*）	14号样方	三台林区赛里木湖南岸山坡草地	E81°35′70″，N44°58′07″	2123 m	2018.07.01
32	羊茅群系（Form. *Festuca ovina*）	羊茅草原1号	三台林区赛里木湖南岸山坡草地	E81°49′30″，N44°54′90″	2000 m	2019.06.25
33	沟羊茅群系（Form. *Festuca valesiaca* subsp. *sulcata*）	沟羊茅典型草原1号	三台林区喀拉达坂管护站进山	E81°86′03″，N44°32′90″	2000 m	2019.06.25
34	镰芒针茅群系（Form. *Stipa caucasica*）	10号样方	三台林区喀拉达坂管护站进山5 km处山坡草地	E81°86′03″，N44°52′94″	1757 m	2018.06.30
35	碱韭群系（Form. *Alliun polyrhizun*）	7号样方	四台山前冲积平原、荒漠草原	E81°78′82″，N44°58′30″	540 m	2018.06.30
36	高山杂类草草甸（Form. *varii herbae*）	5号样方	精河林区巴克苏隆母小海子上山顶	E83°31′06″，N44°34′37″	3200 m	2019.06.25

续表（2）

编号	群落名称	样地号	样方地点	经纬度	海拔	样方调查日期
37	高山蒿草、苔草草甸（Form. *Kobresia* spp.，*Carex* spp.）	20号样方	精河林区巴克苏隆母小海子上雪山石质化坡地	E83°25′48″，N44°33′22″	3123 m	2018.07.03
38	亚高山杂类草草甸（Form. *varii herbae*）	3号样方	精河林区乌图精恰差沟	E83°29′88″，N44°16′70″	2593 m	2018.06.28
39	亚高山禾草及杂类草草甸（Form. *festuca* spp.，*Poa* spp.，*varii herbae*）	1号样方	精河林区厄门精	E83°29′86″，N44°26′25″	2726 m	2018.06.27
40	山地橐吾群系（Form. *Ligularia narynensis*）	39号样方	精河林区乌图精夏尔塔乐	E83°18′35″，N44°19′13″	2130 m	2019.06.26
41	天山羽衣草群系（Form. *Alchemilla tianschanica*）	42号样方	精河林区额孟精	E83°26′70″，N44°25′93″	2802 m	2019.06.27
42	禾草及杂类草山地草甸（Form. *festuca* spp.，*Poa* spp.，*varii herbae*）	山地草甸1号	精河林区小海子旁	E83°19′70″，N44°38′06″	2000 m	2019.06.25
43	高草杂类草草甸（Form. *varii herbae*）	13号样方	三台林区克孜里玉管护站后山坡草地	E81°59′30″，N44°44′92″	1875 m	2018.07.01
44	糙苏群系（Form. *Phlomis* spp.）	41号样方	精河林区厄门精夏尔塔乐	E83°20′26″，N44°24′79″	2155 m	2019.06.26
45	焮麻群系（Form. *Urtica cannabina*）	34号样方	精河林区小海子坡地	E83°22′59″，N44°36′59″	2405 m	2019.06.24
46	芨芨草群系（Form. *Achnatherum splendens*）	16号样方	精河林区巴音那木山谷口坡地	E83°08′98″，N44°35′36″	1725 m	2018.07.02
47	苔草群系（Form. *Carex* spp.）	沼泽样地	三台林区克孜里玉管护站前山谷沼地	E81°59′30″，N44°44′92″	1800 m	2019.06.28
48	芦苇群系（Form. *Phragmites australis*）	芦苇样地	精河林区小海子	E83°19′70″，N44°38′06″	2000 m	2019.06.25
	高寒砾石草甸植被亚型	5号样方	精河林区小海子轮达	E83°31′06″，N44°34′37″	3285 m	2018.06.29
49	双花委陵菜群系（Form. *Potentilla biflora*）	33号样方	精河林区小海子轮达大板	E83°25′59″，N44°33′33″	3238 m	2019.06.24
50	簇生囊种草群系（Form. *Thylacospermum caespitosum*）	33样方旁样地	精河林区小海子轮达大板	E83°25′46″，N44°33′25″	3254 m	2019.06.24

第3章　维管植物多样性

植物区系多样性是指特定区域的植物类群的全部分类单元，是植物界在长期的自然历史条件作用下，通过物种或居群的遗传与变异而起源、进化和扩散而形成的自然综合体。博州南部山区位于天山西部北坡，自然资源调查基础相对薄弱。2018—2019年，维管植物区系多样性组对该区域森林资源开展了科学考察，采集了2800多号标本。标本经分类鉴定后存于中山大学植物标本馆（SYS）。本章主要对博州南部山区维管植物区系多样性进行分析，可为该区域森林资源多样性保护和合理利用以及植被恢复提供科学依据。

3.1　维管植物区系的组成

博州南部山区森林资源调查共记录维管束植物80科424属1157种（若仅有种下等级亚种、变种、变型，即其一按种计），详见表3-1。其中蕨类植物6科8属12种，分别占博州自治区蕨类科属种的37.5%、34.8%及21.8%，表明本区域蕨类植物较贫乏。其中木贼科Equisetaceae有1属3种，阴地蕨科Botrychiaceae有1属1种，蹄盖蕨科Athyriaceae有1属1种，铁角蕨科Aspleniaceae有1属3种，鳞毛蕨科Dryopteridaceae有2属2种，水龙骨科Polypodiaceae有2属2种。

裸子植物3科3属11种，分别占新疆科属种的75%、42.8%及31.4%。其中松科Pinaceae有1属1种，柏科Cupressaceae有1属3种，麻黄科Ephedraceae有1属7种。被子植物记录有71科413属1115种及21个亚种30个变种1个变型。

表3-1　博州南部山区维管植物组成

分类群	科数	属数	种数	亚种数	变种数	变型数
蕨类植物	6	8	12	0	0	0
裸子植物	3	3	11	0	0	0
被子植物	71	413	1115	21	30	1
合计	80	424	1138	21	30	1

注：科的概念及中国科、属、种统计数据按吴征镒等（2011）。

3.2　种子植物科的区系特点

3.2.1　科内种的数量结构

博州南部山区种子植物统计有74科416属1145种（若仅有种下等级其一按种计），通过统计博州南部山区种子植物区系各科所含的种数量，对其科内种的的数量大小进行分级（表3-2），结果如下：博州南部山区种子植物中的大科（科内种数大于100，下同）仅3科，占总科数的4.05%；较大科（种数为51～100）有4科，占总科数的5.41%；中等科（种数为11～50）有16科，占总科数的21.62%；寡种科（种数为2～10）有30科，占总科数的40.54%；单种科（本区域科内种数为1）有21科，占总科数的28.37%。统计博州南部山区的较大科、大科共有7科，其种数共578种，占总种数的50.48%；中等科、寡种科和单种科均多于15科，共有67科，占总科数的90.54%，中等科的种数有386种，占总种数的33.71%。这表明博州种子植物数量结构中，科级水平多集中于中等科、寡种科及单种科；种级水平多集中于中等科及以上，占总种数的84.19%。

表3-2　博州南部地区野生种子植物科内种的数量分级统计

级别	科数	占总科数比例（%）	种数	占总种数比例（%）
大科（>100 种）	3	4.05	338	29.52
较大科（51～100）	4	5.41	240	20.96
中等科（11～50）	16	21.62	386	33.71
寡种科（2～10）	30	40.54	160	13.98
单种科（1 种）	21	28.37	21	1.83

（1）大科

博州南部山区的大科是菊科Compositae、豆科Leguminosae和禾本科Graminae，分别有129种、107种、102种。

（2）较大科

有4科，其中十字花科Cruciferae有69种、藜科Chenopodiaceae有61种、蔷薇科Rosaceae有59种、毛茛科Ranunculaceae有51种。

（3）中等科

有16科，牻牛儿苗科Geraniaceae（12种，下同）、虎耳草科Saxifragaceae（13）、报春花科Primulaceae（14）、白花丹科Plumbaginaceae（11）、茜草科Rubiaceae（12）、景天科Crassulaceae（15）、罂粟科Papaveraceae（16）、龙胆科Gentianaceae（17）、蓼科Polygonaceae（26）、玄参科Scrophulariaceae（29）、伞形科Umbelliferae（31）、莎草科Cyperaceae（33）、紫草科Boraginaceae（34）、唇形科Labiatae（38）、百合科Liliaceae（39）、石竹科Caryophyllaceae（46）。

（4）寡种科

有30科，如柏科Cupressaceae（2）、大麻科Cannabaceae（2）、桦木科Betulaceae（2）、荨麻科Urticaceae（2）、凤仙花科Balsaminaceae（2）、萝摩科Asclepiadaceae（2）、川续断科Dipsacaceae（2）、水麦冬科Juncaginaceae（2）、小檗科Berberidaceae（3）、锦葵科Malvaceae（3）、眼子菜科Potamogetonaceae（3）、白刺科Nitrariaceae（4）、列当科Orobanchaceae（4）、败酱科Valerianaceae（4）、鹿蹄草科Pyrolaceae（5）、旋花科Convolvulaceae（5）、柳叶菜科Onagraceae（6）、兰科0rchidaceae（6）、大戟科Euphorbiaceae（7）、堇菜科Violaceae（7）、柽柳科Tamaricaceae（8）、茄科Solanaceae（8）、桔梗科Campanulaceae（8）、灯心草科Juncaceae（8）、麻黄科Ephedraceae（8）、蒺藜科Zygophyllaceae（9）、车前科Plantaginaceae（9）、鸢尾科Iridaceae（9）、杨柳科Salicaceae（10）、忍冬科Caprifoliaceae（10）等。

（5）单种科

有20科，松科Pinaceae、榆科Ulmaceae、檀香科Santalaceae、苋科Amaranthaceae、裸果木科

Paronychiaceae、牡丹科Paeoniaceae、亚麻科Llinaceae、骆驼蓬科Peganaceae、夹竹桃科 Apocynaceae、远志科Polygalaceae、鼠李科Rhamnaceae、藤黄科Guttiferae、半日花科Cistaceae、瑞香科Thymelaeaceae、胡颓子科Elaeagnaceael、千屈菜科Llythraceae、杉叶藻科Hippuridaceae、锁阳科Cynomoriaceae、花荵科Polemoniaceae、鸢尾蒜科Ixioliriaceae、山柑科Capparidaceae。

3.2.2 科内属的数量结构

博州种子植物科内属级的统计分析（表3-3）可知：未出现科内属数大于50属的科；属数在16～50的科有10科，包括菊科、禾本科、十字花科、唇形科、藜科、蔷薇科、伞形科、毛茛科、豆科、紫草科，占总科数的13.51%，共259属，占总属数的62.26%；属数在6～15的科有8科，包括石竹科、报春花科、莎草科、百合科、玄参科、罂粟科、景天科、蓼科，占总科数的10.81%，共62属，占总属数的14.91%；属数在2～5的科有21科，大麻科、锦葵科、眼子菜科、列当科、败酱科、柳叶菜科、灯心草科、蒺藜科、杨柳科、鸢尾科、茜草科、鹿蹄草科、旋花科、柽柳科、桔梗科、牻牛儿苗科、茄科、虎耳草科、兰科、白花丹科、龙胆科等，占总科数的28.38%，共60属，占总属数的14.42%；单属科有35科，如松科、麻黄科、核桃科、榆科、桦木科、荨麻科、檀香科、旋花科、忍冬科、水麦冬科、石蒜科等，占总科属的47.30%，共35属，占总属数的8.41%。

博州种子植物科内属级分级表明，属数大于15的科有10科，占总科数的13.51%，而其科内属数、种数均较多，分别占总属数和总种数的62.26%及59.48%，说明本区域物种多样性相对集中在几个较大科内；属数在1～5属的科有56科，占总科数的75.68%，而其科内属数、种数均较少，分别占总属数和总种数的22.83%及21.48%，说明本区域小属科内的属内物种也较单一。

表3-3 博州野生种子植物科内属的数量分级统计

级别	科数	占总科数比例（%）	属数	占总属数比例（%）	种数	占总种数比例（%）
＞50属的科	0	0	0	0	0	0
16～50属的科	10	13.51	259	62.26	681	59.48
6～15属的科	8	10.81	62	14.91	218	19.04
2～5属的科	21	28.38	60	14.42	163	14.23
1属的科	35	47.30	35	8.41	83	7.25

3.2.3 优势科及表征科

1. 优势科

植物区系优势科是描述一个地区区系特征的重要指标，指在植物区系中所包含属、种数相对较多的科，并且在植被组成中占有一定的优势地位，它们能有助于从整体上把握植物区系组成和特征，其确定需依靠一定的数量标准。一般来说优势科的确定依据科在植物区系中所含种的相对数量较高，且这些优势科所包含的属、种总数应占区系的50%以上。基于以上基本原则，选取博州南部山区科内种数大于20种的科作为优势科，统计共有15科303属854种，分别占总科属种的20.27%、72.84%及74.59%。这些优势科为菊科、豆科、禾本科、十字花科、藜科、蔷薇科、毛茛科、石竹科、百合科、唇形科、紫草科、莎草科、伞形科、玄参科、蓼科。

（1）菊科有45属129种，本科物种为草本植物，广泛分布于博州各区域，是林下沟边、山坡灌丛、草地等植物群落中的重要优势种或伴生种。如蓟属*Cirsium*、千里光属*Senecio*、橐吾属*Ligularia*、风毛菊属*Saussurea*、蒲公英属*Taraxacum*等植物多分布于溪边的潮湿草地，蒿属*Artemisia*、绢蒿属*Seriphidium*等植物多分布于干旱或半干旱山坡的灌草丛。

（2）豆科有19属107种，本科植物在博州南部山区多为灌木及多年生草本，主要分布于山坡及山谷，是灌草丛中常见物种，如锦鸡儿属*Caragana*植物有5种，在土质、砾质山坡能形成优势灌丛，黄耆属*Astragalus*和棘豆属*Oxytropis*植物均有30余种，是溪边灌丛、草地群落中主要的优势种。

（3）禾本科有38属102种，本科植物在本地区属种丰富，是灌丛草坡、草地的优势组成部分，海拔梯度分布广泛，从各山地的山麓至山顶都有分布。

（4）十字花科有38属69种，本科植物多为一至多年生草本，广泛分布与本区域山谷、河谷灌丛、草地，也零散分布在砂质山坡，是灌草丛群落的主要伴生物种，在一个群落中科内物种也较丰富，如念珠芥属*Torularia*、条果芥属*Parrya*、葶苈属*Draba*等的多种植物常混生于群落中。

（5）藜科有24属61种，本科植物广泛分布于博州南部山区砾石山坡、季节性溪谷两侧、河谷湖泊的滩地，耐盐碱，耐干旱。多为一年生草本和矮小灌木，是本区域灌丛及草地的主要组成部分，如猪毛菜属*Salsola*常在砾质山坡组成优势低矮灌丛群落，盐爪爪属*Kalidium*植物为河谷的盐碱滩地的优势物种。

（6）蔷薇科有19属59种，本科植物在博州南部山区的生活型最为丰富，有一至多年生草本，如草莓属*Fragaria*、地蔷薇属*Chamaerhodos*、委陵菜属*Potentilla*、羽衣草属*Alchemilla*等植物，主要分布在针叶林的潮湿林下及草地，是重要的伴生物种；有种类丰富的灌木植物，如悬钩子属*Rubus*、栒子属*Cotoneaster*、金露梅属*Pentaphylloidcs*、沼委陵菜属*Comarum*、蔷薇属*Rosa*等植物，是本区域山坡灌丛群落的主要建群种或优势种；有广泛分布的乔木植物，如花楸属*Sorbus*、樱桃属*Cerasus*、苹果属*Malus*、李属*Prunus*、杏属*Armeniaca*等植物，各属植物种类较单一，呈零散分布在本区域的沟谷的针阔混交林群落中，是主要的阔叶植物优势种。

（7）毛茛科有18属51种，本科植物多以草本为主，多分布于低海拔的山谷林下，形成优势的草本群落，如乌头属*Aconitum*、唐松草属*Thalictrum*植物在潮湿林下、溪边常成片分布，是重要的草本优势物种。铁线莲属*Clematis*植物多攀附与各类灌丛群落中，是本区域林间重要的藤本植物。毛茛属*Ranunculus*植物则为水边湿地中主要的低矮草本，常见于平坦的砂质河滩。

（8）石竹科有11属46种，本科植物以多年生草本为主，在博州南部山区多分布于山谷草丛、山坡或山顶草地，是群落中草本植物的主要伴生物种。如繁缕属*Stellaria*、卷耳属*Cerastium*、蝇子草属*Silene*等植物较多，常见于各类潮湿草地群落中；石头花属*Gypsophila*植物则多零散分布在砾质山坡和石质河滩。

（9）百合科有8属39种，本科植物多为多年生草本，种类丰富，广泛分布于干旱山坡、陡崖的石壁缝中，如独尾草属*Eremurus*、葱属*Allium*等植物，尤其是葱属植物有19种，零散分布在各类陡峭的山坡，是崖壁植物类群的主要物种；还有部分植物分布针叶林下、山前平原的草地，如顶冰花属*Gagea*、贝母属*Fritillaria*、郁金香属*Tulipa*等植物。

（10）唇形科有22属38种，本科植物多为草本，主要分布在山坡、溪谷及平原草地，分布广泛，是草本植物的主要组成部分，如青兰属*Dracocephalum*、野芝麻属*Lamium*、新塔花属*Ziziphora*等植物。

（11）紫草科有17属34种，本科植物在博州南部山区多为一至多年生草本，主要分布在石质、砾质或砂质山坡，如软紫草属*Arnebia*、滇紫草属*Onosma*、鹤虱属*Lappula*、琉璃草属*Cynoglossum*等植物，是山坡草本群落的主要优势物种；其他有散生在针叶林下、河谷阶地草地，如长蕊琉璃草属*Solenanthus*、长柱琉璃草属*Lindelofia*、糙草属*Asperugo*等植物。

（12）莎草科有8属33种，本科为草本植物，广泛分布于博州南部山区的山坡、山谷及溪边草地，是草本植物的主要组成部分，如莎草属*Cyperus*、水莎草属*Juncellus*、苔草属*Carex*等植物。

（13）伞形科有19属31种，本科植物多为草本，在博州南部山区主要分布在林缘、山谷及溪边草地，是草本植物的主要组成部分，如柴胡属*Bupleurum*、葛缕子属*Carum*、苞裂芹属*Schulzia*、阿魏属*Ferula*、大瓣芹属*Semenovia*等植物。

（14）玄参科有11属29种，本科植物多为多年生草本，广泛分布在博州南部山区的低缓山坡、沟谷及平原草地，如婆婆纳属*Veronica*、马先蒿属*Pedicularis*、柳穿鱼属*Linaria*等植物，是草地常见优势物种。

（15）蓼科有6属26种，本科植物主要以木蓼属*Atraphaxis*和蓼属*Polygonum*植物种类较多，木蓼属有5种，为灌木，多生长在干旱山坡或沙地，可形成低矮灌木优势群落；蓼属有13种，为草本，多生长在林下潮湿草地、溪谷草地或河谷沙地，是草本植物的主要伴生物种。

2. 表征科

表征科综合考虑科内物种数量、属数与世界属数比例及种数与世界种数比例，以及在植被组成和群落演替中的重要地位，较优势科更能体现植物区系的特征。参考表征科的原则，博州南部山区的非世界分布科（科的分布区类型不为广布科T1）中，科内种数占世界总种数的比值不小于2%，或科内种数达20种以上，其科内植物在本地区植被组成也有一定地位，划分此类科为本地区的表征科。

共确定博州南部山区表征科有18科（表3-4），包含有351种，分别占总科数、总种数的21.62%、30.65%。它们是豆科、十字花科、毛茛科、紫草科、蓼科、罂粟科、虎耳草科、麻黄科、鹿蹄草科、列当科、桦木科、大麻科、牡丹科、柽柳科、白刺科、骆驼蓬科。其中代表区系热带性质的只有泛热带分布的1科（豆科），代表区系温带性质的有17科，其中北温带分布的科有14科（十字花科、毛茛科、紫草科、蓼科、罂粟科、虎耳草科、麻黄科、鹿蹄草科、列当科、桦木科、大麻科、牡丹科、柏科、松科），地中海区，西亚至中亚分布的科有2科（骆驼蓬科和白刺科），旧世界温带分布的科有1科（柽柳科）。此外，有几个广布科也具有一的指示意义，如藜科、蔷薇科、石竹科、蒺藜科、半日花科、锁阳科等。

表3-4　博州南部山区种子植物科的总数占中国、世界总种数的比例

序号	科名	种数	占中国种数比例（%）	占世界种数比例（%）	科的分布区类型
1	豆科Leguminosae*	107	9.21	0.89	T2
2	十字花科Cruciferae*	69	16.27	2.04	T8
3	毛茛科Ranunculaceae*	51	6.97	2.04	T8
4	紫草科Boraginaceae*	34	18.28	1.24	T8
5	蓼科Polygonaceae*	26	11.26	2.36	T8
6	罂粟科Papaveraceae*	16	4.42	2.29	T8
7	虎耳草科Saxifragaceae*	13	4.62	2.07	T8
8	麻黄科Ephedraceae*	8	66.66	20.00	T8
9	鹿蹄草科Pyrolaceae*	5	12.50	8.34	T8
10	列当科Orobanchaceae*	4	10.00	2.67	T8
11	桦木科Betulaceae*	2	2.86	2.00	T8
12	大麻科Cannabaceae*	2	66.67	66.67	T8
13	牡丹科Paeoniaceae*	1	9.09	3.33	T8

续表（1）

序号	科名	种数	占中国种数比例（%）	占世界种数比例（%）	科的分布区类型
14	柽柳科 Tamaricaceae*	8	25.01	7.28	T10
15	白刺科 Nitrariaceae*	4	80.00	57.14	T12
16	骆驼蓬科 Peganaceae*	1	3.85	0.29	T12
17	菊科 Compositae	129	5.12	0.57	T1
18	禾本科 Graminae	102	7.34	1.02	T1
19	藜科 Chenopodiaceae*	61	32.79	4.35	T1
20	蔷薇科 Rosaceae*	59	5.04	2.08	T1
21	石竹科 Caryophyllaceae*	46	15.86	2.30	T1
22	唇形科 Labiatae	38	5.00	0.53	T1
23	百合科 Liliaceae	39	11.64	1.95	T1
24	莎草科 Cyperaceae	33	6.57	1.02	T1
25	伞形科 Apiaceae	31	5.63	0.82	T8
26	玄参科 Scrophulariaceae	29	4.24	1.70	T1
27	龙胆科 Gentianaceae	17	4.86	1.88	T8
28	茜草科 Rubiaceae	12	1.97	1.20	T2
29	报春花科 Primulaceae	14	2.82	1.76	T8
30	白花丹科 Plumbaginaceae	11	27.50	2.21	T1
31	景天科 Crassulaceae	12	4.80	0.87	T1
32	牻牛儿苗科 Geraniaceae	12	17.91	1.60	T1
33	鸢尾科 Iridaceae	9	12.86	1.13	T2
34	杨柳科 Salicaceae	10	3.13	1.61	T8
35	忍冬科 Caprifoliaceae	10	4.83	2.39	T8
36	堇菜科 Violaceae	9	7.20	1.13	T1
37	蒺藜科 Zygophyllaceae*	9	40.91	3.21	T1
38	车前科 Plantaginaceae	9	45.00	4.50	T1
39	茄科 Solanaceae	8	8.08	0.32	T2
40	桔梗科 Campanulaceae	8	4.71	0.40	T8
41	灯心草科 Juncaceae	8	9.41	1.86	T1
42	大戟科 Euphorbiaceae	7	1.91	0.12	T2
43	兰科 Orchidaceae	6	0.56	0.03	T2
44	柳叶菜科 Onagraceae	6	10.34	0.92	T8
45	旋花科 Convolvulaceae	5	4.75	0.30	T1
46	败酱科 Valerianaceae	4	9.30	1.27	T8
47	锦葵科 Malvaceae	3	4.01	0.08	T2
48	小檗科 Berberidaceae	3	1.20	0.42	T9
49	眼子菜科 Potamogetonaceae	3	10.01	3.33	T1
50	萝藦科 Asclepiadaceae	2	0.47	0.04	T2
51	荨麻科 Urticaceae	2	0.84	0.08	T2

续表（2）

序号	科名	种数	占中国种数比例（%）	占世界种数比例（%）	科的分布区类型
52	凤仙花科 Balsaminaceae	2	1.05	0.20	T2
53	川续断科 Dipsacaceae	2	8.00	0.67	T10
54	柏科 Cupressaceae	2	6.67	1.33	T8
55	水麦冬科 Juncaginaceae	2	100.00	16.66	T1
56	苋科 Amaranthaceae	1	0.43	0.04	T1
57	鸢尾蒜科 Ixioliriaceae	1	2.27	0.08	T13
58	藤黄科 Guttiferae	1	1.15	0.10	T2
59	远志科 Polygalaceae	1	2.04	0.10	T1
60	鼠李科 Rhamnaceae	1	0.73	0.11	T1
61	瑞香科 Thymelaeaceae	1	1.11	0.12	T1
62	山柑科 Capparidaceae	1	2.27	0.13	T2
63	千屈菜科 Lythraceae	1	2.08	0.18	T1
64	檀香科 Santalaceae	1	2.86	0.25	T2
65	花荵科 Polemoniaceae	1	33.33	0.33	T8
66	亚麻科 Linaceae	1	7.14	0.33	T1
67	松科 Pinaceae	1	1.15	0.48	T8
68	裸果木科 Paronychiaceae	1	7.14	0.51	T1
69	榆科 Ulmaceae	1	1.67	0.57	T2
70	半日花科 Cistaceae*	1	100.00	0.59	T1
71	胡颓子科 Elaeagnaceael	1	1.35	1.11	T8
72	杉叶藻科 Hippuridaceae	1	50.00	50.00	T1
73	锁阳科 Cynomoriaceae*	1	100.00	50.00	T1

注：科名后带“*”号表示为本区域表征科。

3.2.4 科的地理成分分析

科是植物分类学中较大的自然分类单位，同一科内的物种具有相似的形态结构，以及明确的系统发生关系（王荷生，1997）。李锡文（1996）及吴征镒等（2003b；2003c；2006）对世界现存的科进行了分布区类型划分，共划分为15个分布区类型及31个变型。分布区类型分析可在一定程度上解释洲际植物区系分布的形成，这一形成过程往往与地史变迁事件有着密切关系，如泛热带分布科的分布格局与劳亚古陆与冈瓦纳古陆解体有着直接关联（吴征镒等，2006；Mao et al.，2010），东亚–北美间断分布科则与古特提斯海退却、北太平洋扩张及白令陆桥闭合事件有关（Wen，1999）。

依据吴征镒对世界科的分布区类型划分系统，博州南部山区的种子植物74科可划分为5个分布区类型及6个变型，具体见表3-5。其中北温带分布的科数最多，为17科，占博州非世界分布科数的37.78%；其次为泛热带分布的科，为14科，占非世界分布科的31.11%；另外是北温带分布的一个变型–北温带和南温带（全温带）间断分布的科数较多，为7科，占非世界分布的15.56%；其他分布型及变型均只分布有1科，如热带亚洲，大洋洲和热带美洲（南美洲或/和墨西哥）间断分布、东亚及北美间断分布、旧世界温带分布、欧亚和南非（有时也在澳大利亚）、地中海区至中亚和墨西哥间断分布、中亚东部分布等，各占非世界分布的2.22%。

统计本区域热带性的科（分布型2～7的科）共15科，占非世界分布科的33.33%；温带性的科（分布型8～15的科）共30科，占非世界分布科的66.67%，热带性科与温带性科的R/T值为1 ：2，表明博州南部山区植物以温带性成分占很大比例，整体区系属于温带性质。

表3-5 博州南部山区种子植物科的分布区类型

类型	科数	占非世界分布科比例（%）
1.世界分布 Cosmopolitan	29	扣除
2.泛热带分布 Pantropic	14	31.11
2-1.热带亚洲-大洋洲和热带美洲（南美洲或/和墨西哥）间断分布 Trop. Asia, Australasia（to N. Zeal.）& C. to S. Amer.（or Mexico）disjuncted	1	2.22
3.热带亚洲和热带美洲间断分布 Trop. Asia & Trop. Amer. Disjuncted	0	0.00
4.旧世界热带分布 Old world tropics	0	0.00
5.热带亚洲至热带大洋洲分布 Trop. Asia to Trop. Australasia Oceania	0	0.00
6.热带亚洲至热带非洲分布 Trop. Asia to Trop Africa	0	0.00
7.热带亚洲（即热带东南亚至印度-马来，太平洋诸岛）分布 Trop. Asia（Indo-Malaysia）	0	0.00
热带性质的科统计	15	33.33
8.北温带分布 North Temperate	17	37.78
8-4.北温带和南温带（全温带）间断分布 N. Temp.& S. Temp. disjuncted（Pan-temperate）	7	15.56
9.东亚及北美间断分布 E. Asia & N. Amer. Disjuncted	1	2.22
10.旧世界温带分布 Old world temperate	1	2.22
10-3.欧亚和南非（有时也在澳大利亚）分布 Eurasia & S. Afr.（sometimes also Australia）disjuncted	1	2.22
11.温带亚洲分布 Temp. Asia	0	0.00
12.地中海区，西亚至中亚分布 Mediterranea W. Asia to C. Asia	0	0.00
12-2.地中海区至中亚和墨西哥间断分布 Mediterranea to C. Asia & Mexico or Cuba disjuncted	1	2.22
12-3.地中海区至温带-热带亚洲，大洋洲和南美洲间断分布 Mediterranea to Temp.-Trop. Asia, Australasia & S. Amer. Disjuncted	1	2.22
13.中亚分布 C. Asia		
13-1.中亚东部或地中海地区（East C. Asiaor Asia Media）	1	2.22
14.东亚（东喜马拉雅-日本）分布 E. Asia	0	0.00
15.中国特有分布 Endemic to China	0	0.00
温带性质的科统计	30	66.67

注：热带科包括分布区类型为2～7的科，温带科包括分布区类型为8～15的科。

（1）世界分布科

世界分布科泛指那些在世界各大洲均有分布的科，因此又称为世界广布科，这一分布型的科一定程度上可体现出世界各大洲区系发生的关联性，但由于广布科分布广泛，不易判断区域差异，因此在实际的区系研究中一般予以扣除。

世界分布科在博州南部山区有29科，占总科数的39.19%，其中科内种数较多的为菊科Compositae、禾本科Graminae、藜科Chenopodiaceae、石竹科Caryophyllaceae、蔷薇科Rosaceae、百合科Liliaceae、唇形科

Labiatae、莎草科Cyperaceae，这几个科也是世界性的大科，常以温带地区的草本植物属种为主。

其他世界分布科还有景天科Crassulaceae、白花丹科Plumbaginaceae、牻牛儿苗科Geraniaceae、亚麻科Linaceae、鼠李科Rhamnaceae、堇菜科Violaceae、瑞香科Thymelaeaceae、千屈菜科Lythraceae、旋花科Convolvulaceae、玄参科Scrophulariaceae、裸果木科Paronychiaceae、车前科Plantaginaceae、灯心草科Juncaceae、水麦冬科Juncaginaceae等，科内种类较少，多为一些扩散能力较强的草本，有些也受人类活动的影响而扩散，如车前科、灯心草科及牻牛儿苗科。

（2）泛热带分布科

泛热带分布科为热带地区广泛分布，且分布中心处于世界热带地区的科，有些种可零星分布至亚热带或温带。本类型有14科，占非世界分布科的31.11%，是本区域热带性科是主要成分，它们是豆科Leguminosae、茄科Solanaceae、茜草科Rubiaceae、兰科Orchidaceae、大戟科Euphorbiaceae、荨麻科Urticaceae、凤仙花科Balsaminaceae、锦葵科Malvaceae、藤黄科Guttiferae、榆科Ulmaceae檀香科Santalaceae、山柑科Capparidaceae、夹竹桃科Apocynaceae及萝藦科Asclepiadaceae。

T 2-1.热带亚洲、大洋洲和南美洲间断分布亚型

本变型主要分布于东南亚及大洋洲。博州南部山区此分布区变型仅有1科，占非世界分布科的2.22%，为鸢尾科Iridaceae，共2属9种及1变种，即鸢尾属*Iris*和番红花属*Crocus*，均为温带性分布的属，在博州多分布于中高海拔的山坡及河滩草地。

（3）热带亚洲和热带美洲间断分布科

本分布区类型分布在亚洲、美洲的热带区域，博州南部山区无此分布区类型的科。

（4）旧世界热带分布科

本分布区类型主要分布在亚洲、非洲、大洋洲的热带区域，博州南部山区无此分布区类型的科。

（5）热带亚洲至热带大洋洲分布科

本分布区类型主要分布在热带亚洲的中国西南至澳大利亚、新西兰，博州南部山区无此分布区类型的科。

（6）热带亚洲至热带非洲分布科

本分布区类型主要分布在亚洲热带地区的中国华南、西南地区至印度和热带非洲、马达加斯加岛，博州南部山区无此分布区类型的科。

（7）热带亚洲分布科

本分布区类型主要分布在热带东南亚至印度-马来西亚地区和太平洋诸岛，博州南部山区无此分布区类型的科。

（8）北温带分布科

北温带分布的科广泛分布于欧亚大陆及北美洲温带地区，是博州植物区系的主要组成部分，包括24个科，占非世界科的54.55%，包含1个变型。北温带分布的科有17科，其中科内种数较多的为十字花科Cruciferae（69种，下同）、毛茛科Ranunculaceae（51）、伞形科Apiaceae（31）、紫草科Boraginaceae（34）、蓼科Polygonaceae（26）、罂粟科Papaveraceae（16）、龙胆科Gentianaceae（17）、虎耳草科Saxifragaceae（13）、杨柳科Salicaceae（10）等，其他科为报春花科Primulaceae、桔梗科Campanulaceae、忍冬科Caprifoliaceae、鹿蹄草科Pyrolaceae、列当科Orobanchaceae、大麻科Cannabaceae、牡丹科Paeoniaceae，有北温带分布的裸子植物科松科Pinaceae 1科。

T 8-4.北温带和南温带间断分布亚型

本亚型共有7科，即麻黄科Ephedraceae、柳叶菜科Onagraceae、败酱科Valerianaceae、柏科Cupressaceae、桦木科Betulaceae、花荵科Polemoniaceae、胡颓子科Elaeagnaceael，本类型起源古老，大约在白垩纪时期。本

类型中裸子植物柏科更是起源于白垩纪之前，生物地理学研究表明广义柏科起源于晚侏罗纪，福建柏属、侧柏属、刺柏属均起源于白垩纪时期（Mao et al.，2010），且刺柏属*Juniperus*在中新世以来的全球整体气候变化及喜马拉雅山脉的抬升影响下得到了快速分化（Mao et al.，2010），本地区刺柏属2物种应该是此次分化的产物。

（9）东亚及北美间断分布科

东亚及北美间断分布是植物区系及植物地理学研究的热点，美国植物学家A. Gary在1846年就提出这一洲际间断分布现象，生物地理学及系统发生学研究表明东亚—北美间断分布格局的形成过程复杂（聂泽龙，2008；Wen，1999）。本地区有此分布区类型的科1科，即小檗科Berberidaceae，共1属3种，本科植物多为灌木，是博州南部山区的中低海拔的山谷、河谷等主要的灌丛建群种或优势种。

（10）旧世界温带分布科

本类型分布有1科，即柽柳科Tamaricaceae，有3属8种，多常见于博州南部山区的河滩及湖边砂地，呈丛簇状的零散分布。

T10-3.欧亚和南非洲（有时也大洋洲）间断分布区亚型，有1科，即川续断科Dipsacaceae，有2属4种，是本区域内草地中的偶见草本植物。

（11）温带亚洲分布科

此类型是只局限于分布在亚洲温带地区的科，主要区域为从中亚至东西伯利亚和亚洲东北部，南部界限从喜马拉雅山区、中国西南、华北、东北地区至朝鲜和日本北部。博州南部山区无此分布区类型的科。

（12）地中海区，西亚至中亚分布科

仅2个亚分布区类型，共2科。此类型的分布是古地中海区系的残留成分。

T12-2.地中海区至中亚和墨西哥间断分布亚型，仅1科，为骆驼蓬科Peganaceae，有1属1种，多见于本地区山坡流水冲积扇的沙地。

T12-3.地中海区至温带，热带亚洲，大洋洲和南美洲间断分布亚型，仅1科，为白刺科Nitrariaceae，有1属4种，多生于内陆河、内陆湖附近的盐渍化沙地。

（13）中亚分布科

本地区有此分布区类型1科，鸢尾蒜科Ixioliriaceae，有1属1种，鸢尾蒜*Ixiolirion tataricum*，为典型的中亚地区分布，在中国仅分布在新疆北部。

（14）东亚分布科

此类型分布范围为喜马拉雅至日本的亚洲东部。博州南部山区无此分布区类型的科。

（15）中国特有分布科

此类型指只分布在中国的科。博州南部山区无此分布区类型的科。

3.3 种子植物属的区系特点

3.3.1 属内种的数量结构

博州种子植物共416属1145种中，各属内种的数量分级统计结果见表3-6。其中，属内种数大于30种的大属有1属，为棘豆属*Oxytropis*，31种；属内种数在16～30种的较大属有4属92种，分别占总属数和总种数的0.96%和8.03%，它们为黄耆属*Astragalus*（30种，下同）、苔草属*Carex*（24）、委陵菜属*Potentilla*（19）、葱属*Album*（19）；属内种数在6～15种的中等属有46属383种，分别占总属数和总种数的11.06%和33.45%，如点地梅属*Androsace*（6）、顶冰花属*Gagea*（6）、独行菜属*Lepidium*（6）、红景天属*Rhodiola*（6）、卷耳属*Cerastium*（6）、赖草属*Leymus*（6）、马先蒿属*Pedicularis*（6）、婆罗门参属*Tragopogon*（6）、千里光属*Senecio*（6）、石头花属*Gypsophila*（6）、铁线莲属*Clematis*（5）、橐吾属*Ligularia*（6）、郁金香属*Tulipa*（6）、紫堇属*Corydalis*（6）、大戟属*Euphorbia*（7）、飞蓬属*Erigeron*（7）、蓟属*Cirsium*（7）、碱蓬属*Suaeda*（6）、堇菜属*Viola*（7）、老鹳草属*Geranium*（7）、柳属*Salix*（7）、蔷薇属*Rosa*（7）、石竹属*Dianthus*（7）、唐松草属*Thalictrum*（6）、栒子属*Cotoneaster*（7）、霸王属*Zygophyllum*（8）、补血草属*Limonium*（5）、藜属*Chenopodium*（8）、麻黄属*Ephedra*（8）、蒲公英属*Taraxacum*（8）、车前属*Plantago*（9）、婆婆纳属*Veronica*（9）、青兰属*Dracocephalum*（8）、蝇子草属*Silene*（9）、鸢尾属*Iris*（8）、忍冬属*Lonicera*（10）、鹤虱属*Lappula*（11）、拉拉藤属*Galium*（9）、羊茅属*Festuca*（7）、风毛菊属*Saussurea*（12）、龙胆属*Gentiana*（12）、披碱草属*Elymus*（12）、猪毛菜属*Salsola*（12）、蒿属*Artemisia*（12）、蓼属*Polygonum*（13）、毛茛属*Ranunculus*（13）、葶苈属*Draba*（11）、针茅属*Stipa*（11）、早熟禾属*Poa*（15）。

属内种数在2～5的寡种属有151属425种，分别占总属数和总种数的36.30%和37.12%，如白头翁属*Pulsatila*（2）、百里香属*Thymus*（2）、贝母属*Fritillaria*（2）、藨草属*Scirpus*（2）、草莓属*Fragaria*（2）、柴胡属*Bupleurum*（2）、翅膜菊属*Alfredia*（2）、臭草属*Melica*（2）、刺柏属*Juniperus*（2）、溚草属*Koeleria*（2）、大黄属*Rheum*（2）、单侧花属*Orthilia*（2）、地榆属*Sanguisorba*（2）、滇紫草属*Onosma*（2）、鹅绒藤属*Cynanchum*（2）、凤仙花属*Impatiens*（2）、拂子茅属*Calamagrostis*（2）、葛缕子属*Carum*（2）、狗娃花属*Heteropappus*（2）、狗尾草属*Setaria*（2）、枸杞属*Lycium*（2）、鬼针草属*Bidens*（2）、海罂粟属*Glaucium*（2）、合景天属*Pseudosedum*（2）、红门兰属*Orchis*（2）、画眉草属*Eragrostis*（2）、桦木属*Betula*（2）、芨芨草属*Achnatherum*（2）、金莲花属*Trollius*（2）、金露梅属*Pentaphylloidcs*（2）、金腰属*Chrysosplenium*（2）、锦葵属*Malva*（2）、苦苣菜属*Sonchus*（2）、蓝刺头属*Echinops*（2）、蓝盆花属*Scabiosa*（2）、李属*Prunus*（2）、列当属*Orobanche*（2）、琉璃草属*Cynoglossum*（2）、柳兰属*Chamaenerion*（2）、鹿蹄草属*Pyrola*（2）、驴食草属*Onobrychis*（2）、麻花头属*Serratula*（2）、茅香属*Hierochloe*（2）、梅花草属*Parnassia*（2）、拟耧斗菜属*Paraquilegia*（2）、牛蒡属*Arctium*（2）、雀麦属*Bromus*（2）、群心菜属*Cardaria*（2）、肉苁蓉属*Cistanche*（2）、涩荠属*Malcolmia*（2）、莎草属*Cyperus*（2）、山莓草属*Sibbaldia*（2）、水柏枝属*Myricaria*（2）、水麦冬属*Triglochin*（2）、四齿芥属*Tetracme*（2）、天仙子属*Hyoscyamus*（2）、菟丝子属*Cuscuta*（2）、驼绒藜属*Ceratoides*（2）、瓦松属*Orostachys*（2）、无心菜属*Arenaria*（2）、雾冰藜属*Bassia*（2）、狭腔芹属*Stenocoelium*（2）、夏至草属*Lagopsis*（2）、小甘菊属*Cancrinia*（2）、新塔花属*Ziziphora*（2）、绣线菊属*Spiraea*（2）、絮菊属*Filago*（2）、悬钩子属*Rubus*（2）、旋花属*Convolvulus*（2）、荨麻属*Urtica*（2）、亚麻荠属*Camelina*（2）、烟堇属*Fumaria*（2）、盐生草属*Halogeton*（2）、盐爪爪属*Kalidium*（2）、眼子菜属*Potamogeton*（2）、偃麦草属*Elytrigia*（2）、羊角芹属*Aegopodium*（2）、獐毛属*Aeluropus*（2）、獐牙菜属*Swertia*（2）、沼委陵菜属*Comarum*（2）、紫菀属*Aster*（2）、糙苏属*Phlomis*（3）、大麦属*Hordeum*（3）、大蒜芥属*Sisymbrium*（3）、地杨梅属*Luzula*（3）、独尾草属*Eremurus*（3）、甘草属*Glycyrrhiza*（3）、还阳参属*Crepis*（3）、胡卢巴属*Trigonella*（3）、黄芩属*Scutellaria*（3）、火绒草属*Leontopodium*（3）、看麦娘属*Alopecurus*（3）、棱子芹属*Pleurospermum*（3）、耧斗菜属*Aquilegia*（3）、毛蕊花属*Verbascum*（3）、南芥属*Arabis*（3）、茜草属*Rubia*（3）、茄属*Solanum*（3）、软紫草属*Arnebia*（3）、沙参属*Adenophora*（3）、山蓊菜

属*Eutrema*（3）、蓍属*Achillea*（3）、梯牧草属*Phleum*（3）、兔唇花属*Lagochilus*（3）、驼舌草属*Goniolimon*（3）、瓦莲属*Rosularia*（3）、小檗属*Berberis*（3）、缬草属*Valeriana*（3）、新麦草属*Psathyrostachys*（3）、杨属*Populus*（3）、羽衣草属*Alchemilla*（3）、阿魏属*Ferula*（4）、白刺属*Nitraria*（4）、报春花属*Primula*（4）、滨藜属*Atriplex*（4）、草木樨属*Melilotus*（4）、车轴草属*Trifolium*（4）、翠雀花属*Delphinium*（4）、繁缕属*Stellaria*（4）、风铃草属*Campanula*（4）、虎耳草属*Saxifraga*（4）、绢蒿属*Seriphidium*（4）、离子芥属*Chorispora*（4）、柳叶菜属*Epilobium*（4）、牻牛儿苗属*Erodium*（4）、米努草属*Minuartia*（4）、山黧豆属*Lathyrus*（4）、酸模属*Rumex*（4）、糖芥属*Erysimum*（4）、莴苣属*Lactuca*（4）、乌头属*Aconitum*（4）、勿忘草属*Myosotis*（4）、玄参属*Scrophularia*（4）、岩风属*Libanotis*（4）、异燕麦属*Helictotrichon*（4）、银莲花属*Anemone*（4）、罂粟属*Papaver*（4）、茶藨属*Ribes*（5）、柽柳属*Tamarix*（5）、灯心草属*Juncus*（5）、地肤属*Kochia*（5）、假木贼属*Anabasis*（5）、锦鸡儿属*Caragana*（5）、木蓼属*Atraphaxis*（5）、苜蓿属*Medicago*（5）、女娄菜属*Melandrium*（5）、旋覆花属*Inula*（5）、鸦葱属*Scorzonera*（5）、岩黄耆属*Hedysarum*（5）、野豌豆属*Vicia*（5）。

属内种数为1种的单种属有214属214种，分别占总属数和总种数的51.44%和18.69%，如凹舌兰属*Coeloglossum*、八宝属*Hylotelephium*、白酒草属*Conyza*、白屈菜属*Chelidonium*、百脉根属*Lotus*、百蕊草属*Thesium*、败酱属*Patrinia*、斑叶兰属*Goodyera*、半日花属*Helianthemum*、棒果芥属*Sterigmostemum*、棒头草属*Polypogon*、苞裂芹属*Schulzia*、薄荷属*Mentha*、荸荠属*Eleocharis*、鼻花属*Rhinanthus*、扁果草属*Isopyrum*、扁蕾属*Gentianopsis*、扁莎草属*Pycreus*、扁穗草属*Blysmus*、冰草属*Agropyron*、播娘蒿属*Descurainia*、彩花属*Acantholimon*、苍耳属*Xanthium*、藏荠属*Hedinia*、糙草属*Asperugo*、侧金盏花属*Adonis*、齿稃草属*Schismus*、齿缘草属*Eritrichium*、虫实属*Corispermum*、稠李属*Padus*、刺叶属*Acanthophyllum*、打碗花属*Calystegia*、大瓣芹属*Semenovia*、大麻属*Cannabis*、单叶蔷薇属*Hulthemia*、党参属*Codonopsis*、地蔷薇属*Chamaerhodos*、顶羽菊属*Acroptilon*、毒芹属*Cicuta*、独活属*Heracleum*、独立花属*Moneses*、短星菊属*Brachyactis*、对节刺属*Horaninowia*、对叶兰属*Listera*、对叶盐蓬属*Girgensohnia*、多节草属*Polycnemum*、多榔菊属*Doronicum*、峨参属*Anthriscus*、发草属*Deschampsia*、番红花属*Crocus*、方茎草属*Leptorhabdos*、飞廉属*Carduus*、附地菜属*Trigonotis*、腹脐草属*Gastrocotyle*、藁本属*Ligusticum*、戈壁藜属*Iljinia*、革叶荠属*Stroganovia*、沟子荠属*Taphrospermum*、狗牙根属*Cynodon*、古当归属*Archangelica*、海乳草属*Glaux*、蔊菜属*Rorippa*、旱麦草属*Eremopyrum*、嵩草属*Kobresia*、合头草属*Sympegma*、喉毛花属*Comastoma*、厚翅荠属*Pachypterygium*、胡萝卜属*Daucus*、虎尾草属*Chloris*、花楸属*Sorbus*、花荵属*Polemonium*、槐属*Sophora*、黄鹌菜属*Youngia*、黄花茅属*Anthoxanthum*、黄精属*Polygonatum*、活血丹属*Glechoma*、火烧兰属*Epipactis*、鸡娃草属*Plumbagella*、蒺藜属*Tribulus*、假报春属*Cortusa*、假鹤虱属*Hackelia*、假狼紫草属*Nonea*、假龙胆属*Gentianella*、假水苏属*Stachyopsis*、剪股颖属*Agrostis*、碱毛茛属*Halerpestes*、碱茅属*Puccinellia*、疆菊属*Syreitschikovia*、角果藜属*Ceratocarpus*、角果毛茛属*Ceratocephalus*、角果藻属*Zannichellia*、金丝桃属*Hypericum*、金钟花属*Kaufmannia*、景天属*Sedum*、孔颖草属*Bothriochloa*、苦马豆属*Sphaerophysa*、款冬属*Tussilago*、蓝堇草属*Leptopyrum*、疗齿草属*Odontites*、裂叶荆芥属*Schizonepeta*、铃铛刺属*Halimodendron*、琉苞菊属*Hyalea*、柳穿鱼属*Linaria*、六齿卷耳属*Dichodon*、芦苇属*Phragmites*、李果鹤虱属*Rochelia*、骆驼刺属*Alhagi*、骆驼蓬属*Peganum*、落芒草属*Piptatherum*、葎草属*Humulus*、曼陀罗属*Datura*、美花草属*Callianthemum*、棉藜属*Kirilowia*、拟漆姑属*Spergularia*、念珠芥属*Torularia*、鸟头荠属*Euclidium*、牛舌草属*Anchusa*、牛至属*Origanum*、欧夏至草属*Marrubium*、琵琶柴属*Reaumuria*、匹菊属

Pyrethrum、荠菜属*Capsella*、旗杆芥属*Turritis*、千屈菜属*Lythrum*、乳苣属*Mulgedium*、乳菀属*Galatella*、三肋果属*Tripleurospermum*、三芒草属*Aristida*、沙拐枣属*Calligonum*、沙棘属*Hippophae*、沙穗属*Eremostachys*、山柑属*Capparis*、山芥属*Barbarea*、山蓼属*Oxyria*、山柳菊属*Hieracium*、山楂属*Crataegus*、杉叶藻属*Hippuris*、芍药属*Paeonia*、矢车菊属*Centaurea*、蜀葵属*Althaea*、鼠李属*Rhamnus*、鼠尾草属*Salvia*、双脊荠属*Dilophia*、双球芹属*Schrenkia*、水毛茛属*Batrachium*、水莎草属*Juncellus*、水苏属*Stachys*、水杨梅属*Geum*、四棱芥属*Goldbachia*、菘蓝属*Isatis*、碎米荠属*Cardamine*、梭梭属*Haloxylon*、锁阳属*Cynomorium*、天芥菜属*Heliotropium*、天门冬属*Asparagus*、条果芥属*Parrya*、庭荠属*Alyssum*、秃疮花属*Dicranostigma*、兔耳草属*Lagotis*、团扇荠属*Berteroa*、脱喙荠属*Litwinowia*、洼瓣花属*Lloydia*、西风芹属*Seseli*、西归芹属*Seselopsis*、菥蓂属*Thlaspi*、夏枯草属*Prunella*、仙女木属*Dryas*、苋属*Amaranthus*、线果芥属*Conringia*、香薷属*Elsholtzia*、小米草属*Euphrasia*、小蓬属*Nanophyton*、新风轮属*Calamintha*、新瑞香属*Thymelaea*、熏倒牛属*Biebersteinia*、鸦跖花属*Oxygraphis*、鸭茅属*Dactylis*、亚菊属*Ajania*、亚麻属*Linum*、岩苣属*Cicerbita*、岩菀属*Krylovia*、沿沟草属*Catabrosa*、盐节木属*Halocnemum*、盐蓬属*Halimocnemis*、燕麦属*Avena*、野胡麻属*Dodartia*、野决明属*Thermopsis*、野芝麻属*Lamium*、一枝黄花属*Solidago*、伊犁花属*Ikonnikovia*、异蕊芥属*Dimorphostemon*、益母草属*Leonurus*、阴山荠属*Yinshania*、隐子草属*Cleistogenes*、鹰嘴豆属*Cicer*、榆属*Ulmus*、鸢尾蒜属*Ixiolirion*、远志属*Polygala*、云杉属*Picea*、泽芹属*Sium*、樟味藜属*Camphorosma*、长蕊琉璃草属*Solenanthus*、长蕊青兰属*Fedtschenkiella*、长柱琉璃草属*Lindelofia*、珍珠菜属*Lysimachia*、芝麻菜属*Eruca*、种阜草属*Moehringia*、舟果荠属*Tauscheria*、轴藜属*Axyris*、紫草属*Lithospermum*、紫罗兰属*Matthiola*。

可知，博州南部山区种子植物属在属级分类单元中以单种属和寡种属数量为优势，共有361属，占总属数的86.99%；在种级分类单元中以寡种属和中等属的数量为优势，共有823种，占总属数的69.87%。较大属在属级和种级分类单元均占较小数量，不足10%。

表3-6　博州南部山区种子植物属内种的数量分级统计

级别	种子植物属	占总属数比例（%）	所包含种数	占总种数比例（%）
大属（>30种）	1	0.24	31	2.71
较大属（16～30种）	4	0.96	92	8.03
中等属（6～15种）	46	11.06	383	33.45
寡种属（2～5种）	151	36.30	425	37.12
单种属（1种）	214	51.44	214	18.69
合计	416	100	1145	100

3.3.2　属的地理成分分析

在植物区系的研究中，属的分布区类型比科的分布区类型更能体现区域特征。一方面是同属内的物种基本上应该有单一或者比较明确一致的起源和演化趋势，其分类学特性以及生物生态学特性比较相近；另一方面，其在进化过程中，随着地理环境的改变而产生地区分异，各自占有一定相对稳定的分布区。因而，相比较科而言，属在分类学组成、特征范畴、空间上都是一个比较合适的单位，属的分布区类型更能够反映出植物在进化过程中的差异及地理特征，是进一步研究植物区系起源演化的切入点。

根据吴征镒等（2006）对中国种子植物属的分布区类型划分方法，对博州南部山区种子植物416属进行分布区类型统计，具体见表3-7。结果表明，博州南部山区种子植物属的分布区类型可分为12个分布区类型，16个变型，世界广泛分布的属有54属。另外，北温带分布的属数最多，为97属，占博州非世界分布属数的26.80%；其次为旧世界温带分布的属有63属，占非世界分布属数的17.40%，地中海区、西亚至中亚分布的属有48属，占非世界分布属数的13.26%，北温带和南温带（全温带）间断分布的属有45属，占非世界分布属数的12.43%；另外较多的为中亚分布的属，为28属，占非世界分布属数的7.73%，泛热带分布的属，为17属，占非世界分布属数的4.70%，温带亚洲分布的属有13属，占非世界分布属数的3.60%；其他分布型及变型分布的属较少，在1～6属。

统计本区域热带性的属（分布型2～7的属）共22属，占非世界分布属的6.08%；温带性的属（分布型8～15的属）共340属，占非世界分布属的93.92%，热带性属与温带性属的R/T值为1 ∶ 15.45，表明博州南部山区的植物区系在属级水平表现出非常强的温带性区系性质。

表3-7　博州南部山区种子植物属的分布区类型

分布区类型	属数	占非世界分布属比例（%）
1.世界分布 Cosmopolitan	54	扣除
2.泛热带分布 Pantropic	17	4.08
2-2.热带亚洲-热带非洲，热带美洲（南美洲）分布 Trop. Asia，Trop. Afr.，Trop. Amer.（S. Amer.）	1	0.28
3.热带亚洲和热带美洲间断分布 Trop. Asia & Trop. Amer. Disjuncted	1	0.28
4.旧世界热带分布 Old world tropics	1	0.28
4-1.热带亚洲、非洲和大洋洲间断或星散分布 Trop. Asia，Africa（or E. Afr.，Madagascar）and Australasia disjuncted	1	0.28
5.热带亚洲至热带大洋洲分布 Trop. Asia to Trop. Australasia Oceania	0	0.00
6.热带亚洲至热带非洲分布 Trop. Asia to Trop Africa	0	0.00
7.热带亚洲分布（即热带东南亚至印度－马来，太平洋诸岛）分布Trop. Asia（Indo-Malaysia）	0	0.00
7-4.越南（或中南半岛）至华南或西南分布 Vietnam or Indochinese Peninsula to S. or SW. China	1	0.28
热带性质的属统计	22	6.08
8.北温带分布 North Temperate	96	26.52
8-1.环极分布 Circumpolar（Circumarctic）	3	0.83
8-2.北极－高山分布 Arctic-Alpine	5	1.38
8-4.北温带和南温带（全温带）间断分布 N. Temp.& S. Temp. disjuncted（Pan-temperate）	45	12.43
8-5.欧亚和南美洲温带间断分布 Eurasia & Temp. S. Amer. Disjuncted	3	0.83
9.东亚及北美间断分布 E. Asia & N. Amer. Disjuncted	5	1.38
10.旧世界温带分布 Old world temperate	63	17.40
10-1.地中海区，西亚和东亚间断分布 Mediterranea，W. Asia（or C. Asia）& E. Asia disjuncted	1	0.28
10-2.地中海区和喜马拉雅间断分布 Mediterranea & Himalaya disjuncted	3	0.83
10-3.欧亚和南非洲（有时也大洋洲）间断分布 Eurasia & Africa（sometimes also Australasia）disjuncted	4	1.10
11.温带亚洲分布 Temp. Asia	13	3.60
12.地中海区、西亚至中亚分布 Mediterranea W. Asia to C. Asia	48	13.26

续表

分布区类型	属数	占非世界分布属比例（%）
12-1.地中海区至中亚和南美洲，大洋洲间断分布 Mediterranea to C. Asia and S. Afr. And/or Australasia disjuncted	3	0.83
12-2.地中海区至中亚和墨西哥间断分布 Mediterranea to C. Asia & Mexico or Cuba disjuncted	2	0.55
12-3.地中海区至温带-热带亚洲-大洋洲和南美洲间断分布 Mediterranea to Temp.-Trop. Asia, Australasia & S. Amer. Disjuncted	2	0.55
13.中亚分布 C. Asia	28	7.74
13-1.中亚东部（亚洲中部）分布 East C. Asia or Asia Media	5	1.38
13-2.中亚东部至喜马拉雅和中国西南部分布 E. C. Asia to Himalaya & SW. China	4	1.10
13-4.中亚至喜马拉雅-阿尔泰和太平洋北美洲间断分布 C. Asia to Himalaya，Altai & Pacific N. Amer. Disjuuncted	2	0.55
14.东亚（东喜马拉雅-日本）分布 E. Asia	3	0.83
14-1（14SH）.中国-喜马拉雅分布 Sino-Himalaya	2	0.55
15.中国特有分布 Endemic to China	0	0.00
温带性质的属统计	340	93.92

注：热带属包括分布区类型为2～7的属，温带属包括分布区类型为8～15的属。

（1）世界广布属

世界广布属指广泛分布于全世界多个区域，可以有一个或数个分布中心，且属下多包含有世界广布的种（王荷生，1997）。世界广布属一般为扩散能力强的属或是种类很多的大属，且以草本属占绝对优势。博州南部山区世界广布属有54属，占总属数的12.98%，其中多于10种的有9个属，为黄耆属、苔草属、早熟禾属、毛茛属、蓼属、羊茅属、拉拉藤属、猪毛菜属、龙胆属、蒿属，其他属为六齿卷耳属、荸荠属、扁莎草属、苍耳属、蔊菜属、槐属、剪股颖属、角果藻属、金丝桃属、拟漆姑属、荠菜属、千屈菜属、鼠李属、鼠尾草属、水莎草属、水苏属、碎米荠属、苋属、小米草属、远志属、泽芹属、珍珠菜属、鹅绒藤属、鬼针草属、莎草属、水麦冬属、悬钩子属、旋花属、荨麻属、眼子菜属、地杨梅属、黄芩属、茄属、繁缕属、酸模属、银莲花属、灯心草属、独行菜属、千里光属、飞蓬属、碱蓬属、堇菜属、老鹳草属、补血草属、藜属、车前属。

（2）泛热带分布属

泛热带分布是指在热带地区广泛分布，分布中心处于热带区域。本类型属有17属，占非世界分布属的4.70%，是本区域热带性属的主要组成成分。它们为白酒草属、打碗花属、狗牙根属、虎尾草属、蒺藜属、孔颖草属、芦苇属、曼陀罗属、三芒草属、山柑属、天芥菜属、狗尾草属、画眉草属、菟丝子属、小甘菊属、大戟属、麻黄属。

其中，山柑属世界有约250～400种，主产热带与亚热带。我国约32种，主要分布西南至台湾的热带及亚热带地区，西藏、新疆仅分布有1种，博州南部山区也有该种分布。山柑属植物在我国亚热带地区广泛分布，是低海拔的林缘、灌丛群落的常见伴生物种，博州南部山区的山柑属刺山柑（*Capparis spinosa*），应该是该属植物由热带亚热带向温带扩散的1种，或是该种在喜马拉雅山脉抬升后由其亚热带山柑属植物分化出来的，仅保存在西藏及新疆的部分区域。

本类型中有1亚型，T2-2，热带亚洲-热带非洲，热带美洲（南美洲）分布区亚型，仅1属，为凤仙花属，该属世界约有900余种，主要分布于旧世界热带、亚热带山区和非洲；在我国有约220余种，主要集中分布于西南部和西北部山区，尤以云南、四川、贵州和西藏的种类最多。本属植物地域分化现象明显，有很多地区特有种，新疆博州南部山区有凤仙花属2种，为新疆特有种，应为凤仙花属向温带区域扩散形成的特有分化物种。

（3）热带亚洲和热带美洲间断分布属

此类型分布在亚洲、美洲的热带区域，博州南部山区有该分布区类型有1属，为六齿卷耳属，有1种，为六齿卷耳*Dichodon cerastoides*，比较少见于中高海拔的草地水边。该种应该是古地中海时期残留下来的物种（阿勒泰布尔津分布）。

（4）旧世界热带分布属

本类型有1属，为天门冬属，该属分布于旧世界温带至热带地区，博州南部山区仅新疆天门冬*Asparagus neglectus* 1种，为新疆特有种，俄罗斯也有分布。

T4-1 热带亚洲、非洲和大洋洲间断或星散分布亚型

该亚型分布有1属，百蕊草属，该属在我国约14种，在南北广泛分布，分布中心为亚热带至温带区域，在博州南部山区仅1种，为多茎百蕊草*Thesium multicaule*，多分布在砂质缓坡。

（5）热带亚洲至热带大洋洲分布属

本分布区类型主要分布在热带亚洲的中国西南至澳大利亚、新西兰，博州南部山地无此分布区类型。

（6）热带亚洲至热带非洲分布属

本分布区类型主要分布在亚洲热带地区，包括中国华南、西南地区至印度和热带非洲、马达加斯加岛，博州南部山区无此分布区类型。

（7）热带亚洲分布属

热带亚洲分布型被认为是古热带植物区系的直接后裔（吴征镒等，2006）。本地区无热带亚洲分布属。

但有一分布区亚型，T7-4，越南（或中南半岛）至华南或西南分布区亚型，1属，为阴山荠属，该属世界约13种，中国13种，产南部地区，只有少数种分布在越南北部地区。博州有该属1种，戈壁阴山荠*Yinshania albiflora* var. *gobica*，是该属往喜马拉雅地区扩张而成的一个生态宗。

（8）北温带分布属

北温带分布区类型是本区域植物区系的主要组成成分，此类型有96属，占非世界分布属的26.52%，代表了本区系的温带性质，同时本类型也是本区主要灌木林及草地群落的主要优势物种。它们是紫草属、凹舌兰属、八宝属、棒头草属、薄荷属、鼻花属、扁蕾属、扁穗草属、虫实属、毒芹属、独活属、对叶兰属、发草属、藁本属、古当归属、海乳草属、蒿草属、喉毛花属、胡萝卜属、花楸属、黄花茅属、黄精属、活血丹属、碱茅属、景天属、柳穿鱼属、落芒草属、葎草属、念珠芥属、旗杆芥属、三肋果属、山柳菊属、山楂属、杉叶藻属、芍药属、矢车菊属、洼瓣花属、夏枯草属、沿沟草属、榆属、云杉属、种阜草属、白头翁属、贝母属、蔗草属、草莓属、刺柏属、萡草属、地榆属、拂子茅属、葛缕子属、红门兰属、桦木属、金露梅属、李属、列当属、柳兰属、梅花草属、雀麦属、绣线菊属、絮菊属、大麦属、还阳参属、火绒草属、看麦娘属、耧斗菜属、南芥属、梯牧草属、缬草属、杨属、羽衣草属、报春花属、风铃草属、虎耳草属、绢蒿属、乌头属、玄参属、异燕麦属、岩黄耆属、点地梅属、顶冰花属、红景天属、赖草属、马先蒿属、紫堇属、蓟属、柳属、蔷薇属、栒子属、蒲公英属、鸢尾属、忍冬属、披碱草属、葱属、委陵菜属、棘豆属。

另外此类型的4个亚型也有分布，共有56属，占非世界分布属的15.47%，主要为T8-4北温带和南温带（全温带）间断分布区亚型。

T8-1 环极分布亚型

有3属，独立花属、单侧花属、鹿蹄草属。其中，单侧花属世界约有4种，主要分布北半球的温带、寒温带。我国有2种，主要分布在东北和新疆。博州南部山区有该属1种单侧花*Orthilia secunda*，广泛分布在潮湿的针叶林下。

T8-2 北极-高山分布区亚型

有5属，山蓼属、兔耳草属、仙女木属、金莲花属、山萮菜属。其中，金莲花属世界约25种，主要分布于北半球温带及寒温带。我国有16种，分布于西藏、西北至东北的温带地区及西南的部分高山地区。博州有该属2种，准噶尔金莲花*Trollius dschungaricus*和淡紫金莲花*Trollius lilacinus*，均为中国新疆特有种，偶见于针叶林下或山坡草地。

T8-4 北温带和南温带（全温带）间断分布区亚型

有45属，占非世界分布属的12.43%，是本区域区系温带性成分的重要组成成分，它们是斑叶兰属、播娘蒿属、稠李属、火烧兰属、假龙胆属、碱毛茛属、角果毛茛属、山芥属、水毛茛属、水杨梅属、菥蓂属、亚麻属、一枝黄花属、紫菀属、柴胡属、臭草属、枸杞属、金腰属、琉璃草属、茅香属、无心菜属、獐牙菜属、大蒜芥属、甘草属、茜草属、滨藜属、车轴草属、翠雀花属、柳叶菜属、米努草属、山黧豆属、勿忘草属、罂粟属、荼藨属、地肤属、女娄菜属、野豌豆属、卷耳属、铁线莲属、唐松草属、婆婆纳属、蝇子草属、鹤虱属、蓼属、针茅属。

斑叶兰属世界有约40种，主要分布于北温带，向南可达墨西哥、东南亚、澳大利亚和大洋洲岛屿，非洲的马达加斯加也有分布。我国斑叶兰属有约29种，以西南部和南部为多。博州南部山区有斑叶兰属植物仅1种小斑叶兰*Goodyera repens*，在我国主要分布在自西北至东北的温带地区，在博州南部山区有广泛分布，多生长于针叶林的潮湿林下。

T8-5 欧亚和南美洲温带间断分布区亚型

有3属，花荵属、小檗属、葶苈属。其中，花荵属世界约有25种，中国有3种，产西南、西北至东北部，是温带地区的典型分布属，博州南部山区有1种花荵*Polemonium coeruleum*，分布于中高海拔的山坡灌丛和溪边草地。

（9）东亚及北美间断分布属

此类型有4属，占非世界分布属的1.10%，即条果芥属、野决明属、芨芨草属。其中，野决明属世界有约25种，分布北美洲、西伯利亚、朝鲜、日本、蒙古、中亚和中国北部、西北、西南部。我国有约12种，博州南部山区有1种高山野决明*Thermopsis alpina*，广泛分布在我国北部温带地区及西南部高山，在博州南部山区多生长在高海拔的草原及苔原上。

（10）旧世界温带分布属

此类型有63属，占非世界分布属的17.40%，是本区系中温带成分的重要组成部分，它们是白屈菜属、扁果草属、冰草属、侧金盏花属、多榔菊属、峨参属、飞廉属、附地菜属、假报春属、款冬属、疗齿草属、美花草属、牛舌草属、牛至属、欧夏至草属、匹菊属、乳苣属、乳菀属、沙棘属、四棱芥属、菘蓝属、庭荠属、团扇荠属、西风芹属、香薷属、新风轮属、鸭茅属、燕麦属、野芝麻属、益母草属、隐子草属、樟味藜属、紫罗兰属、亚麻荠属、百里香属、大黄属、锦葵属、苦苣菜属、蓝刺头属、麻花头属、牛蒡属、山莓草属、水柏枝属、雾冰藜属、夏至草属、偃麦草属、羊角芹属、沼委陵菜属、棱子芹属、毛蕊花属、沙参属、蓍属、草木樨属、糖芥属、岩风属、柽柳属、旋覆花属、鸦葱属、婆罗门参属、橐吾属、石竹属、青兰属、风毛菊属。

另外有本类型3个亚型的分布属共8属，占非世界分布属的2.21%。

T10-1 地中海区，西亚和东亚间断分布区亚型

有1属，木蓼属。该属世界有25种，分布北非、欧洲西南部至喜马拉雅地区、俄罗斯东部等；我国有11种，主要分布于黄河流域及其以北地区；博州南部山区有5种，是本区域内低中海拔的山坡、草地灌丛的主要建群种或优势种。

T10-2 地中海区和喜马拉雅间断分布亚型

有3属，滇紫草属、天仙子属、软紫草属。其中，天仙子属世界约6种，分布于地中海区域至亚洲东部。博州南部山区有该属2种，天仙子*Hyoscyamus niger*和中亚天仙子*Hyoscyamus pusillus*，分布中国华北、西北及西南部，在博州南部山区常见于河谷沙地及砾质山坡。

T10-3 欧亚和南非洲（有时也大洋洲）间断分布区亚型

有4属，百脉根属、蜀葵属、胡卢巴属、苜蓿属。其中，胡卢巴属世界有约55种，分布于非洲、欧洲、大洋洲及亚洲；中国有5种，主要分布于西部地区，博州南部山区有3种，是本区域草地中偶见的草本植物。

（11）温带亚洲分布属

本类型有13属，占非世界分布属的3.60%，为地蔷薇属、沟子荠属、黄鹌菜属、蓝堇草属、裂叶荆芥属、鸦跖花属、亚菊属、岩菀属、异蕊芥属、轴藜属、狗娃花属、驼绒藜属、锦鸡儿属。其中，锦鸡儿属世界约有100种，主要分布在亚洲和欧洲的干旱半干旱地区。中国有66种，分布东北、华北、西北及西南地区，博州南部山区有该属5种，是本区域干旱山坡的主要灌丛植被。

（12）地中海区、西亚至中亚分布属

本类型有48属，占非世界分布属的13.26%，是本区域温带区系成分的主要组成部分，同时也是代表该区系与古地中海区系的紧密联系的主要种类构成，它们为腹脐草属、半日花属、彩花属、糙草属、齿稃草属、刺叶属、对叶盐蓬属、多节草属、番红花属、假狼紫草属、角果藜属、苦马豆属、铃铛刺属、骆驼刺属、乌头荠属、琵琶柴属、沙拐枣属、梭梭属、锁阳属、线果芥属、小蓬属、新瑞香属、熏倒牛属、岩苣属、盐节木属、盐蓬属、野胡麻属、鹰嘴豆属、长蕊琉璃草属、芝麻菜属、海罂粟属、蓝盆花属、驴食草属、群心菜属、肉苁蓉属、涩荠属、新塔花属、盐生草属、盐爪爪属、獐毛属、糙苏属、独尾草属、驼舌草属、新麦草属、阿魏属、离子芥属、假木贼属、郁金香属。其中，肉苁蓉属世界有20种，分布欧洲和亚洲的干旱地区，中国有5种，主要产西北地区，在博州南部山区较少数的分布在几个潮湿的砂地。郁金香属世界有约150种，分布北非、欧洲、亚洲，主要集中在地中海至中亚地区；中国有该属13种，主产新疆，博州南部山区有6种。

另外还有本类型3个亚型，共7属，占非世界分布属的1.93%。

T12-1 地中海区至中亚和南美洲，大洋洲间断分布区亚型

有3属，李果鹤虱属、烟堇属、霸王属。

T12-2 地中海区至中亚和墨西哥间断分布区亚型

有2属，石头花属、骆驼蓬属。

T12-3 地中海区至温带，热带亚洲，大洋洲和南美洲间断分布区亚型

有2属，牻牛儿苗属、白刺属。

（13）中亚分布属

本地区有中亚分布属28属，占非世界分布属的7.74%，它们是脱喙荠属、败酱属、棒果芥属、大瓣芹属、大麻属、单叶蔷薇属、对节刺属、旱麦草属、厚翅荠属、鸡娃草属、假水苏属、疆菊属、金钟花属、琉苞菊

属、棉藜属、沙穗属、双球芹属、西归芹属、伊犁花属、长蕊青兰属、舟果荠属、翅膜菊属、合景天属、四齿芥属、狭腔芹属、兔唇花属、瓦莲属、莴苣属。

另外本类型有3个亚型，共11属，占非世界分布属的3.04%。

T13-1 中亚东部（亚洲中部）分布属亚型

仅5属，苞裂芹属、顶羽菊属、戈壁藜属、合头草属、鸢尾蒜属。其中，戈壁藜属为单型属，戈壁藜*Iljinia regelii*仅分布于中亚地区，在中国分布于新疆、甘肃最西部，在博州南部山区常见于干旱山坡。

T13-2 中亚东部至喜马拉雅和中国西南部分布属亚型

此亚型有4属，方茎草属、双脊荠属、长柱琉璃草属、拟耧斗菜属。

T13-4 中亚至喜马拉雅-阿尔泰和太平洋北美洲间断分布

此亚型有2属，藏荠属、革叶荠属。

（14）东亚（东喜马拉雅-日本）分布属

本区域有东亚分布属共3属，占非世界分布属的0.83%，它们是齿缘草属、党参属、瓦松属。

T14-1（14SH）中国-喜马拉雅分布属亚型

本亚型中仅有2属分布，为假鹤虱属、秃疮花属。

（15）中国特有分布属

此类型指只分布在中国的属。博州南部山区无此分布区类型。

3.4 植物区系的孑遗现象

植物类群在历史发展过程中不断地分化、进化、迁移，导致了全球不同地区在植物区系上的多样性和复杂性。在一些特定地区，受环境变迁的影响，出现了许多古老、残遗的属种，对于揭示该地区的地质历史以及植物演化过程具有重要的价值。这种残遗属种也被称为孑遗现象。孑遗种也称为残遗种（Relict），是指在地质时期的生物群或类群，经历地质历史变迁之后几乎灭绝，仅残留下个别类群的现象。孑遗种体现出了区系发生与古地理、古环境的密切关系，因而在区系研究中有着重要意义，孑遗类群的组成特点可在一定程度上揭示一个地区区系整体的发生历史。

孑遗种在以前可能有广阔的分布区，而现在只分布几个隔离的狭小的分布区域。孑遗种或多或少是古老植物区系的残遗物，它形成孑遗的时间不是其起源的时间，当它进入某一个现代植物区系组成而占据了一个残遗分布区时，才是这个残遗种的年龄（吴鲁夫著，钟崇信和张梦庄译，1964）。按照孑遗类型的不同，孑遗种可被划分为分类学孑遗种和地理学孑遗种（王荷生，1992；廖文波等，2014）。分类学孑遗种指的是那些系统发生古老，现代种系极为孤立的类群，其中最具有代表性的类群如银杏，历史上已知银杏目包括10个属，现代仅残留有1种银杏。地理学孑遗种通常指那些在历史上有着广泛分布区，而现在分布区仅局限于狭窄的范围内的原始生物群或类群的后裔（廖文波等，2014）。

博州南部山区共有孑遗种7种。其中裸子植物有2种，为云杉属雪岭云杉*Picea schrenkiana*和刺柏属西伯利亚刺柏*Juniperus sibirica*。被子植物有5种，即仙女木属仙女木*Dryas oxyodonta*、榆属白榆*Ulmus pumila*、蓝堇草属蓝堇草*Leptopyrum fumarioides*、白刺属唐古特白刺*Nitraria tangutorum*、琵琶柴属琵琶柴*Reaumuria songarica*等。

裸子植物的2个孑遗属种均为北温带分布区类型，是在第四纪冰期影响下存活于本地局部山地的物种。云杉属世界约50种，广泛分布于北温带，中国有19种，主要分布在东北、华北、西北、西南及台湾等地的高山地带，各分布区的地理隔离明显，雪岭云杉为地理学孑遗种，主要分布在新疆的天山地区，是博州南部山区各高海拔针叶林的主要建群种。刺柏属为古老的柏科植物，世界有10种，中国仅3种，种系较贫乏，西伯利亚刺柏是分类学孑遗种，在博州南部山区多分布于本区域中海拔的砾质山坡及林下。

仙女木属在吴征镒的中国区系区划中是作为天山地区代表属，该属在世界有3～14种，分布于北半球及极地高山，属于北极-高山分布区类型；在中国仅1种仙女木，主要分布在新疆的天山地区、吉林的长白山地区，为地理学孑遗种。

榆科植物属于柔荑花序类植物，在起源上是比较古老和原始的类群，榆属约30种，有大量的植物化石记录，属北温带分布区类型，在中国主要分布在东北、华北及西北各地，在博州南部山区有白榆1种，散生于砂质山坡、山谷等，是本区域针阔混交林的伴生种，为分类学孑遗种。

蓝堇草属为单型属，属温带亚洲分布区类型，蓝堇草为地理学孑遗种，分布于亚洲北部和欧洲，在中国分布于东北至西北的温带地区，在博州南部山区偶见于山谷草地及砂质山坡。

白刺属为地中海区，西亚至中亚分布类型，世界约11种，中国有约6种，主要分布于西北各省。唐古特白刺为地理学孑遗种，应为古地中海退化后而残遗在本区域的代表种，属古地中海植物区系性质，在博州南部山区多生于干旱砂地，是溪流冲积平原植物群落的主要建群种。

琵琶柴属为地中海区，西亚至中亚分布类型，世界约11种，主要分布于亚洲大陆、南欧和北非；中国有4种，分布于新疆、甘肃、宁夏、内蒙古、青海等干旱区，琵琶柴在博州见于低海拔的裸露的砂质河滩、湖滩等地，属于地理学孑遗种。

总体来看，博州南部山区孑遗属种数量少，但也有多个分布区类型，如北极－高山分布，北温带分布，地中海区、西亚至中亚分布，代表了本地区不同的区系性质组成成分。

3.5 植物区系的特有现象

植物类群在历史发展过程中，有些地区受到地质构造变迁、气候变化以及特殊生境等的严重影响，促进了植物区系成分在发生发展过程中的不断地分化，产生了许多局部区域的特有类群，这些新、古特有类群对于该地区地质历史以及植物区系的演化具有重要的研究价值。因此，某一地区植物区系中特有现象的研究，对于了解这一地区植物区系的组成、性质以及发生和演变，具有重要的意义。

对博州南部山区种子植物区系的特有现象分析结果表明，本地区没有出现中国特有科及中国特有属；但有中国特有种24种，隶属于9科19属，为粗毛锦鸡儿*Caragana dasyphylla*、温泉黄耆*Astragalus wenquanensis*、西域黄耆*A. pseudoborodinii*、茸毛果黄耆*A. hebecarpus*、紫花黄耆*A. porphyreus*、镰荚棘豆*Oxytropis falcata*、唐古特白刺*Nitraria tangutorum*、温泉翠雀花*Delphinium winklerianus*、长卵苞翠雀花*D. elliptico-ovatum*、伊犁铁线莲*Clematis sibirica* var. *iliensis*、细尖滇紫草*Onosma apiculatum*、毛节兔唇花*Lagochilus lanatonodus*、

博乐绢蒿*Seriphidium borotalense*、林生蓝刺头*Echinops sylvicola*、小尖风毛菊*Saussurea mucronulata*、托里风毛菊*Saussurea tuoliensis*、纤梗蒿*Artemisia pewzowii*、圆柱披碱草*Elymus cylindricus*、大药早熟禾*Poa macroanthera*、疏花针茅*Stipa penicillata*、毛叶獐毛*Aeluropus pilosus*、白番红花*Crocus alatavicus*、弯叶鸢尾*Iris curvifolia*、赛里木湖郁金香*Tulipa tianschanica* var. *sailimuensis*，详见表3-9。

博州南部山区的24种中国特有种，主要为泛热带分布的豆科和世界广布的菊科、禾本科、毛茛科植物。其中豆科有6种、菊科5种、禾本科4种、毛茛科3种。泛热带分布科还有鸢尾科2种；世界广布的科还有唇形科1种、百合科1种；北温带分布科有紫草科1种，地中海区、西亚至中亚分布科有白刺科1种。从各特有种的性质来看，唐古特白刺既是中国特有种，也是孑遗种，亦即为古特有种。而其他23种均为各类群中演化时间出现较晚的特有类群，属于新特有种，反映的是该类群受地理隔离、气候变化等综合条件影响而发生的特有演化现象。

另外，24个中国特有种中有18种仅分布于新疆或天山地区，为新疆特有种，如粗毛锦鸡儿、细尖滇紫草、毛节兔唇花、博乐绢蒿、林生蓝刺头、小尖风毛菊、托里风毛菊、毛叶獐毛、弯叶鸢尾、温泉黄耆、西域黄耆、茸毛果黄耆、白番红花、赛里木湖郁金香，这些特有种主要是在喜马拉雅山脉整体抬升后，中亚地区大陆季风性气候形成及不断发展的影响下发生的区域特有现象，说明本地区环境异质性程度较高，对物种分化有着显著影响。

表3-9 博州南部山区中国特有种

序号	科	物种	分布	科分布区类型
1	豆科	粗毛锦鸡儿*Caragana dasyphylla*	中国天山地区	2
2	豆科	温泉黄耆*Astragalus wenquanensis*	新疆	2
3	豆科	西域黄耆 *Astragalus pseudoborodinii*	新疆	2
4	豆科	茸毛果黄耆*Astragalus hebecarpus*	新疆	2
5	豆科	紫花黄耆 *Astragalusporphyreus*	中国北部	2
6	豆科	镰荚棘豆*Oxytropis falcata*	甘肃、宁夏、青海、四川、西藏、新疆	2
7	白刺科	唐古特白刺*Nitraria tangutorum*	陕西、内蒙古、宁夏、甘肃、青海、新疆、西藏	12
8	毛茛科	温泉翠雀花 *Delphinium winklerianus*	新疆	1
9	毛茛科	长卵苞翠雀花*Delphinium elliptico-ovatum*	新疆	1
10	毛茛科	伊犁铁线莲 *Clematis sibirica* var. *iliensis*	新疆	1
11	紫草科	细尖滇紫草*Onosma apiculatum*	新疆	8
12	唇形科	毛节兔唇花*Lagochilus lanatonodus*	新疆	1
13	菊科	博乐绢蒿*Seriphidium borotalense*	新疆	1
14	菊科	林生蓝刺头*Echinops sylvicola*	新疆	1
15	菊科	小尖风毛菊*Saussurea mucronulata*	新疆	1
16	菊科	托里风毛菊*Saussurea tuoliensis*	新疆	1
17	菊科	纤梗蒿*Artemisia pewzowii*	青海、新疆、西藏	1
18	禾本科	圆柱披碱草*Elymus cylindricus*	河北、河南、内蒙古、宁夏、青海、陕西、四川、新疆、云南	1
19	禾本科	大药早熟禾*Poa macroanthera*	新疆	1

续表

序号	科	物种	分布	科分布区类型
20	禾本科	疏花针茅 *Stipa penicillata*	甘肃、新疆、西藏、青海、陕西、山西、四川	1
21	禾本科	毛叶獐毛 *Aeluropus pilosus*	新疆	1
22	鸢尾科	白番红花 *Crocus alatavicus*	新疆	2
23	鸢尾科	弯叶鸢尾 *Iris curvifolia*	新疆	2
24	百合科	赛里木湖郁金香 *Tulipa tianschanica* var. *sailimuensis*	新疆	1

3.6　植物区系区划与区系性质

3.6.1　区系区划

植物区系是指地球上一个大陆、一个地理单元或行政区的植物种类的总和。它们是在植物界发展过程中自然形成的植物类聚。植物区系的形成既受植物系统发育所制约，同时又受到环境变迁的影响，其中现代分布区类型主要受到温度和雨量的影响。在一定条件下，土壤成因亦左右着植物的分布。因此，在不同的地理单元及不同的气候带必然出现各异的区系成分。植物系统发育与自然条件二者之间既相互作用又相互制约。人们根据这些植物类聚进行区系区划，这些区划系统包含各级单元，但每类单元属于自然单元，不受国界及政治范畴的影响，并经常是跨越国界甚至跨越大陆（张宏达，1994）。目前中国植物区系研究针对中国范围内比较成熟的有两个区系区划系统，一个是吴征镒先生的中国植物区系的分区区划系统，一个是张宏达先生的地球植物区系的分区区划系统。

（1）吴征镒（1979）从植物区系成分和各地优势植被的区系组成角度，对中国植物区系划分提出了一个分区系统，包括2个植物区、7个亚区、22个地区。博州南部山区属于泛北极植物区、欧亚森林植物亚区、天山地区。

天山地区的区系以丰富的荒漠地区山地植物为特征，整体区系达2500～3000种，以雪岭云杉、天山云杉和西伯利亚云杉为建群种的落叶松林为主体，其林下、各类灌丛、草甸多以北方成分和北温带或欧亚的特有种为主。山地草原和草甸草原则由欧亚草原广布种和中亚或西伯利亚成分组成。高山带多为欧亚、环北极或北极、高山成分，如仙女木；本区域和喜马拉雅高山地在区系发生上有一定的联系。另外，区域内有不少中亚特有属，如沟子荠属；以及天山特有属，如疆荃、天山紫草，以及十字花科、伞形科、唇形科等的地区特有种。

（2）张宏达（1994）从植物区系发生与发展的规律角度提出了一个全球的植物区系分区系统，主要单位为植物界、植物区、植物亚区、植物省。全球整体植物区系区划为：7个植物界、25个植物区、16个植物亚区、150个植物省。博州南部山区属于华夏植物界，东亚植物区，天山省。

3.6.2　区系性质

通过本次对博州南部山地的植物调查统计分析看，本区域的种子植物的区系组成有以下几个特征：

（1）区系组成以荒漠生态成分占优势

植物区系以被子植物占优势，裸子植物、蕨类植物很少。共统计博州南部山区有种子植物74科416属

1145种，分别占新疆科属种数量的74%、58.18%、33.37%；其中裸子植物有3科3属11种，属种数量均占新疆的50%；蕨类植物有6科8属12种，属种数量分别占新疆的34.8%、21.8%。表征的生态成分有豆科、十字花科、紫草科、蓼科、罂粟科、虎耳草科、麻黄科、列当科、大麻科、石竹科、蒺藜科、半日花科、销阳科等，森林成分主要有柏科、松科、桦木科、白刺科。

（2）具典型的温带区系性质

对博州南部山区科级水平的地理成分分析表明，热带性质的科（分布型2～7的科）共15科，温带性质的科（分布型8～15的科）共30科，热带性质的科与温带性质的科的R/T值为1：2，表现出明显的温带性质。对博州南部山区属级水平的地理成分分析表明，热带性的属（分布型2～7的属）共22属，温带性质的属（分布型8～15的属）共340属，热带性属与温带性属的R/T值为1：15.45，表现出典型的温带区系性质，与热带区系差异较大。

（3）温带区系成分的多元性质

对博州南部山区属级水平的地理成分分析中，统计有温带性质的属有6个分布区类型、13个分布区亚型，约占所有非世界属温带类型的93.92%；并且基本涵盖了该地区主要的区系组成成分，如北温带成分、欧亚温带成分、地中海成分、中亚成分等。

参考文献

程芸，袁磊，2011. 新疆植物特有种的地理分布规律[J]. 干旱区研究，28（5）: 854-859.

崔大方，廖文波，张宏达，2000. 新疆种子植物科的区系地理成分分析[J]. 干旱区地理（汉文版），23（4）: 326-330.

海鹰，姚建保，兵布加甫，迪里木拉提·玉苏甫，曾雅娟，2011. 新疆夏尔希里自然保护区植物区系研究[J]. 干旱区研究，28（1）: 98-103.

李锡文. 1996. 中国种子植物区系统计分析[J]. 云南植物研究，363-384.

廖文波，王英永，李贞，彭少麟，陈春泉，凡强，贾凤龙，王蕾，刘蔚秋，尹国胜，石祥刚，张丹丹，2014. 中国井冈山地区生物多样性综合科学考察[M]. 北京：科学出版社：1-581.

刘彬，布买丽娅木·吐如汗，艾比拜姆·克热木，刘旭丽，2018. 新疆天山南坡中段种子植物区系垂直分布格局分析[J]. 植物科学学报，36（02）: 43-54.

卢学峰，刘光秀，2000. 乌鲁木齐河上游大西沟地区种子植物区系特征分析[J]. 木本植物研究，20（2）: 131-142.

买买提江·吐尔逊，迪利夏提·哈斯木，周桂玲，Aibek Attokurov，2014. 中国天山与吉尔吉斯斯坦天山蔷薇科植物区系比较分析[J]. 干旱区地理（汉文版），37（6）: 1199-1206.

毛祖美，1992. 早春短命植物区系特点[J]. 干旱区研究，9（1）: 11-12.

毛祖美，张佃民，1994. 新疆北部早春短命植物区系纲要[J]. 干旱区研究，（3）: 1-26.

《新疆植物志》编辑委员会，1992. 新疆植物志（第一卷）[M]. 新疆：新疆科技卫生出版社：1-337.

《新疆植物志》编辑委员会，1994. 新疆植物志（第二卷第一分册）[M]. 新疆：新疆科技卫生出版社：1-394.

《新疆植物志》编辑委员会，1994. 新疆植物志（第二卷第二分册）[M]. 新疆：新疆科技卫生出版社：1-425.

《新疆植物志》编辑委员会，1996. 新疆植物志（第六卷）[M]. 新疆：新疆科技卫生出版社：1-669.

《新疆植物志》编辑委员会，1999. 新疆植物志（第五卷）[M]. 新疆：新疆科技卫生出版社：1−534.

《新疆植物志》编辑委员会，2004. 新疆植物志（第四卷）[M]. 新疆：新疆科学技术出版社：1−331.

《新疆植物志》编辑委员会，2011. 新疆植物志（第三卷）[M]. 新疆：新疆科学技术出版社：1-710.

徐远杰，陈亚宁，李卫红，孙慧兰，陈亚鹏，2010. 中国伊犁河谷种子植物区系分析[J]. 干旱区研究，27（03）：16−22.

王荷生，1992. 植物区系地理[M]. 北京：科学出版社，1−180.

王荷生，1997. 华北植物区系地理[M]. 北京：科学出版社，1−229.

王志芳，2016. 天山东部野生植物多样性及植被研究[D]. 新疆农业大学.

吴鲁夫 E. B 著（钟崇信和张梦庄译），1964. 历史植物地理学[M]. 北京：科学出版社，1−595.

吴征镒，1979. 论中国植物区系的分区问题[J]. 植物分类与资源学报，1（1）：3−22.

吴征镒，路安民，孙航，等，2003a. 中国被子植物科属综论[M]. 北京：科学出版社，1−1210.

吴征镒，周浙昆，李德铢，等，2003b. 世界种子植物科的分布区类型系统[J]. 云南植物研究，25（3）：245−257.

吴征镒，2003c.《世界种子植物科的分布区类型系统》的修订[J]. 云南植物研究，25（5）：535−538.

吴征镒，周浙昆，孙航，等，2006. 中国种子植物分布区类型及其起源和分化[M]. 昆明：云南科技出版社，1−566.

吴征镒，2011. 中国种子植物区系地理[M]. 北京：科学出版社，1−485.

张高，2013. 新疆中天山野生种子植物区系及植被研究[D]. 新疆师范大学.

张宏达，1994. 地球植物区系分区提纲[J]. 中山大学学报（自然科学版），33（3）：73−80.

Mao K. S.，Hao G.，Liu J. Q.，et al.，2010. Diversification and biogeography of Juniperus（Cupressaceae）：variable diversification rates and multiple intercontinental dispersals [J]. New Phytologist，188（1）：252−272.

Wen J.，1999. Evolution of eastern Asian and Eastern North American disjunct distribution in flowering plants [J]. Annual Review of Ecology and Systematics，30：421−455.

第4章　苔藓植物多样性

为了调查新疆博州南部山区的苔藓植物资源，森林资源苔藓植物调研组分别于2018年7～8月和2019年6月两次对博州南部山区的苔藓植物进行了考察，考察地包括博乐市三台林区克孜勒玉、精河县精河林区巴音那木、巴音阿门、小海子、精河县乌图精等地，共采集苔藓植物标本300余号，经鉴定，计有苔藓植物93种（含种下分类单位），隶属于30科57属，其中苔类植物8科9属10种，藓类植物22科48属83种。

4.1　科属组成特征

将苔藓植物科内种数≥5种的定义为优势科，博州南部山区苔藓植物优势科6个，含29属58种，分别占博州南部山区苔藓植物科总数的20%，属总数的51%和种总数的69%。6个优势科按优势度依次为丛藓科Pottiaceae（11属17种）、提灯藓科Mniaceae（4属13种）、真藓科Bryaceae（2属9种）、青藓科Brachytheciaceae（6属8种）、紫萼藓科Grimmiaceae（2属6种）和柳叶藓科Amblystegiaceae（4属5种）。从分布区类型来看，这些优势科均为典型的温带科或以温带分布为主的科。

以属内所含苔藓植物种数≥4种的属作为优势属，博州南部山区苔藓植物的优势属有4属，包括紫萼藓属*Grimmia*（4种）、真藓属*Bryum*（8种）、提灯藓属*Mnium*（5种）、丝瓜藓属*Pohlia*（4种），均为典型的温带分布属。

4.2　种的地理成分分析

根据苔藓植物种的现代地理分布资料，参照吴征镒（2003a，2003b）和王荷生（1997）关于中国种子植物科属的分类界定，通常可将新疆苔藓植物划分为8个分布区类型，以典型的温带性质为特征；在热带成分中，仅具有热带亚洲和热带美洲间断分布区类型1种，而无泛热带分布、古热带分布、热带亚洲至热带大洋洲分布、热带亚洲至热带非洲分布、热带亚洲分布；温带成分中亦无地中海、西亚至中亚分布。因此，下面仅就其他8种分布区类型进行分析。

（1）世界广布

博州南部山区苔藓植物的世界广布种有10种，主要有真藓属4种（真藓*Bryum argenteum*，丛生真藓*Bryum caespiticium*，细叶真藓*Bryum capillare*，双色真藓*Bryum dichotomum*），丝瓜藓2种（泛生丝瓜藓*Pohlia cruda*和黄丝瓜藓*Pohlia nutans*），另外还有葫芦藓*Funaria hygromertrica*、对叶藓*Distichium capillaceum*、三洋藓*Sanionia uncinatus*和山赤藓*Syntrichia ruralis*等。由于这些苔藓种广泛分布，不能反映博州南部山区苔藓植

物的区系特征，在后面的比较中，该分布区类型未算入百分比。

（3）热带亚洲和热带美洲间断分布

博州南部山区苔藓植物共有1种属于该分布区类型，为小扭口藓*Barbula indica*。

（8）北温带分布

苔藓植物属于该分布区类型的共有53种，是种类最多的一种分布区类型，苔类植物中有8种属于此类，如蛇苔*Conocephalum conicum*、粗裂地钱*Marchantia paleacea*、指叶苔*Lepidozia reptans*等，藓类植物有45种属于此类，如高山紫萼藓*Grimmia montana*、反纽藓*Timmiella anomala*、刺叶真藓*Bryum lonchocaulon*、黄色真藓*Bryum pallescens*、长叶提灯藓*Mnium lycopodioides*、镰刀藓*Drepanocladus aduncus*、美喙藓*Eurhynchium pulchellum*、卷叶灰藓*Hypnum revolutum*、毛梳藓*Ptilium crista-castrensis*等。

（9）东亚－北美间断分布

苔藓植物该分布区类型的有5种，均为藓类，包括齿边缩叶藓*Ptychomitrium dentatum*、黑对齿藓*Didymodon nitrescens*、东亚泽藓*Philonotis turneriana*、山羽藓*Abietinella abietina*和金灰藓*Pylaisiella polyantha*等。

（10）旧大陆温带分布

苔藓植物该类型共有5种，包括小口葫芦藓*Funaria microstoma*、侧立大丛藓*Molendoa schliephackei*、宽叶真藓*Bryum funkii*、柳叶藓*Amblystegium serpens*和赤根青藓*Brachythecium erythrorrhizon*等。

（11）温带亚洲分布

苔藓植物博州南部山区共有3种温带亚洲成分，包括平叶毛口藓*Trichostomum planifolium*，平肋提灯藓*Mnium laevinerve*，尖叶匐灯藓*Plagiomnium acutum*。

（13）东亚分布

东亚分布区类型共有10种，根据具体的地理分布范围，又将该区系成分划分为三个亚型。

T13-1 日本至喜马拉雅分布

博州南部山区的该分布区类型有2种，包括卷叶丛本藓*Anoectangium thomsonii*和多褶青藓*Brachythecium buchananii*。

T13-2 中国至喜马拉雅分布

博州南部山区该类型有4种，为厚栉拟金发藓*Polytrichastrum emodi*、西藏大帽藓*Encalypta tibetana*、粗瘤紫萼藓*Grimmia mammosa*和扭叶丛本藓*Anoectangium stracheyanum*。

T13-3 中国至日本

博州南部山区苔藓植物共有该分布区类型有4种，包括狭叶缩叶藓*Ptychomitrium linearifolium*、中华缩叶藓*Ptychomitrium sinense*、疣灯藓*Trachycystis microphylla*和短枝褶藓*Okamuraea brachydictyon*。

（14）中国特有种

博州南部山区苔藓植物中有6种中国特有种，包括2种苔类植物（拟地钱*Marchantia stoloniscyphula*和秦岭羽苔*Plagiochila biondiana*）和4种藓类植物（短叶对齿藓*Didymodon tectorus*、中华细枝藓*Lindbergia sinensis*、密枝燕尾藓*Bryhnia serricuspis*和光柄细喙藓*Rhynchostegiella laeviseta*）。

本区苔藓植物中热带成分仅1种，温带成分（不含东亚成分）的比例为80%，东亚成分为12%，另有中国特有种占7%。可以看出本区苔藓植物具有典型的温带特征，而东亚成分不占优势，是处于东亚西北部的邻近区域。且其与东亚的联系相对来说不是特别密切。

4.4 珍稀濒危保护种

根据覃海宁等（2017）确定的“中国高等植物受威胁物种名录”，博州南部山区的苔藓植物有2种被列入受威胁名录中，一种为拟地钱*Marchantia stoloniscyphula*，另一种为粗瘤紫萼藓*Grimmia mammosa*。

参考文献

覃海宁，杨永，董仕勇，何强，贾渝，赵莉娜. 中国高等植物受威胁物种名录[J]. 生物多样性，2017，25(7): 696–744.

贾渝，何思. 中国生物物种名录第一卷植物苔藓植物[M]. 北京：科学出版社，2013.

吴征镒. 中国种子植物属的分布区类型[J]. 云南植物研究，1991，增刊Ⅳ：1–139.

吴征镒. 路安民，孙航，等. 中国被子植物科属综论[M]. 北京：科学出版社，2003a，1–1210.

吴征镒. 周浙昆，李德铢，等. 世界种子植物科的分布区类型系统[J]. 云南植物研究，2003，25（3），245–257.

王荷生. 华北植物区系地理[M]. 北京：科学出版社，1997，1–229.

第5章　地衣多样性

地衣，又称地衣型真菌，是由一种真菌和一种藻类或蓝细菌组成的、经过长期演化而形成的稳定共生复合体，该复合体中的真菌只有与相应的藻类或蓝细菌共生时才能在自然界中生存（Wei，2017），其种数约占真菌界的20%，占子囊菌门的40%（Kirk et al.，2008），目前已知的地衣有1.3～3万种，从南北两极到赤道、从高山到沙漠中心都有地衣分布（王立松，2012）。地衣一直以来被誉为“先锋生物”，其特有的地衣酸等化学物质在岩石风化、土壤形成过程中发挥了极为重要的作用。同时，地衣也在药用（肺衣、松萝等）、食用（石耳、树花等）、饲用、染料、香料等方面被应用（姜山等，2003）；随着科学技术的发展，地衣在地震测年、探矿、大气污染监测、抗癌药物开发利用、石质文化保护等方面不断取得新进展。地衣作为生物资源的重要组成部分，现代地衣学的主要研究内容也就包括了地衣形态、结构、生理、化学、生态学、系统分类学、区系与区系地理学、分子生物学、多样性及其保护、资源开发与利用等多方面（付伟等，2007），这些研究为人类系统地了解自然界中地衣多样性和资源研发提供服务，同时也进一步丰富人类关于生物多样性及其演化的科学认知（Wei，2017）。

随着工业化的迅速发展，环境的污染和人类活动范围的扩大，使得地衣种类的分布区受到破坏，资源量不断减少（阿迪力・阿不都拉等，2004），本次研究以博州南部山区森林为调查区域。该区域位于天山中段北麓，东到古尔图河与乌苏市毗连，南以博洛霍罗山、科古尔琴山、婆罗克努尔山之脊为界与伊犁地区的尼勒克县和伊宁县接壤，西与哈夏林场相接，北以森林分布下线的低山丘林为界。地理坐标为东经80°45'～83°40'，北纬44°03'～44º32'。东西长约204.5 km，南北宽约57.5 km。考察区总面积509332.1 hm^2。通过对以上区域进行调查，采用野外调查、采集相关标本及室内分类鉴定等手段，对该区域内的地衣区系多样性进行了统计分析，为探清该区域内的地衣资源现状，更好地为全州林业发展、森林保护和资源合理利用提供科学依据。

根据所采集的标本，并结合前人的研究资料（阿不都拉・阿巴斯等，1998），鉴定出博州南部山区地衣23科42属85种，初步统计，已有文献记载的中国地衣有3014种、441属、98科，该研究区域内地衣种数约占全国地衣总种数的2.82%，而其地衣属约占全国的9.52%、地衣科约占全国的23.47%，占新疆地衣总种数的21.36%、新疆地衣总属数的42.85%、总科数的76.67%。由此可见，该地区的地衣种类相当丰富。

5.1　科属组成特征

本研究区域23科地衣中，其中仅含一个属的科数为13个，占总科数的56.52%，含2个属的科数为5个，占总科数的21.74%；含3个属及以上的科数为5个，占总科数的21.74%，其中梅衣科（Parmeliaceae）、微孢衣科（Acarosporaceae）均含5个属，是该区域内所含属数最多的科。按所含种数的数量，从大到小依次为：茶渍科（Lecanoraceae，10个种）、蜈蚣衣科（Physciaceae，9个种）、巨孢衣科（Megasporaceae，9个种）、梅衣科（Parmeliaceae，8个种）、石蕊科（Cladoniaceae，7个种），它们也是该研究区域内地衣的重要组成部分；另外，仅含1个种的科有10个，占总科数的43.48%；含2个种的科仅为2个；含3-6个种的科有11个共15属27种，分别占该区域内总科、属、种数的47.83%、35.71%、31.76%，充分体现了博州南部山地地衣的多样性特征。

该区域地衣中种数最多的属分别是平茶渍属（*Aspicilia*，7种）、茶渍属（*Lecanora*，6种）、石蕊属（*Cladonia*，6种），共占该区域地衣总种数的22.36%，可被认为是博州南部山地地衣分布的优势属，其次，种类较多的属还有黄茶渍属（*Candelariella*，4种）、脐鳞衣属（*Rhizoplaca*，4种）、网衣属（*Lecidea*，4种）、蜈蚣衣属（*Physcia*，4种）、黄梅衣属（*Xanthorparmelia*，4种），共20种，占总种数的23.52%。可见，以上各属均为该研究区域内地衣的重要组成部分。

5.2 地理成分分析

参照和综合Thomson（1984）、魏江春（1986）、吴征镒等（2006）的研究资料，并参考《新疆地衣》将博州南部山地地衣划分为以下6种地理成分（见表5-1）。

表5-1 博州南部山区地衣区系地理成分类型

区系地理成分	种数	占本区总种数%
（1）世界广布成分	37	43.53
（2）环北极成分	23	27.06
（3）环北方成分	9	10.59
（4）温带成分	6	7.06
（5）中亚成分	3	3.53
（6）中国特有成分	7	8.23
合计 Total	85	100

（1）广布成分

广布种是普遍分布于世界，或者几乎遍布世界的种，只是一个相对的意义，指普遍分布于世界各部分它们适应的生境，而不是指在全球从北极经过赤道到南极都有分布的地衣种。在本研究区域内分布的有37种，占总种数的43.53%。

粉盘平茶渍*Aspicilia alphaplaca*、荒漠平茶渍*A. desertorum*、彩斑平茶渍*A. exuberans*、小灌木平茶渍*A. fruticulosa*、霍夫曼平茶渍*A. hoffmanii*、窝点平茶渍*A. lacunosa*、刺小孢发*Bryoria confusa*、莲座美衣*Calogaya decipience*、新疆美衣*C. xinjiangis*、同色黄烛衣*Candelaria concolor*、帆黄茶渍*Candelariella antennaria*、金黄茶渍*C.aurella*、小管地指衣*Dactylina madreporiformis*、短绒皮果衣*Dermatocarpon vellereum*、鳞饼衣*Dimelaena oreina*、糙聚盘衣*Glypholecia scabra*、大叶鳞型衣*Gypsoplaca macrophylla*、碎茶渍*Lecanora argopholis*、墙茶渍*L. muralis*、黑小极衣*Lichinella nigritella*、粉瓣茶衣*Lobothallia alphoplaca*、原辐瓣茶衣*L.*

praeradiosa、酒石肉疣衣*Ochrolechia tartarea*、裂边地卷*Peltigera degenii*、长缘毛蜈蚣衣*Physcia tenella*、饼干衣*Rinodina sophodes*、灰绿地图衣*Rhizocarpon viridiatrum*、异脐鳞*Rhizoplaca subdiscrepans*、*Seirophora contortupplicata*、条斑鳞茶渍*Squamarina lentigera*、白泡鳞衣*Toninia candida*、淡泡鳞衣*T. tristis*、刺盾链衣*Thyrea confusa*、荒漠黄梅衣*Xanthoparmelia desertorum*、杜瑞氏黄梅衣*X. durietzii*、吉氏黄梅*X.geesterani*、墨西哥黄梅*X. mexicana*.

（2）环北极成分

这种成分以环北极为分布中心，北方高山为第二分布中心为其特征，本区域内共23种，占总种数的27.06%。

灰微孢衣*Acarospora peliscypha*、喇叭粉石蕊*Cladonia chlorophaea*、矮石蕊*C. humilis*、莲座石蕊*C. pocillum*、喇叭石蕊*C. pyxidata*、藓生双缘衣*Diploschistes muscorum*、坚盘茶渍*Lecanora cenisia*、多形茶渍*L. polytropa*、裸网衣*Lecidea ecrustacea*、西部网衣*L. plebeja*、斑纹网衣*L. tessellata*、土星猫耳衣*Leptogium saturninum*、毡毛褐衣*Melanelia panniformis*、犬地卷*Peltigera canina*、暗裂芽黑蜈蚣衣*Phaeophyscia sciastra*、蓝灰蜈蚣衣*Physcia caesia*、灰地图衣*Rhizocarpon disporum*、双孢散盘衣*Solorina bispora*、凹散盘衣*S. saccata*、绵散盘衣*S. spongiosa*、雪地茶*Thamnolia subuliformis*、淡肤根石耳*Umbilicaria virginis*、丽石黄衣*Xanthoria elegans*。

（3）环北方种

共9种，枪石蕊*Cladonia coniocraea*、分枝石蕊*C. furcata*、散茶渍*Lecanora dispersa*、小茶渍*Lecanora hagenii*、脱落网衣*Lecidea elabens*、哈氏蜈蚣衣*Physcia halei*、黄髓大孢衣*Physconia enteroxantha*、红鳞网衣*Psora decipiens*、红脐鳞衣*Rhizoplaca chrysoleuca*。

（4）温带种

共6种，皮果衣*Dermatocarpon miniatum* var. *miniatum*、裸扁枝衣*Evernia esorediosa*、密集黑蜈蚣衣*Phaeophyscia constipata*、蜈蚣衣*Physcia stellaris*、垫脐鳞衣*Rhizoplaca melanophthalma*、亚洲多孢衣*Sporastatia asiatia*。

（5）中亚成分

共3种，聚盘微孢衣*Acarospora glypholecioides*、珊瑚黄茶渍*Candelariella coralllizа*、戈壁金卵石衣*Pleopsidium gobiensis*。

（6）中国特有种

共7种，阿尔泰柄盘衣*Anamylopsora altaica*、包氏平茶渍*Aspicilia bohlinii*、油黄茶渍*Candelariella oleifera*、中华石果衣*Endocarpon sinense* var. *sinense*、盾脐鳞*Rhizoplaca peltata* var. *peltata*、*Rinodina* sp.、*Sarcogyne* sp.。

5.3　地衣生态与基物类型

从表5-2可以看出，博州南部山区分布的地衣物种，以壳状为主，含12科16属39种，分别占该区域地衣科属种数的52.17%、38.1%、45.9%；叶状地衣有13科24属38种，分别占该区域地衣科属种数的56.52%、

57.1%、44.7%；枝状地衣仅有3科5属10种，占该区域地衣科属种数的13.04%、11.9%、11.8%。

博州南部山地分布的地衣中，基物类型为岩面的有45种，占该区域地衣物种数的52.9%；树皮、朽木及树枝等为基物的有22种，占该区域地衣物种数的25.9%；岩面浮土、土壤及土壤藓丛等为基物的有32种，占该区域地衣物种数的37.6%。

表5-2 博州南部山区地衣物种及其区系类型、生态类型和基物分布

科	属	种	区系类型	生态类型	基物	文献
Acarosporaceae 微孢衣科	*Acarospora* 微孢衣属	*A. peliscypha* 灰微孢衣	Ⅱ	壳状	岩面	李志成等，2007
		A. glypholecioides 聚盘微孢衣	Ⅴ	壳状	岩面	李志成等，2008
	Pleopsidium 金卵石衣属	*P. gobiensis* 戈壁金卵石衣	Ⅴ	壳状	岩面	牛东珍等，2007
	Sarcogyne 网盘衣属	*S.* sp	Ⅵ	壳状	岩面	—
	Sporastatia 多孢衣属	*S. asiatica* 亚洲多孢衣	Ⅳ	壳状	岩面	热衣木·马木提等，2009
	Glypholecia 聚盘衣属	*G. scabra* 糙聚盘衣	Ⅰ	叶状	岩面	曹叔楠等，2009
Anamylopsoraceae 柄盘衣科	*Anamylopsora* 柄盘衣属	*A. altaica* 阿尔泰柄盘衣	Ⅵ	鳞叶状	岩面	Parida A et al，2019
Candelariaceae 黄烛衣科	*Candelaria* 黄烛衣属	*C. concolor* 同色黄烛衣	Ⅰ	叶状	树皮生	居勒得孜·赛力克等，2018
	Candelariella 黄茶渍属	*C. antennaria* 帆黄茶渍	Ⅰ	壳状	树枝	居勒得孜·赛力克等，2018
		C. aurella 金黄茶渍	Ⅰ	壳状	朽木、树皮、树枝	居勒得孜·赛力克等，2018
		C. coralliza 珊瑚黄茶渍	Ⅴ	壳状	岩面及浮土	居勒得孜·赛力克等，2018
		C. oleifera 油黄茶渍	Ⅵ	壳状	岩面	居勒得孜·赛力克等，2018
Caliciaceae 粉衣科	*Dimelaena* 鳞饼衣属	*D. oreina* 鳞饼衣	Ⅰ	壳状	岩面	王立松，2012
Cladoniaceae 石蕊科	*Squamarina* 鳞茶渍属	*S. lentigera* 条斑鳞茶渍	Ⅰ	鳞叶状	土壤	刘萌，2012
	Cladonia 石蕊属	*C. chlorophaea* 喇叭粉石蕊	Ⅱ	枝状	朽木、树皮、地面及藓丛	—
		C. coniocraea 枪石蕊	Ⅲ	枝状	朽木、树皮及藓丛	Wei JC，2017
		C. furcata 分枝石蕊	Ⅲ	枝状	地面藓丛	Wei JC，2017
		C. humilis 矮石蕊	Ⅱ	枝状	朽木、腐殖土、藓丛	Wei JC，2017
		C. pocillum 莲座石蕊	Ⅱ	枝状	草地、藓土丛、朽木	Wei JC，2017

续表（1）

科	属	种	区系类型	生态类型	基物	文献
		C. pyxidata 喇叭石蕊	Ⅱ	枝状	地面、朽木、藓土	Wei JC，2017
Collemataceae 胶衣科	*Leptogium* 猫耳衣属	*L. saturninum* 土星猫耳衣	Ⅱ	叶状（胶质）	树皮、朽木、藓土、石浮土	阿不都拉·阿巴斯等，1998
Graphidaceae 文字衣科	*Diploschistes* 双缘衣属	*D. smuscorum* 藓生双缘衣	Ⅱ	壳状	土壤	王立松，2012
Gypsoplacaceae 鳞型衣科	*Gypsoplaca* 鳞型衣属	*G. macrophylla* 大叶鳞型衣	Ⅰ	鳞叶状	土壤	阿不都拉·阿巴斯等，1998
Icmadophilaceae 霜降衣科	*Thamnolia* 地茶属	*T. subuliformis* 雪地茶	Ⅱ	枝状	土壤	Wei JC，2017
Lecanoraceae 茶渍科	*Lecanora* 茶渍属	*L. argopholis* 碎茶渍	Ⅰ	壳状	岩面	阿不都拉·阿巴斯等，1998
		L. cenisia 坚盘茶渍	Ⅱ	壳状	硅质岩及朽木	Brodo IM et al，2001
		L. dispersa 散茶渍	Ⅲ	壳状	岩面	吕蕾，2001
		L. hagenii 小茶渍	Ⅲ	壳状	树皮、树枝及朽木	吕蕾，2001
		L. muralis 墙茶渍	Ⅰ	壳状	岩面	王立松，2012
		L. polytropa 多形茶渍	Ⅱ	壳状	岩面	吕蕾，2001
	Rhizoplaca 脐鳞衣属	*R. chrysoleuca* 红脐鳞	Ⅲ	叶状	岩面	Brodo IM et al，2001
		R. melanophthalma 垫脐鳞衣	Ⅳ	叶状	岩面	Brodo IM et al，2001
		R. peltata 盾脐鳞	Ⅵ	叶状	岩面	Brodo IM et al，2001
		R. subdiscrepans 异脐鳞	Ⅰ	叶状	岩面	Brodo IM et al，2001
Lecideaceae 网衣科	*Lecidea* 网衣属	*L. ecrustacea* 裸网衣	Ⅱ	壳状	岩面	刘丽燕，2006
		L. elabens 脱落网衣	Ⅲ	壳状	朽木及树皮	刘丽燕，2006
		L. plebeja 西部网衣	Ⅱ	壳状	朽木	刘丽燕，2006
		L. tessellata 斑纹网衣	Ⅱ	壳状	岩面	刘丽燕，2006
Lichinaceae 异极衣科	*Lichinella* 小极衣属	*L. nigritella* 黑小极衣	Ⅰ	叶状（胶质）	岩面或岩面浮土层	吐尔干乃义·吐尔逊等，2015
Megasporaceae 巨孢衣科	*Aspicilia* 平茶渍属	*A. alphaplaca* 粉盘平茶渍	Ⅰ	壳状	岩面	Thomson JW，1984
		A. bohlinii 包氏平茶渍	Ⅵ	壳状	岩面	赛买提·吐尔地等，2011

续表（2）

科	属	种	区系类型	生态类型	基物	文献
		A. desertorum 荒漠平茶渍	Ⅰ	壳状	岩面	阿不都拉·阿巴斯等，1998
		A. exuberans 彩斑平茶渍	Ⅰ	壳状	岩面	赛买提·吐尔地等，2011
		A. fruticulosa 小灌木平茶渍	Ⅰ	壳状	土壤	赛买提·吐尔地等，2011
		A. hoffmanii 霍夫曼平茶渍	Ⅰ	壳状	岩面	阿不都拉·阿巴斯等，1998
		A. lacunosa 窝点平茶渍	Ⅰ	壳状	土壤	赛买提·吐尔地等，2011
	Lobothallia 瓣茶衣属	*L. alphoplaca* 粉瓣茶衣	Ⅰ	壳状	岩面	热衣木·马木提等，2009
		L. praeradiosa 原辐瓣茶衣	Ⅰ	壳状	岩面	热衣木·马木提等，2009
Ochrolechiaceae 肉疣衣科	*Ochrolechia* 肉疣衣属	*O. tartarea* 酒石肉疣衣	Ⅰ	壳状	树皮生	李颖，2008
Parmeliaceae 梅衣科	*Bryoria* 小孢发属	*B. confusa* 刺小孢发	Ⅰ	枝状	树枝	文雪梅等，2009
	Dactylina 地指衣属	*D. madreporiformis* 小管地指衣	Ⅰ	枝状	地面	Wei JC，2017
	Evernia 扁枝衣属	*E. esorediosa* 裸扁枝衣	Ⅳ	枝状	藓丛	艾尼瓦尔·吐米尔等，2005
	Melanelia 褐衣属	*M. panniformis* 毡毛褐衣	Ⅱ	叶状	岩面	阿不都拉·阿巴斯等，1998
	Xanthoparmelia 黄梅衣属	*X. desertorum* 荒漠黄梅	Ⅰ	叶状	土壤	孙建斌，2015
		X. durietzii 杜瑞氏黄梅	Ⅰ	叶状	岩面	孙建斌，2015
		X. geesterani 吉氏黄梅	Ⅰ	叶状	岩面	孙建斌，2015
		X. mexicana 墨西哥黄梅	Ⅰ	叶状	岩面	孙建斌，2015
Peltigeraceae 地卷科	*Peltigera* 地卷属	*P. canina* 犬地卷	Ⅱ	叶状	藓土、石浮土、朽木	努尔巴衣·阿不都沙勒克等，2006
		P. degenii 裂边地卷	Ⅰ	叶状	地上和石表土层	Wei JC，2017
	Solorina 散盘衣属	*S. bispora* 双孢散盘衣	Ⅱ	叶状	地上藓土和石浮土	吴继农等，2012
		S. saccata 凹散盘衣	Ⅱ	叶状	地上或岩面苔藓层	吴继农等，2012
		S. spongiosa 绵散盘衣	Ⅱ	叶状	土壤	吴继农等，2012
Physciaceae 蜈蚣衣科	*Phaeophyscia* 黑蜈蚣衣属	*P. constipata* 密集黑蜈蚣衣	Ⅳ	叶状	藓丛	Wei JC，2017

续表（3）

科	属	种	区系类型	生态类型	基物	文献
		P. sciastra 暗裂芽黑蜈蚣衣	Ⅱ	叶状	岩面	Wei JC，2017
	Physcia 蜈蚣衣属	*P. caesia* 蓝灰蜈蚣衣	Ⅱ	叶状	朽树皮及石藓丛、岩面	Wei JC，2017
		P. halei 哈氏蜈蚣衣	Ⅲ	叶状	岩面	阿不都拉・阿巴斯等，1998
		P. stellaris 蜈蚣衣	Ⅳ	叶状	树皮	Wei JC，2017
		P. tenella 长缘毛蜈蚣衣	Ⅰ	叶状	树皮及藓丛	Wei JC，2017
	Physconia 大孢衣属	*P. enteroxantha* 黄髓大孢衣	Ⅲ	叶状	土壤藓丛	Wei JC，2017
	Rinodina 饼干衣属	*R. sophodes* 饼干衣	Ⅰ	壳状	岩面	阿不都拉・阿巴斯等，1998
		R. sp	Ⅵ	壳状	藓丛	—
Psoraceae 鳞网衣科	*Psora* 鳞网衣属	*P. decipiens* 红鳞网衣	Ⅲ	鳞叶状	土壤	娄亚坤等，2017
Ramalinaceae 树花科	*Toninia* 泡鳞衣属	*T. candida* 白泡鳞衣	Ⅰ	壳状	土壤	孙美洁，2019
		T. tristis 淡泡鳞衣	Ⅰ	壳状	土壤	孙美洁，2019
Rhizocarpaceae 地图衣科	*Rhizocarpon* 地图衣属	*R. disporum* 灰地图衣	Ⅱ	壳状	岩面	阿不都拉・阿巴斯等，1998
		R. viridiatrum 乌绿地图衣	Ⅰ	壳状	岩面	阿不都拉・阿巴斯等，1998
Teloschistaceae 黄枝衣科	*Calogaya* 美衣属	*C. decipience* 莲座美衣	Ⅰ	壳状	岩面	Vondrak J et al，2018
		C. xinjiangis 新疆美衣	Ⅰ	壳状	树皮生	Vondrak J et al，2018
	Seirophora 茸枝衣属	*S. contortupplicata* 缠结茸枝衣	Ⅰ	枝状	树枝	Wei JC，2017
	Xanthoria 石黄衣属	*X. elegans* 丽石黄衣	Ⅱ	叶状	岩面，偶为兽骨及朽木	王立松，2012
Umbilicariaceae 石耳科	*Umbilicaria* 石耳属	*U. virginis* 淡肤根石耳	Ⅱ	叶状	岩面	阿不都拉・阿巴斯等，1998
Verrucariaceae 瓶口衣科	*Dermatocarpon* 皮果衣属	*D. miniatum* 皮果衣	Ⅳ	叶状	岩面	阿不都拉・阿巴斯等，1998
		D. vellereum 短绒皮果衣	Ⅰ	叶状	岩面	阿不都拉・阿巴斯等，1998
	Endocarpon 石果衣属	*E. sinense* 中华石果衣	Ⅵ	叶状	土壤	王延延，2011
	Thyrea 盾链衣属	*T. confusa* 刺盾链衣	Ⅰ	叶状	岩面	田琼，2011

5.4 地衣代表种描述

（1）聚盘微孢衣 *Acarospora glypholecioides* Magn. **图版5（见277页图①）**

地衣体由许多鳞片组成或外观为不规则裂缝的壳状，面积约3 cm × 3 cm，表面垩白色，被霜；鳞片直径1.5～3（4）mm，厚约0.8 mm，通常圆形，罕有棱角，表面平或多凹入的，密被白色裂缝，往往自深凹的中心向上生长好似脐状一样。子囊盘直径达0.5 mm，少数或多个陷生于鳞片，初点状，后略扩展，暗褐色，被霜，无缘部。子囊孢子100（200）个3～3.5 × 1.7 μm，椭圆形。皮层C+红色。

生境：岩面。

分布：中亚及中国新疆、甘肃。

（2）灰微孢衣 *Acarospora peliscypha* Th. Fr. **图版5（见277页图②）**

地衣体灰褐色，壳状，聚生，裂片光滑，下地衣体黑色，裂片周围无明显浅裂。子囊盘茶渍型，圆形，初生点状，后扩展，盘面成熟时有疣状凸起，子囊盘边缘明显，成熟时可达1 mm，子囊层I+红褐色；囊层基亮黄色，I+红褐色；子囊孢子圆柱形，5.5～4 × 2μm。地衣体K−，C+红色，KC−。

生境：岩面。

分布：欧洲，丹麦（格陵兰岛）、加拿大、墨西哥等地；中国新疆。

（3）阿尔泰柄盘衣 *Anamylopsora altaica* Ahat, A. Abbas, S.Y. Guo & Tumur **图版5（见275页图③）**

地衣体鳞叶状，淡黄色，小鳞片略有重叠，2～4 mm宽，边缘常分裂成小叶片，下表面白色，在小裂片边缘镶有白色的边。子囊盘半球形，深棕红色，于小鳞片的基部着生，常2～3个聚生，0.5～2 mm直径。子实上层亮黄棕色，薄；侧丝层无色至淡淡的黄色，侧丝分节，节短；囊层基极厚。子囊8孢，常单排排列；孢子无色，近圆形至椭圆形，小，具厚的胞壁，子实层I+蓝色。

生境：岩面。

分布：中国新疆[19]。

（4）粉盘平茶渍 *Aspicilia alphaplaca*（Wahlenb.）Poelt *et* Lauck.

地衣体表面无光泽，灰色，局部具淡红赭色色调，下面褐色；十分厚的莲座状，有时不紧密地附着在基物上，莲座周围有发育良好的放射状排列的裂片，而在中部有皱褶具疣状凸起或龟裂状，有时为子囊盘所覆盖；地衣体裂片厚达0.5～0.7 mm，强烈凸起，顶端微弱扩张，紧密附着或边缘瓦覆。子囊盘众多，初埋生，后突起，直径达1.0～1.5（2.0）mm，有时不整齐有棱角的；盘平或凸，暗褐色或几黑色，有被白色粉霜，托缘发育良好，全缘；囊层被褐色或无色，囊层基无色；孢子8个，11～13 μm × 7～8 μm。

生境：岩面。

分布：欧亚及北非广布。中国甘肃、内蒙古、陕西及新疆各地。

（5）包氏平茶渍 *Aspicilia bohlinii*（Magn.）Wei　　**图版5（见277页图④）**

地衣体圆形，周围多少明细地分裂，蓝灰黄色，疣状龟裂，周围薄，中部适度加厚，周围裂片长1～2 mm，阔0.4～0.5 mm，厚0.2～0.3 mm，连续的，疣不规则，径0.5（0.7）mm，厚0.4～0.5 mm，表面大部分被霜，幼疣为细裂缝所隔离；髓层淡赭白色，在裂缝间可见；皮层于水中厚20～30 μm。子囊盘仅少数发育，但多数在龟裂片顶端凹陷如黑色小点；成熟的能育疣径0.7（1.5）mm，突出于所在处之上，盘0.4～0.6（1）mm，有棱角或不规则，深凹，缘部厚，在中部上侧微黑褐色；孢子8个，15～17 μm ×10～12 μm，阔椭圆形，在子囊中常为亚球形，12～13 μm。

生境：岩面。

分布：中国西北特有，甘肃、青海和新疆分布。

（6）荒漠平茶渍 *Aspicilia desertorum*（Krempelh.）Mereschk.　　**图版5（见277页图⑤）**

地衣体最初多少圆形，渐为不规则形，有时为半球形，厚至很厚，厚3～5 mm的同形壳状；淡褐色至暗褐色，污黄色，橄榄黑色；疣状龟裂，紧贴于基物；在地衣体周围（或在幼体）的龟裂片平或微凸，相互密接，圆或有棱角，小，阔（0.3）0.5～1 mm；但在中部的较大，（0.6）1.5～3（4）mm，大头疣状，在其顶端可见一个或几个凹的假杯点。下地衣体发育良好，常可见于地衣体的周围，呈教淡色的分枝束。子囊盘众多，在龟裂片中1～4（10）个埋生，较大，阔（0.5）1～3.5（5.5～7）mm，圆形，或更常为非圆形，歪曲。盘黑色，无光泽，裸露或被白色细粉霜，凹入，稍后平或具波状表面，缘部甚厚，厚0.5～0.8 mm，全缘，或径向开裂，平坦，曲折甚至分裂，常略向内包起。子囊圆柱状，1～4孢子，单列；孢子近球形，无色，单胞13～26 μm。常含大的油滴。分生孢子圆柱状，9～18 μm × 1 μm。

生境：荒漠岩面。

分布：欧洲，西南亚和中亚；中国新疆。

（7）彩斑平茶渍 *Aspicilia exuberans*（Magn.）Wei

地衣体多少连续，大疣状龟裂，厚，很不平坦，低矮的龟裂片阔0.6～1.2 mm，厚0.3～0.5 mm，多少平坦，或轻微凸起，白色，被霜，其最上面部分有时多少褐色。其他大多能育的龟裂片非常凸起，厚（1.5）3～5 mm，部分鳞状，厚1～2 mm，形状不同，很不规则，其表面多少大部分褐色，其低下的部分或侧面白色，有时深裂缝的。边缘的龟裂片厚，微白色，子囊盘独生于疣状龟裂片顶端，多少埋生，盘阔0.5～0.7 mm，或小、平，有时伸长或分裂，缘部仅轻微凸起，平滑，暗褐色，侧丝顶端念珠状，孢子8个，12～13 μm × 8.5～10 μm，阔椭圆形。

生境：岩面。

分布：中国西北特有，新疆、甘肃。

（8）小灌木平茶渍 *Aspicilia fruticulosa*（Eversm.）Flag.

地衣体漂泊的，不固着于土壤，为多少球形或不规则球形的团粒，直径1～2（3.5）cm；黄色或黑橄榄色，土色，灰褐色，有时锈红色，地衣体团粒多疣的。疣棍棒状或几在顶端加粗而呈球形（粗达0.4～0.8 mm，有时更粗），是从全中心分散放射状散出的圆柱状或局部小枝有时扁平，多二叉短分枝而伸展在团粒的全表面。在加粗的疣顶出现不同形状点状白色的假杯点。皮层假薄壁组织，厚达20 μm，有时外面具淡色的不定形层。髓层疏松，在顶端有时中空。子囊盘甚罕见，多数时1（3）个位于短的侧枝的顶端，初陷生，但很早即处于表面，基部缢缩。盘圆形，平，直径约1～2（4）mm，暗褐色，但密被厚的青白色粉霜，并围有高出的、厚的（厚0.3～0.6 mm）、与地衣体同色的平坦完整的缘部，具散生的假杯点或窝点；囊层基无色，40～60 μm，因散布颗粒而不清晰；子囊层113～130 μm，无色；囊层被褐色至暗褐色，15～30 μm，不定形层达6 μm，子囊棍棒状，3～4孢子，单列，孢子阔椭圆形至球形，20～25 μm × 17～20 μm。

生境：荒漠地面土上。

分布：欧洲、高加索、中亚、北非；中国新疆地区。

（9）霍夫曼平茶渍 *Aspicilia hoffmanii*（Ach.）Flag.

地衣体壳状，龟裂，鳞状，蓝灰色、瓦灰色或微带橄榄绿色。子囊盘单生，有时2～3个埋生于龟裂片内；盘初点状，以后扩展，直径约0.5 mm，近圆形或不规则形，盘黑色，初凹后平，具明显白色托缘；囊层被暗褐色或青褐色，带绿色色调；子囊4～6孢子，孢子近球形、椭圆形，18～26 μm × 11.6～16.5 μm。皮层K+黄色。

生境：岩面。

分布：北半球广布。国内分布于陕西、甘肃、内蒙古、新疆和江苏。

（10）窝点平茶渍 *Aspicilia lacunosa* Mereschk.

地衣体游离的，不固着，多样的不定形块状，直径达4 cm，厚0.5～1 cm，微灰橄榄色，裸露，无霜；完整的，有时有微细裂缝。在表面有皱褶，皱褶高、阔、弯曲，棱端钝圆，通常散生窝点和假杯点，窝点圆形，大小不一，直径0.5～1（1.5）mm，有时其周围地衣体隆起；假杯点细小，直径（0.08）0.1～0.25（0.35）mm，点状，稀少长条状白色；皮层假薄壁组织，厚43～53 μm，稀少厚达72 μm，细胞等径，多椭圆形，直径3.5 μm，薄壁，细胞排列紧密，无色，外面淡黄褐色，不等形层厚2～5 μm；髓层厚度不均匀，厚0.8～2 mm，疏松絮状。子囊盘及分生孢子器均未见。

生境：荒漠地面。

分布：中亚特有种，中国新疆有分布。

（11）刺小孢发 *Bryoria confusa*（Awas.）Brodo & Hawksw　　**图版5（见277页图⑥）**

地衣体树皮生，直立，高达10 cm，基部附近暗褐色至微黑色，趋向顶端淡褐色；不等二叉分枝，枝径达1 mm，尖削，表面光滑；侧生短刺，与轴垂直；不具假杯点、裂芽和粉芽。未见子囊盘。髓层K−，P−，KC−。

生境：海拔1900 m。树枝。

分布：喜马拉雅东向至新疆、西藏、湖北、台湾。

（12）莲座美衣 *Calogaya decipience*（Arnold）Arup, Frödén & Søchting

地衣体厚壳状，至3 cm宽；边缘裂片常鳞叶状覆瓦状；表面赭黄色，有时白色，具粉霜。橙色Zeorine型子囊盘丰富，分布于地衣体的中部。子囊盘边缘与地衣体同色，盘面明显橙色，无粉霜。子囊8孢，孢子哑铃形，椭圆形，平均长9.5～10.5μm，横隔与子囊孢子的长度比在0.25～0.35.

生境：岩面。

分布：伊朗；国内分布于新疆、山东、江苏。

（13）新疆美衣 *Calogaya xinjiangis* H. Shahidin

地衣体不明显或黄色，壳状至亚鳞片状，通常围绕年轻的子囊盘分布，子囊盘丰富，蜡盘型，直径0.5～1.0 mm，通常簇生，聚集。盘面亮黄色，托缘黄色；子囊8孢，孢子 8～14 × 5～9 μm，长宽比在1.8～2.3，横隔2.5～4 μm 宽，与孢子长度的比为 0.19～0.34.

生境：树皮生。

分布：中国新疆天山。

（14）同色黄烛衣 *Candelaria concolor*（Dicls.）B. Stein　　**图版5（见278页图①）**

地衣体小叶状，近圆形，直径约2 cm，常相接而生，连成一大片，边缘深裂为细裂片，裂片阔约0.2 mm；上表面黄绿色至绿色，具细颗粒状粉芽；下表面有皮层，白色，具同色的假根。子囊盘罕见。

生境：树皮，朽木及藓丛。

分布：欧洲、亚洲、非洲、美洲均有分布。国内分布于云南、西藏、湖北、新疆、上海、江苏、浙江、安徽等地。

（15）帆黄茶渍 *Candelariella antennaria* Räsänen　　**图版5（见278页图②）**

地衣体形状多样或不明显，不规则壳状，有时颗粒状。子囊盘茶渍型，分散或聚集的，0.3～1 mm，盘黄色，扁平至稍微凸起。下子实层无色，具油滴；上子实层红黄色至黄棕色，子实层无色，55～75 μm，侧丝单一或尖部分叉；子囊棒状，8孢，37～59 μm × 13～18 μm；孢子单一或有时微具横隔，椭圆形，11～18 μm × 5～7 μm；分生孢子器少见；分生孢子椭圆形。

生境：树枝。

分布：美洲、大洋洲等；中国新疆。

（16）金黄茶渍 *Candellariella aurella*（Hoffm.）Zahlbr.　　**图版5（见278页图⑤）**

地衣体绿色或污黄色，细颗粒的，有时几不可见。子囊盘与地衣体同色，众多，单生，无柄或相邻接，直径达0.5 mm，罕更大，盘平或微凸，托缘良好可见，细，全缘，或有细锯齿；侧丝单一不分枝，分散，顶端膨大；孢子8个，单胞，有时有一横隔，10～17 μm × 4～6 μm，一侧直或微弯曲的，地衣体k−或K+红黄色。

生境：朽木、树皮、树枝蒿。

分布：分布于欧洲、亚洲、北美洲、中美地区及丹麦格陵兰岛。国内分布于甘肃、青海和内蒙古、新疆。

（17）瑚瑚黄茶渍 *Candelariella coralliza*（Nyl.）Magnusson　　**图版5（见278页图③）**

地衣体珊瑚形或颗粒状珊瑚状，小鳞片状；厚2 mm，聚集在一起，有时分散，表面柠檬黄，卵黄至黄绿色；共生藻为绿藻；子囊盘罕见，茶渍型，0.25～1 mm宽；边缘颗粒状或消失，盘扁平至微凸起，光滑，比地衣体颜色深黄。囊层基透明，具油滴，子实层65～75 μm，I+蓝色；囊层被颗粒状，黄色，柠檬黄，黑色；侧丝单一微分支，细长，3～4 μm；子囊棒状，42～62 μm × 11～14 μm；子囊孢子单一或有时具一横隔，椭圆形，弯曲，10～20 μm × 3.5～16 μm。

生境：岩面。

分布：北美；中国新疆。

（18）油黄茶渍 *Candelariella oleifera* Magn.　　**图版5（见278页图④）**

地衣体发育微弱，多颗粒状，蛋黄色、子囊盘直径0.7～1.2 mm，独生或2～3个在一起；盘平，金黄绿色；托缘膨胀，轻微地高出围绕着；侧丝顶端不加粗；囊层基无色，含有油滴，油滴大3～10 μm；子囊8孢子；孢子椭圆形，单胞，17～21 μm × 6.7～7 μm.

生境：岩面。

分布：中国西北特有，分布于甘肃和新疆。

（19）喇叭粉石蕊 *Cladonia chlorophaea*（Flk. *ex* Sommerf.）Spreng.

初生鳞片宿存，小至中型。果柄灰色至淡灰绿色，高达1.5 cm；不分枝，先端逐渐扩大成杯，杯底较深，呈漏斗状，杯阔2～4 mm，自杯缘或杯底，有时自杯侧重生果柄；果柄下部有皮层，上部无皮层，密布粉末状粉芽。K−，P+橘红色，含富马原岛衣酸。

生境：海拔1750～2600 m，朽木、朽树皮、地面及藓丛。

分布：北半球广分布；国内分布于内蒙古、黑龙江、吉林、辽宁、陕西、福建、湖北、浙江、安徽、西藏和新疆。

（20）枪石蕊 *Cladonia coniocraea*（Flk.）Spreng.

初生鳞片宿存，中至大型，厚，齿缘；上表面绿褐色或灰绿色；下表面白色，时有颗粒状粉芽。果柄长3～4 cm，直径1～2 mm，不分枝或微分枝，枝顶尖头或有狭杯；除果柄基部和子囊盘基部有残留的皮层外，其他部分均密布粉芽，杯内面有粉芽；全体灰白色，灰绿色至微褐色。K−或K+微褐色，KC−，P+橘红色。含富马原岛衣酸。

生境：海拔1600～2600 m。朽木、树皮及藓丛。

分布：北半球广分布。国内新疆及西藏均有分布记录。

（21）分枝石蕊 *Cladonia furcata*（Huds.）Schrad

初生鳞片小形，早失。果柄灰白色，灰绿色，灰褐色至浅红褐色；高4～8 cm，多回等二叉或假轴式分枝，直径约达2 mm左右，顶端纤细，无杯，枝腋穿孔，杯侧表明穿孔或纵裂；皮层连续或龟裂，裂隙窄细，无粉芽，具或不具小鳞片。K−或K+微褐色，P+红色。含富马原岛衣酸。

生境：海拔2100～2500 m。地面藓丛。

分布：欧洲、亚洲、非洲、南美洲、北美洲、澳大利亚及南极群岛；中国四川、云南、台湾、新疆。

（22）矮石蕊 *Cladonia humilis*（With.）Laundon

初生鳞片宿存，丛生成群，长约4 mm，阔2～3 mm，分裂，先端多向上卷；上表面灰绿色至橄榄褐色，下表面白色。果柄高约0.5 cm，绝不超过1 cm，基部直径约1 mm，至上部骤然扩大成杯，呈漏斗状，杯缘齿芽状；杯侧皮层破裂呈颗粒状，上部及杯内侧生有颗粒状粉芽。子囊盘罕见，分生孢子器位于杯缘；K+黄色，P+橘红色，含黑茶渍素和富马原岛衣酸。

生境：朽木，腐殖土及藓丛。

分布：西欧及东亚；中国内蒙古、黑龙江、吉林、辽宁、上海、江苏、安徽、浙江、福建及新疆。

（23）莲座石蕊 *Cladonia pocillum*（Ach.）Rich.

初生鳞片发育良好，紧贴基物，覆瓦状排列形成莲座状，上表面褐绿色。果柄高达2 cm，杯体自果柄基部逐渐扩大呈喇叭形，杯底封闭，无穿孔，杯缘常重生果柄；无粉芽，杯侧及杯内壁皮层破裂呈颗粒状。K−，P+橘红色。含富马原岛衣酸。

生境：海拔1750～3200 m。草地、藓丛、藓土层和朽木。

分布：欧、亚及北美分布；国内各省。

（24）喇叭石蕊0 *Cladonia pyxidata*（L.）Hoffm.　　**图版5（见278页图⑥）**

初生鳞片宿存，翘起或直立，长2～7 mm，阔达4 mm，端圆；上表面绿色至绿褐色；下表面白色，中部暗色。果柄自基部骤然扩大，呈高脚杯状，杯侧有时露出髓层，但决不产生粉芽，杯内壁皮层亦破裂为颗粒状，杯底封闭，不穿孔，具或不具鳞片。子囊盘褐色，直接生于杯缘。K−，P+红色。含富马原岛衣酸。

生境：海拔1700～3400 m，地面，树基，朽木，藓土层。

分布：欧、亚、北美分布，国内分布于各省。

（25）小管地指衣 *Dactylina madreporiformis*（Ach.）Tuck.　　**图版5（见279页图①）**

地衣体浅黄色，圆柱形，在一定程度上略平展，光滑并有一定的角，高至2 cm，小枝直径1（−2）mm，二叉式分枝，基部较窄，中空或填充有絮状髓层，枝端钝，棕色。子囊盘未见。

生境：土壤上。

采集地：小海子冰川附近。

分布：北美。中国新疆为新记录。

（26）皮果衣 *Dermatocarpon miniatum*（L.）Mann.

A. 原变种*Dermatocarpon miniatum* var. *miniatum*　　**图版5（见279页图②）**

地衣体单叶型，革质，刚硬，湿时柔韧，轮廓近圆形，直径1～7 cm，周边多波状，撕裂；上表面灰色、灰褐色或近橄榄褐色，常被淡灰白色粉霜或否，无光泽；下表面裸露，无假根，黄色、锈红色至暗褐色，罕为黑色，以中心脐固着于基物。子囊壳埋生、近球形，于地衣体上表面露出黑色点状的孔口；壳壁浅色，近孔口周围部分呈暗褐色；子囊8孢子；孢子无色，单胞，椭圆形或长圆形，8～13 μm × 5～7（8）μm，具油滴。

生境：海拔1750～3700 m，岩面。

分布：世界广布种。

B. 重瓣变种*Dermatocarpon miniatum* var. *complicatum*（Leight.）Th. Fr.　　**图版5（见279页图③）**

地衣体由多数重叠小裂片组成。

生境：岩面。

分布：国内分布于西藏及新疆。

（27）短绒皮果衣 *Dermatocarpon* vellereum Zsch.　　**图版5（见279页图④）**

地衣体单叶型，直径1.5～4.5 cm，周边波曲起伏并撕裂型浅裂，上表面灰白色至暗灰色，局部稍带褐色色度，被薄的灰白色粉霜；皮层较薄，厚约0.6～0.7 mm，边缘部分的皮层厚0.3 mm左右；下表面暗褐色至黑褐色，密生绒毡状假根，在放大镜下，假根呈暗褐色至黑褐色的粗短树状分枝型。子囊壳散生于上表面。

生境：海拔1000～3200 m，岩面。

分布：乌克兰、高加索、中亚、西伯利亚；新疆及西藏。

（28）**鳞饼衣** *Dimeleana oreina*（Ach.）Norman　　图版5（见279页图⑤）

地衣体壳状，黄绿色，小裂片状，不规则形，稍具辐射状。表面无粉霜，极薄。子囊盘埋生，盘面开口于小裂片上，盘面黑色，盘缘略凸起于地衣体，与地衣体同色。盘面0.05～0.2 mm大小。囊层被略为黄褐色，侧丝无色或略染有淡黄褐色，囊层基无色。子囊短棒状，8孢，初时无色，加碘液后染成棕黄色至棕红色，子囊头部被染成蓝色。孢子棕褐色，双胞，具极短的横隔，长椭圆形。经KC处理后，子实层基本无色，孢子更清晰。地衣体K+绿色，C+黄色，KC+绿色，I−，P+橙红色。

生境：岩面。

分布：北半球广分布；中国新疆、吉林、内蒙古、西藏。

（29）**藓生双缘衣** *Diploschistes muscorum*（Scop.）R. Sant.　　图版5（见279页图⑥）

地衣体白色至浅灰白色，壳状，略带粉霜，子囊盘贴生，盘缘明显，且盘缘上具柱状、珊瑚状裂芽，多，盘面凹，盘面灰色，有时裂缝，子囊盘单生，0.5～2 mm。囊层基薄，囊层被深棕色，侧丝层淡棕色（略带棕色），子囊棒状，1～6孢，有时顺序排列；孢子2−多胞，似砖壁形，初时无色，成熟时褐色。加碘液后，子实层变棕色，子囊变棕红色，K−。地衣体K+橙红色，C+蓝色，KC+橙红色，I−，P−。

生境：土壤

分布：欧亚、北非及北美；中国湖北、新疆、西藏及云南有记录。

（30）**中华石果衣原变种** *Endocarpon sinense* var. *sinense* Magn.　图版5（见280页图①）

地衣体鳞片状，鳞片离生，污黄褐色或近褐色，鳞片通常阔1.5～2.5（5）mm，厚0.3～0.5 mm，平滑但不透明，中部微凹，边缘同样津贴于地面，轮廓多少整齐或略波状，子囊壳众多，孔口褐黑色，轻微突出，亚球形，壳壁完全黑色，缘丝众多，子实层藻细胞球形，或2个藻细胞相连接，子囊2孢子，孢子砖壁型多孢，褐色，35～50 μm × 17～19（25）μm，

生境：土壤。

分布：中国西北特有。

（31）**裸扁枝衣** *Evernia esorediosa*（Muell. Arg.）Du Rietz　　图版5（见280页图②）

地衣体带绿黄色，不规则树状分枝，直立至翘起，长5～8 cm，深皱曲，无粉芽，生有裂芽状小突起，而使地衣体表面粗糙。

生境：藓丛。

分布：日本、朝鲜；中国内蒙古、新疆。

（32）**糙聚盘衣** *Glypholecia scabra*（Pers.）Muell. Arg.　　图版5（见280页图③）

地衣体鳞片状，单生或多数合生，鳞片近圆形，直径0.5～3.5 cm，厚约1 mm，周边分裂，裂片较短，顶端圆形，上表面淡褐色，被厚的白色粉霜，使上表面呈黄白色或灰白色外观，具波状皱纹或网状龟裂，下表面灰白色或淡褐色，以中部脐固着，子囊盘褐色，初呈一点状突起，渐呈平展的浅纹状，半埋于地衣体中，往往多数子囊盘聚生呈复合的子囊盘，直径约2.5 mm；盘面粗糙，不被粉霜，子囊众多孢子，孢子微小，单胞，无色，近球形，直径约3～5 μm。皮层KC+淡红色。

生境：岩面。

分布：欧洲、亚洲、北非及北美；中国甘肃、新疆、西藏。

（33）大叶鳞型衣 *Gypsoplaca macrophylla*（Zahlbr.）Timdal 图版5（见280页图④）

地衣体鳞叶状，不规则形，至0.8 cm宽，小鳞片边缘白色，疑似下表面翻转；上表面淡棕褐色，光滑，无光泽；下表面白色，具粉霜，似絮状；子囊盘黑色，着生于地衣体小鳞片上，半球形。

生境：土壤。

分布：欧亚的干旱及半干旱地区广布；中国新疆有记录。

（34）碎茶渍 *Lecanora argopholis*（Ach.）Ach.　　图版5（见280页图⑤）

地衣体黄绿色（略有灰色），壳状，小裂片疣状，不规则，表面或裂片间有少量粉霜。子囊盘发生于小裂片上，初埋生于小裂片中。盘面略椭圆至圆形，直径0.1～0.9 mm，棕褐色至黑色。盘缘与地衣体同色。茶渍型。子实层无色，子实上层黄褐色。侧丝无色，分节，顶端略膨大。子囊4孢至8孢，棒状，长椭圆形。孢子无色，单胞。地衣体K+淡黄色，C+黄色，KC+黄色，I−，P−。

生境：岩面。

分布：欧亚、北美等地；中国新疆、内蒙古、西藏等地。

（35）坚盘茶渍 *Lecanora cenisia* Ach. 图版5（见280页图⑥）

地衣体通常厚，分散，细疣状突或多疣的，在基物上粗糙及连续的生长，白色至淡黄白色或淡黄灰色；基质层无限。子囊盘贴生至固着生，直径为0.5～2 mm，边缘扁平及甚至多疣的或曲折的，在遮蔽的生境中呈浅棕色，在阳光照耀的生境中呈黑色，上有很典型的粉霜，边缘通常带大而不规则的结晶，皮层胶状，渗入而明显的，向基部变厚；盘面扁平或强烈的凸起，黄褐色、浅色至咖啡色或黑色，基质层无色；上子实层有粗糙的颗粒，呈褐色或淡褐色，颗粒在HNO_3中溶解及呈微红色，子实层75～85 μm，无色；侧丝细长及顶端膨大，绝大多数孢子直径约为9～18 μm × 6～9 μm。

生境：硅质岩及朽木等上。

分布：北极及温带；中国四川、江苏、云南、台湾、新疆。

（36）散布茶渍 *Lecanora dispersa*（Pers.）Röhl.　　图版5（见281页图①）

地衣体屑状，极少见，土褐色。子囊盘盘面淡褐色至黑褐色，盘缘白色，具圆齿，盘面略凹或挤压扭曲，0.1～0.7 mm大小。子实上层略带黄褐色至侧丝层，囊层基无色，子囊8孢，孢子无色。

生境：岩面。

分布：欧亚及北美，澳大利亚等；国内新疆分布。

（37）小茶渍 *Lecanora hagenii* Ach.　　图版5（见281页图②）

地衣体灰白色或灰绿色，为近发育的粉霜层，或完全不易觉察，子囊盘通常多数，通常单个离生或微聚生，直径约0.2～0.8 mm；盘灰黄色、污绿褐色或污褐色，平或微凹，裸露或被白色粉霜，托缘细薄，全缘或有细圆齿；8孢子，孢子8～16 μm × 4～6 μm。

生境：树皮、树枝及朽木。

分布：欧亚及北美分布；国内新疆、甘肃及西藏有分布。

（38）墙茶渍 *Lecanora muralis*（Schreb.）Rabenh.　　图版5（见281页图③）

地衣体绿灰色，具小裂片状边缘。子囊盘最大至0.6 mm，略集中于地衣体中部，初时盘面浅黄褐色，至老时盘面为深褐色。囊层被棕色，子实层及侧丝、囊层基无色。子囊长棒状或短棒状，2～8孢；孢子无色，单胞，椭圆形。地衣体K+黄色，C+黄色，KC+黄色，I−。

生境：岩面。

分布：欧亚及北美广分布；中国北京、上海、陕西、云南、福建、内蒙古、江苏、安徽、浙江、新疆等地。

（39）**多形茶渍** *Lecanora polytropa*（Ehrh.）Rabh.　　**图版5（见281页图④）**

地衣体壳状，多数颗粒的或鳞片状，灰绿色或黄绿色，微带灰色，但常发育不良以致消失，子囊盘众多，无柄，贴生，散生或密集，圆形或不规则形，直径0.5～2（3）mm，盘平至凸起，至半球形，赭黄褐色；托缘十分明显，全缘或微缺刻，囊层被蓝绿褐色，颗粒状，孢子长椭圆形至长椭圆形，6.6～11.6 μm × 4.5 μm，皮层K+黄色。

生境：岩面。

分布：欧亚及北美至两极均有分布；国内西藏、新疆。

（40）**裸网衣** *Lecidea ecrustacea*（Anzi *ex* Arnold）Arnold Verh.　　**图版5（见281页图⑤）**

地衣体少或缺乏，子囊盘黑色，圆形，直径到1.5 mm。果壳外部暗，内部颜色淡，遇K+红色，子实上层，黑色，7～10 μm，子实层40～50 μm，子实下层暗色，侧丝简单，粘连，顶端稍微加粗，子囊棍棒状，40～45 μm × 10～15 μm；孢子透明，椭圆形，8～10 μm × 4～5 μm。含norstictic acid。

生境：岩面生。

分布：欧洲，加拿大等高山地带。中国新疆。

（41）**脱落网衣** *Lecidea elabens* Fr.　　**图版5（见281页图⑥）**

地衣体淡黄绿色或灰绿色，有深裂纹，形成疣状颗粒，颗粒的表面平滑，有下地衣体，子囊盘黑色，直径到1 mm，有缘，盘面扁平至突状，形状圆形或不规则，子实上层黑色，子实下层35～45 μm，褐色，侧丝紧密粘连，简单；孢子椭圆形8～13 μm × 4～5 μm。

生境：朽木及树皮。

分布：北美，欧洲；中国西北特产，甘肃、新疆有分布。

（42）**西部网衣** *Lecidea plebeja* Nyl.　　**图版5（见282页图①）**

地衣体淡灰绿色或灰绿色，薄，成小颗粒状，子囊盘黑色，初有缘，缘高出地衣体，成熟后消失，盘面微突，直径至0.5 mm，果壳黑褐色，子实上层绿色，子实层45～60 μm，子实下层淡褐色，侧丝不分枝，顶端微微加粗；子囊棒状，45～42.5 μm × 12～15 μm；孢子透明，10～13 μm × 3～5 μm。

生境：朽木。

分布：北美；中国新疆。

（43）**斑纹网衣** *Lecidea tessellata* Flk.　　**图版5（见282页图②）**

地衣体壳状，厚，具深裂缝，并在中部多缝隙，灰白色，阔3～10 cm。子囊盘黑色，明显，直径1～2 mm，圆至多角形，并常常产生同心环纹；孢子单胞，无色，4 μm × 6 μm～9 μm。

生境：岩面。

分布：世界广布种。中国甘肃、新疆有分布。

（44）土星猫耳衣 *Leptogium saturninum*（Dicks.）Nyl.

地衣体中型叶状，直径8 cm，裂片阔圆，阔5～8 mm；上表面平展，边缘略波状起伏，紫褐色，密生同色至暗褐色粒状裂芽；下表面密生污白色茸毛，茸毛长0.5 mm，边缘具较狭窄的无茸毛的裸露带，宽约1 mm，并微内卷。子囊盘未见。

生境：树皮，朽木，藓土层，石浮土等。

分布：欧、亚、北美、格陵兰及新西兰；中国内蒙古、新疆、西藏、湖北、浙江和安徽。

（45）黑色幼芽状盘衣 *Lichinella nigritella*（Lettau）P. Moreno & Ege　　**图版5（见282页图③）**

地衣体叶状至枝状，多重瓣形，小簇状的基部可至20 mm宽、上部可至3～4 mm。小叶片的顶端稍圆。上表面黑色，具粉霜状或鱼鳞状裂芽，下部表面很少具有这些附属结构。子囊盘未见。

生境：岩面或岩面浮土层。

分布：北美及欧洲、北非等地；中国新疆地区。

（46）粉盘裂片茶渍 *Lobothallia alphoplaca*（Wahlenb.）Hafellner　　**图版5（见282页图④）**

地衣体壳状，边缘鳞叶状，表面红棕色，地衣体较厚，表面无粉霜，具附生的黑色菌丝。地衣体边缘裂片具白色斑点状，为假杯点，致使表面看起来像是鳞片网纹状。地衣体完全附着于基物上，裂片边缘略翘起，可见下表面。下表面与上表面同色，同具网纹状斑点。子囊盘贴生，单个，茶渍型。盘面棕红色，0.2～1.0 mm大小，具有与地衣体同色的边缘。囊层被淡褐色，至侧丝的部分区域（一半），囊层基无色，厚。加碘液后，囊层被及侧丝层变棕红色，囊层基为蓝色至棕红色。侧丝不易分离。子囊棒形，8孢，孢子无色，单胞，近圆形，内具油滴。

生境：岩面。

分布：北美；中国新疆。

（47）原辐瓣茶衣 *Lobothallia praeradiosa*（Nyl.）Hafellner　　**图版5（见282页图⑤）**

地衣体壳状，疣状，边缘略带小叶状，土色略带灰褐色，每个裂片上有棕色色度（疑似子囊盘初生）。子囊盘初生于裂片内，具厚的盘缘，与地衣体同色；成熟时盘面灰黑色，盘缘较薄，茶渍型，贴生。囊层被棕黄色，薄。侧丝念珠状；囊层基无色，假薄壁组织。子囊8孢，狭长，伸至囊层被外；孢子单胞，近圆形，无色，内有油滴。加碘液后囊层被略染蓝色，加KOH液后，生成红棕色结晶，子实层无色（由子囊盘盘缘等处生成）。地衣体K+黄色（略带橙色）；C+亮黄色；KC+橙红；P−，I−。

生境：岩面。

分布：北美；中国新疆。

（48）毡褐梅 *Melanelia panniformis*（Nyl.）Essl.　　**图版5（见282页图⑥）**

地衣体叶状，紧贴基物，适度地至松弛地附着，直径1～7（−10）cm，裂片阔（0.3−）0.5～1（1.5）cm，厚60～120 μm，短圆至更常略伸长，分离至多少覆瓦状，上表面橄榄褐色至微红褐色或暗褐色；平滑至在周围微弱洼点，向内基本相同，但通常为众多的瓦覆的小裂片所隐蔽；暗或略有光泽，偶而轻微被粉霜；不具真正的裂芽，下表面黑色，周围淡色，平滑至有皱褶，适度或疏生假根，子囊盘未见。

生境：岩面。

分布：北美、北欧、中欧至西伯利亚及委内瑞拉、巴西；中国新疆。

（49）**酒石肉疣衣** *Ochrolechia tartarea*（L.）Massal　　图版5（见283页图①）

地衣体白色至灰绿色，壳状，基本连续，无粉芽及裂芽；上有可育疣状小地衣体，每个小疣上生有1～3个子囊盘，初时埋生，成熟后成果托状，果托厚，与地衣体同色。盘面深灰黑色至黑色，平，规则近圆形。子实层淡绿色至淡黄色，囊层基淡棕色，薄；侧丝常染深蓝色。子囊6～8孢；孢子无色，单胞，10～26.13 μm × 23.12～43.10 μm，壁厚2.41～3.16 μm；K−。

生境：树皮生。

分布：北美、欧亚；中国云南、湖北、陕西、安徽、吉林、四川、新疆。

（50）**犬地卷** *Peltigera canina*（L.）Willd.

地衣体大型叶状，直径7～24（−32）cm；上表面湿时呈深绿色，干时呈灰色、灰棕色至黄褐色，近边缘处密布白色茸毛，向心逐渐变光滑无茸毛，无光泽，周缘裂片宽约1.2～2.8 cm，长约2～6（−9）cm，其边缘前端较宽，下卷；下表面边缘淡白色至淡黄色，向心逐渐变淡棕色至棕色，具有狭而稍隆起的同色网状脉纹，其上生有单一、画笔状至柔毛状多分枝的粗短同色假根，长2～6（−8）mm 。子囊盘直立型，马鞍形或半管状，偶有近平卧型，扁圆形；盘面深棕色至黑色，宽3～9 mm；子囊孢子无色至淡棕色，针形至纺锤形，4～8胞，45～70 μm × 3～5 μm 。光合共生物为蓝细菌。皮层K+（淡黄色），C−，KC−，P−；髓层K−，C−，P−。

生境：在海拔1100～2600 m处广泛分布。多数生于地上藓土层，少数生于石表薄土和朽木上。

分布：北美洲、欧洲、亚洲、非洲、南美洲、澳大利亚；中国黑龙江、河北、陕西、云南、安徽、福建、湖北、内蒙古、吉林、贵州、山西、甘肃、辽宁、台湾、新疆等地。

（51）**裂边地卷** *Peltigera degenii* Gyeln.

地衣体叶状，中型，质较薄，直径约5～11 cm；上表面湿时青绿色，干时淡灰绿色、棕色至褐色，光滑无茸毛，稍具光泽，周缘裂片宽5～13 mm，长2～6 cm，其边缘微有皱波，略上仰，无粉芽及裂芽；下表面边缘淡白色，近中部淡黄色至淡棕色，具细而明显隆起的网状脉纹，其上生有单一不分枝的白色至棕色的假根，长达4～7 mm 。子囊盘直立型，马鞍形或半管状，生于伸长裂片的顶端；盘面红棕色至棕色，近圆形，直径2～4 mm；盘缘全缘；子囊孢子50～65 × 4～6 μm 。光合共生物为蓝细菌。皮层K−，C−；髓层K−，C−。

生境：分布于海拔1600～2100 m，多数生于地上和石表土层。

分布：北美洲、欧洲、亚洲、南美洲、非洲；中国黑龙江、辽宁、吉林、安徽、陕西、台湾、湖北。

（52）**密集黑蝾蚣衣** *Phaeophyscia constipata*（Norrl.et Nyl.）Moberg　　图版5（见283页图②）

地衣体小型，众多多分裂的裂片，裂片狭长，阔0.4 mm，上翘，呈枝状，端尖或圆；上表面淡灰褐色，下表面微白色，具白色至微黑色的假根；裂片边缘具白色缘毛。

生境：藓丛。

分布：欧亚和北美分布；国内四川及新疆有记录。

（53）**暗裂芽黑蝾蚣衣** *Phaeophyscia sciastra*（Ach.）Moberg　　图版5（见283页图③）

地衣体叶状，近圆形或不规则形，直径2～3 cm，紧贴；裂片狭窄，阔达0.5 mm，大多分离，不翘起；上表面暗灰色至灰黑色，裂芽缘生，偶发于中央部分，稠密，多呈黑色，有时覆盖着大部分地衣体，呈粉芽状，但决非真正的粉芽；下表面黑色，假根黑色，单一，不分枝。

生境：岩面藓土层。

分布：欧亚及北美均有分布；国内河北、江苏、新疆有分布。

（54）蓝灰蜈蚣衣 *Physcia caesia*（Hoffm.）Hampe　　**图版5（见283页图④）**

地衣体大多圆形，直径达5 cm，贴着，微白灰色至暗灰色，通常具稠密的白斑，有时轻微被粉霜；裂片放射状排列，阔0.5～1.3（3）μm，重叠；粉芽堆状，位于表面和断裂片顶端；下表面微白色至微褐色；假根单一不分枝，褐色至黑色。未见子囊盘。皮层及髓层K＋黄色。

生境：生于朽树皮及石面藓丛、岩面。

分布：温带及寒带。中国河北、四川、山西、云南和新疆、西藏。

（55）哈氏蜈蚣衣 *Physcia halei* J.W. Thomson　　**图版5（见283页图⑤）**

地衣体浅灰色，无白色斑点或粉霜；窄裂片紧凑贴生，可至0.3～0.5 mm直径；无粉芽或裂芽等，下表面白色，具浅色的假根。子囊盘常见。

生境：暴露地带的岩面。

分布：北美有分布；中国新疆也有分布。

（56）蜈蚣衣 *Physcia stellaris*（L.）Nyl.　　**图版5（见283页图⑥）**

地衣体近圆形莲座状，直径2～4 cm，贴着于基物上，周边不翘起，放射状深裂，边缘裂片较窄，阔0.5～2（3）mm，拱起，离散至相叠，全缘或有缺刻，常有圆齿状小裂片，上表面微白色至灰色，无光泽，平滑或多少有皱纹，中部暗灰色，皱褶更多，或有小疣状凸起，下表面微白色，假根同色。子囊盘密集于地衣体中部，直径1～2 mm。盘面黑褐色至黑色，裸露或被白霜。

生境：树皮。

分布：广分布，尤其是温带。国内分布于多地。

（57）长缘毛蜈蚣衣 *Physcia tenella*（Scop.）DC.　　**图版5（见284页图①）**

地衣体小，圆形，往往与他种地衣混生，灰白色至甚暗灰色，疏松附着，裂片翘起，有时伸长狭窄，有时短阔，具多少长的缘毛，下表面白色至微褐色，具稀疏的假根；假根白色至褐色，有时变黑色，粉芽堆唇形，往往具完全的边缘。未见子囊盘。

生境：树皮及藓丛。

分布：欧亚及北美分布。国内陕西、四川、新疆有记录。

（58）黄髓大孢衣 *Physconia enteroxantha*（Nyl.）Poelt　　**图版5（见284页图②）**

地衣体棕灰色至深棕色，在小叶片的尖端具有白色粉霜；髓层浅黄色或黄白色，很少白色；小叶片0.6～2（3）mm宽，具有长的、连续的、边缘生长的、含黄绿色粉芽的粉芽堆；下表面边缘浅色，至中间部分渐渐加深，具有黑色、鳞状的假根。子囊盘少见。

生境：土壤藓丛。

分布：国内分布于浙江，新疆为新记录。

（59）戈壁金卵石衣 *Pleopsidium gobiensis* H.Magn.　　**图版5（见284页图③）**

地衣体规则，黄色，边缘放射状小裂片（长2～2.5 mm，宽0.5～1 mm，厚0.4～0.5 mm），凸起的、非常光滑；中部壳状，形状规则（直径大约1 mm），凹凸不平，且厚度在0.5～1 mm。子囊盘多数，0.6～1.2 mm大小，无盘缘，常略显重叠。子囊孢子约100，孢子4～5 μm × 3 μm，宽椭圆形。未见分生孢子器。

生境：岩面。

分布：亚洲，国内内蒙古、甘肃、新疆等地。

（60）红鳞网衣 *Psora decipiens*（Ehrh.）Hoffm.　　**图版5（见284页图④）**

地衣体鳞叶状，蝴蝶结至花瓣状，硬革质，橘红色至红色、褐色，小鳞片边缘白色，往内一圈具黑褐色斑纹，小裂片中央部位常分布有白色粉霜，粉霜呈板块状、网块化。从裂片的侧面看，上皮层薄，且呈橘红色或橙黄色，藻层绿色，髓层非常厚。未见子囊盘和分生孢子器。地衣体上表面K－，C－，Kc－，I－，P－。

生境：土壤。

分布：北半球广布。中国甘肃、新疆、内蒙古、云南和西藏。

（61）双孢灰地图衣 *Rhizocarpon disporum*（Hepp）Muell.Arg.

地衣体壳状，由小的灰色至黑灰色的泡状龟裂片或瘤散在于黑色的下地衣体之上。子囊盘散生在龟裂片之间，直径约0.5 mm；子囊1～2孢子，孢子最终褐色，砖壁型，髓层K－，C－，P－，不含斑点酸及降斑点酸。

生境：岩面。

分布：温带及寒带分布，国内见新疆。

（62）绿黑地图衣 *Rhizocarpon viridiatrum*（Wulf.）Koerb.　　**图版5（见284页图⑤）**

地衣体黄绿色，疣状龟裂，未见下地衣体。子囊盘直径0.5～1 mm；盘黑色，裸露，初平，具细的壳缘，后凸起，缘部消失，囊层被褐色，囊层基赤褐色或暗褐色，子囊8孢子，孢子褐色，初2～4胞，最终为不多细胞的亚砖壁型，22～27 μm × 8～12 μm。

生境：岩面。

分布：两半球温带及热带高山。中国新疆。

（63）红脐鳞衣 *Rhizoplaca chrysoleuca*（Smith）Zopf　　**图版5（见284页图⑥）**

地衣体黄绿色，莲座型或不规则垫状，鳞片状，贴着，但易用刀刮离，阔1～3 cm，裂片阔1～3 mm，稠密并融合，边缘黑色，浅蓝色，墨绿色；下表面亮褐色，无假根，有脐；子囊盘可见，直径1～3 mm，盘面鲜色至淡橙红色，孢子单胞，无色，含松萝酸。

生境：岩面。

分布：原苏联欧洲部分、中国、蒙古及美国；国内分布于河北、新疆、西藏。

（64）垫脐鳞衣 *Rhizoplaca melanophthalma*（Ram.）Leuck. *et* Poelt　　**图版5（见285页图①）**

地衣体不规则垫状，上表面黄绿色，下表面以脐固着于基物，粗糙，脐周围褐色，叶周缘蓝黑色。子囊盘盘面浅绿色、黄绿色、白褐色至黑色，但决不呈橘红色，不含泽渥萜，含松萝酸和茶痂衣酸。

生境：岩面。

分布：亚洲、欧洲和北美；中国西藏、新疆有分布。

（65）**盾脐鳞衣** *Rhizoplaca peltata*（Ram.）Leuck. Et Poelt　　**图版5（见285页图②）**

地衣体鳞片状，厚硬，直径2.4～4 cm，叶缘深裂为细长裂片，上表面黄绿色、枯草黄色，表面光滑而有蜡样光泽，下表面粗糙无光泽，土色至污灰色、淡污灰褐色，有裂纹，边缘有时呈蓝色，以脐固着。子囊盘褐色至黄褐色，无霜层，髓层P+橘红色，含松萝酸、茶渍酸、黑茶渍素及泽渥萜。

生境：岩面。

分布：亚洲、非洲、欧洲及美洲；中国新疆有记录。

（66）**异脐鳞衣** *Rhizoplaca subdiscrepans*（Nyl.）R.Sant.　　**图版5（见285页图③）**

地衣体鳞叶状，具脐以固着于基物上；地衣体上表面灰绿色，下表面土褐色。子囊盘着生于地衣体上，凸起，具明显盘缘，盘缘与地衣体同色，盘面淡黄褐色，直径＜3 mm，至后期可能盘面上具黑色斑点。孢子无色，双胞。共生藻为绿球藻。地衣体上皮层：K−，C+黄色，KC+黄色，I+蓝色，P−；子囊盘盘面I+蓝色；子囊盘切片：K−，KC+黄色。

生境：岩面。

分布：北美。中国新疆、西藏等地。

（67）**饼干衣** *Rinodina sophodes*（Ach.）Massal.　　**图版5（见285页图④）**

地衣体暗灰色或灰微褐色，厚约0.15 mm或超过，具疣状凸起或疣突龟裂，一般近正圆形，具明显的黑色下地衣体。子囊盘众多，稠密，不同大小，直径罕达1 mm，托缘宿存，完整或略颗粒粉状，往往弯曲；果壳在子囊盘基部的厚达45 μm，而顶部仅厚6 μm，子实层达90 μm，囊层被暗褐色，囊层基无色或带黄色，侧丝顶端褐色，头状，短节，往往分枝；子囊甚多，棍棒状，8孢子，孢子褐色，长椭圆形，端圆，直或微弯曲，2胞，隔壁甚薄，14～18 μm × 7～8.5 μm。地衣体K−，子实层I+蓝色。

生境：岩面。

分布：世界性的种；国内云南、新疆分布。

（68）**饼干衣属1种** *Rinodina* sp

地衣体壳状，灰白色至微灰褐色，边缘微鳞叶状，似在子囊盘边缘形成不规则形花边；子囊盘黑色，盘缘不明显；子囊8孢；孢子棕褐色，双胞，横隔较薄。

生境：藓丛。

采集地：小海子。

分布：中国新疆。

（69）**网盘衣属1种** *Sarcogyne* sp　　**图版5（见285页图⑤）**

地衣体壳状，石内生或岩面的缝隙生长，白色，壳状；子囊盘网衣型，不规则至圆形，0.5～1.5（2）mm，盘面常为下凹的，稍扭曲，深红棕色至略有黑色。子囊多孢。

生境：岩面。

分布：中国新疆。

（70）缠结茸枝衣 *Seirophora contortupplicata*（Ach.）Frödén　　**图版5（见285页图⑥）**

地衣体枝状至亚枝状，高至0.5～1 cm，宽1～4 cm，常形成小而不规则的灌木状、密集分枝，具一主要附着点。上表面黄色至深橙色，常有灰色；下表面浅灰色至白色或黄色。子囊盘少，顶生或缘生，盘面1～3 mm宽，颜色深甚地衣体，至橙红色，凹形或边缘卷曲；子囊8孢，孢子哑铃形，长或窄椭圆形，13～17 μm × 7～9 μm，横隔 1.5～2.5 μm宽。具分生孢子器及分生孢子。

生境：树枝。

分布：中国新疆，西藏。

（71）双孢散盘衣 *Solorina bispora* Nyl.　　**图版5（见286页图①）**

地衣体小叶型，直径约2～4（6）mm；上表面湿时淡灰绿色，干时一般灰绿色，局部为淡棕黄色至棕褐色，光滑无茸毛，粗糙，被有白色粉霜，常生有略鼓起的疣状的内生衣瘿；周缘裂片钝圆，全缘，多凹凸不平，有时猫耳状；下表面黄色至黄褐色，具微弱的脉纹或无脉纹，其上稀疏的生有单一的同色假根，长约0.5～1.5 mm。子囊盘于每个裂片上生有1个子囊盘，稀为2～3个，深陷于叶状体上表面中央呈凹穴状；盘面红棕色至深棕色，圆形至椭圆形，直径0.5～2 mm；子囊圆筒状，内有2个褐色孢子；孢子双胞，68～88 μm × 30～40 μm。光合共生物为绿藻，内生衣瘿内含蓝细菌。

生境：海拔分布于1800～3800 m。生于地上藓土和石浮土层。

分布：北美洲、欧洲、亚洲、格陵兰。中国河北，云南，陕西，西藏、新疆。

（72）凹散盘衣 *Solorina saccata*（L.）Ach.　　**图版5（见286页图②）**

地衣体小叶型，质薄而易碎，直径约3～6（-9）mm；上表面湿时淡绿褐色，干时黄色至黄褐色，光滑无茸毛，平滑，稍有光泽，有时仅在边缘分布有点状的稀薄粉霜，稀疏的具有稍呈球形凸起的内生衣瘿，裂片浅裂，全缘或稍有微波状，宽8～16 mm，其边缘平展至上仰。下表面淡黄色，部分呈浅黄棕色，脉纹发育微弱，稀疏的具有单一的同色假根，1～2 mm长。子囊盘多数，浅陷于叶状体上表面或与表面等平，盘面近圆形，深棕色至黑色，直径2～5 mm，半埋生；子囊圆筒状，每个子囊内含有4个褐色孢子，孢子双胞，纺锤形，32～48 μm × 16～23 μm。光合共生物为绿藻，内生衣瘿内含蓝细菌。

生境：分布于海拔2080～3200 m，生于地上或岩面苔藓层上。

分布：北美洲，欧洲，亚洲，非洲。中国河北，湖北，四川，云南，新疆，陕西。

（73）绵散盘衣 *Solorina spongiosa*（Ach.）Anza.　　**图版5（见286页图③）**

地衣体二型，初生地衣体小鳞片状，鳞叶宽1～2 mm，呈黑褐色；次生地衣体单叶状，近圆形，散生于初生地衣体间，直径2～4 mm，湿时灰绿色，干时灰黑色，光滑无茸毛，无光泽。子囊盘单生，生于次生地衣体中央，近圆形，直径1～3 mm，常凹陷，红棕色至棕黑色；子囊圆筒状，每个子囊内生有4个孢子，孢子双胞，椭圆形，33～46 μm × 18～25 μm。光合共生物为绿藻，衣瘿内含蓝细菌。

生境：分布于海拔1850～3600 m，生于地上。

分布：北美洲、欧洲、亚洲；中国陕西、四川、甘肃、吉林、新疆。

（74）亚洲多孢衣 *Sporastatia asiatica* Magn.　　**图版5（见286页图④）**

地衣体阔达3～5 cm，边缘近分裂；裂片连续，长约1 mm，阔约0.2～0.5 mm，由细裂缝所隔离，顶端变阔，有缺刻，较厚，平至凹陷，微白色，裂片的里面部分微红褐色，所有别的裂片约0.4～0.6 mm大，厚约0.4 mm，有棱角，平坦，微红褐色或暗砖红色，在其边缘和部分表面被蓝灰色粉霜，在狭窄的裂缝间可见暗色的下地衣体，在较阔的裂缝间更为清晰，表面大体上平坦，子囊盘网衣型，黑色，局部稠密，单个生于龟裂片间，微凹陷于地衣体表面之下，直径0.3～0.5 mm，通常不规则有棱角，囊层基无色，囊层被淡蓝色，子囊内至少100个孢子，孢子亚球形或阔椭圆形，3～4 μm × 2～2.5 μm。

生境：岩面。

分布：哈萨克斯坦、阿富汗、印度－喀喇昆仑山脉；中国甘肃、青海和新疆。

（75）条斑鳞茶渍 *Squamarina lentigera*（Weber）Poelt　　图版5（见286页图⑤）

地衣体鳞叶状，淡黄绿色至淡黄褐色，初时地衣体小叶片边缘具白色粉霜，成熟时未见。小叶片上常覆盖有多数黑色菌丝或黑色衣瘿状，致使小叶片呈黑褐色，小叶片可至6～7 mm大小。子囊盘贴生于小叶片上，成熟时略具短柄，盘缘很明显，且盘面凹，成熟时常与盘面略平，盘面由肉白色至略带橙色。盘缘颜色略浅，略带粉霜，可至3 mm大小。囊层被颜色略深（略带肉色），子实层无色。侧丝无色，单一，不分枝，顶端略膨大。加碘液后，囊层基变蓝色，子实层变棕黄色，子囊变棕红色；加KOH液，各部分无明显反应。子囊8孢，子囊与子实层同一长度，子囊顶端常可至囊层被外。孢子无色，单胞，常椭圆形或近圆形。分生孢子器未见。地衣体K－，C－，KC－，I－；子囊盘盘缘K+黄色。

生境：土壤。

分布：北美；中国新疆、内蒙古等地。

（76）雪地茶 *Thamnolia subuliformis*（Ehrh.）W.Culb.　　图版5（见286页图⑥）

地衣体枝状，中空，直立，高2～5 cm，粗1～2 mm，向顶端渐尖，多少弯曲呈蛔虫状，稍有分枝，白至乳白色；枝体表面常具凹窝和纵裂纹，UV+黄色，K+黄色，P+浓黄色，含羊角衣酸和鳞片衣酸。

生境：海拔1600～3200 m，高山草地。

分布：南北半球均有；国内分布于湖北、西藏、新疆等地。

用途：药用。

（77）垫盾链衣 *Thyrea confusa* Henssen　　图版5（见286页图①）

地衣体叶状，单叶至复叶型，裂片直立或半直立，以基部固着基物，黑色至深褐色；湿润时成胶质状，干标本成猫耳状，裂片高3～6 mm，宽1.5～2 mm，边缘钝圆，上表面皱褶不平坦，具小疣状突，无粉芽及裂芽，局部有微薄的白色粉霜层；下表面与上表面同色，无假根；未见子囊盘；共生藻粘球藻。

生境：岩面。

分布：日本；中国新疆、云南、北京等地。

（78）白泡鳞衣 *Toninia candida*（Weber）Th. Fr.　　图版5（见287页图②）

地衣体鳞片状，直径达2～7 mm；鳞片散生或相邻，覆瓦状排列，表面被霜而呈雪白色，边缘深刻分裂，稍膨大。子囊盘黑色，直径2～4 mm，被霜，扁平或微凸。子实层淡红褐色，厚60～70 μm；囊盘被向外深灰色，向内红褐色；囊层基灰色（K + 紫堇色，N + 紫堇色）；侧丝稠密。子囊棍棒状，8孢；子囊孢子纺锤状，2胞，15～23 μm × 3～5 μm。分生孢子器未见。地衣体K－，C－，KC－，I－，P－。

生境：土壤。

分布：广泛分布于北半球。国内甘肃、新疆分布。

（79）暗色泡鳞衣 *Toninia tristis*（Th.Fr.）Th.Fr.　　图版5（见287页图③）

地衣体鳞片状，褐色至棕色，小裂片状（疣状）较为紧密，至1．5 mm大小，不规则状。子囊盘黑色。地衣体K-，C-，KC-，I-，P-。

生境：土壤。

分布：中国新疆等地。

（80）淡肤根石耳 *Umbilicaria virginis* Schaer.　　图版5（见287页图④）

地衣体具脐，单叶型，近圆形，直径1～4.5 cm，周边具波状缺刻或缺裂，上表面淡灰色。有时带褐色色度，并被灰白色粉霜，起皱；下表面光滑，大部分淡白粉红色或淡褐粉红色，边缘部分褐色或淡褐色，除脐周外，密生较长的同色假根；假根单一，少数分枝。子囊盘习见，直径0.5～2 mm，盘黑色，平滑或具一中心环。髓层K+，C+，KC+，P+。含三苔色酸和降斑点酸。

生境：海拔1100～3200 m，岩面。

分布：本种分散分布于北半球北极-高山生境。中国西藏、新疆等地。

（81）荒漠黄梅 *Xanthoparmelia desertorum*（Elenkin）Hale　　图版5（见287页图⑤）

地衣体漂泊的，游离生长于土壤上，坚韧，阔2～5 cm，扭捩的裂片，暗微黄绿色，裂片亚线形，阔2～8 mm，少分枝；上表面连续至具微弱白斑，无光泽，随年龄而强烈地起皱，无裂芽和粉芽；髓层白色；下表面强烈地旋卷，鲜褐色，当不旋卷时无边缘环，适度有假根，假根乳突状至短细，不分枝，长0.1～0.2 mm。分生孢子器及子囊盘均缺。髓层K+红色，P+红色。

生境：荒漠地面土上。

分布：蒙古、苏联；中国新疆。

（82）杜瑞氏黄梅 *Xanthoparmelia durietzii* Hale

地衣体疏松附着，阔6～8 cm，暗微黄绿色，裂片亚线形，阔2～3 mm，较短的并不规则的二叉分枝，连续至覆瓦状，中部有顶生的细长条裂片，细长条裂片阔0.3～0.5 mm，指状分枝，成熟的压着或亚直立，亚圆柱状；上表面有白斑，有光泽，无裂芽和粉芽，髓层白色；下表面平，亮褐色至褐色，适度至稠密的假根，褐色，单一不分枝，长0.5～1 mm。子囊盘未见。

生境：岩面。

分布：中国内蒙古、陕西、新疆。

（83）地黄梅 *Xanthoparmelia geesterani*（Hale）Hale

地衣体贴附于岩石，有时中心有网纹或龟裂，阔2～4 cm，暗黄绿色；裂片亚不规则，宽0.7～1.1 mm，没有斑点，具有光泽，裂芽致密，球状，直径0.1～0.2 mm，大多不分枝，随年龄或多或少中空，爆裂，有时粉芽化。髓层白色，下表面平坦，有光泽，顶部棕色，中心变黑，假根中度，暗棕色，纤细，单一不分枝，或稍有分叉，没有子囊盘或分生孢子器。

生境：岩面。

分布：中国新疆等地。

（84）淡腹黄梅 *Xanthoparmelia mexicana*（Gyelnik）Hale

地衣体附着或疏松地生长于岩石上，阔4～20 cm或更宽，黄绿色，裂片亚不规则，宽1.5～4 mm，顶端圆，边缘少有分枝；邻接到覆瓦状，上表面连续到部分微有白斑，有光泽；裂芽致密，亚球状到柱状，直径0.1～0.2 mm，高0.1～0.5 mm，顶部棕色或变黑，随年龄而变为珊瑚状分枝，0.2～0.5 mm长，分生孢子器不发达，子囊盘未见。

生境：岩面。

分布：北美；中国新疆、西藏等地。

（85）丽石黄衣 *Xanthoria elegans*（Link）.Th. Fr.　　**图版5（见287页图⑥）**

地衣体小叶状，近圆形，直径5～6 cm，中部常脱落，裂片深裂，狭长，长可达7 mm，阔0.5～1（2）mm，拱起并扭捩，放射状排列，上表面黄绿色、橘黄色至橘红色，稍凹凸不平，下表面类白色，皮层发育良好，有网状皱脊，疏生短假根。子囊盘直径0.5～1（2）mm，果托与地衣体同色或稍浅，孢子无色。

生境：海拔850～3450 m。岩面，偶生于朽木或动物尸骨上。

分布：世界广布。

参考文献

阿不都拉• 阿巴斯，吾尔妮莎• 沙依丁，热衣木• 马木提，阿地里江• 阿不都拉，2015. 新疆地衣新记录科[J]. 干旱区研究，32（3）：509-511.

阿不都拉• 阿巴斯，艾尼瓦尔• 吐米尔，2006. 新疆古尔班通古特沙漠南缘土壤生物结皮中地衣植物物种组成和分布[J]. 新疆大学学报（自然科学版），（4）：379-383.

艾尼瓦尔• 吐米尔，阿地里江• 阿不都拉，2005. 天山森林生态系统树生地衣植物群落数量分类及其物种多样性的研究[J]. 植物生态学报，（4）：615-622.

阿迪力• 阿不都拉，艾尼瓦尔• 吐米尔，张元明，等，2004. 新疆药用植物资源研究概况的初步探讨[J]. 新疆大学学报（自然科学版），21（8）：55-57.

阿不都拉• 阿巴斯，吴继农，1998. 新疆地衣[M]. 乌鲁木齐：新疆科技卫生出版社：1-198.

曹叔楠，魏江春，2009. 荒漠地衣糙聚盘衣共生菌耐旱生物学研究及液体优化培养[J]. 菌物学报，28（6）：790-796.

陈建斌，2015. 中国地衣志第四卷梅衣科[M]. 北京：科学出版社：1-321.

付伟，赵遵田，郭守玉，2007. 从近年PNAS，Nature，Science发表的涉及地衣的文章看地衣学进展[J]. 菌物研究，5（3）：176-182.

侯雪娇，2015. 裂片茶渍衣属（Lobothallia）地衣的分类学研究[A]. 中国菌物学会. 第七届全国地衣生物学研讨会会议论文集[C]. 中国菌物学会：中国菌物学会：1.

姜山，钟本固，2003.贵州地衣香料植物研究[J]. 贵州科学，21（4）：75-77.

居勒得孜• 赛力克，库丽娜孜• 沙合达提，2018. 新疆黄烛衣科地衣分类学研究初探[J].干旱区研究，35（3）：669-676.

李颖，2008. 山东地衣研究[D]. 山东师范大学.

李志成，文雪梅，古丽博斯坦，2007. 新疆微孢衣属（Acarospora）地衣的中国新记录种（英文）[J]. 菌物研究（4）：190-192.

李志成，2008. 新疆微孢衣属（Acarospora Massal.）地衣分类学初步研究[D]. 新疆大学.

刘丽燕，2006. 新疆网衣属（Lecidea Ach.）地衣的初步研究[D]. 新疆大学.

刘萌，2012. 腾格里沙漠沙坡头地区荒漠地衣生物多样性研究[D]. 山东农业大学.

娄亚坤，叶嘉，郭守玉，韩留福，2017. 鳞网衣属1中国新记录种[J]. 西北植物学报，37（4）：809-811.

吕蕾，2011. 中国西部茶渍属地衣的研究[D]. 山东师范大学.

穆拉丁•库热西，2010. 新疆天山黄烛衣属（Candelaria Massal.）和黄茶渍属（Candelariella Mǖell. Arg.）地衣的分类学初步研究[D]. 新疆大学.

牛东玲，王欣宇，卜宇飞，胡理芳，2017. 中国金黄衣属地衣的修订（英文）[J]. 西北植物学报，37（1）：191-195.

努尔巴衣•阿不都沙勒克，文雪梅，阿不都拉. 阿巴斯，等，2006. 犬地卷[Peltigera canina（L.）Willd.]叶状体的光合速率与温度和湿度的关系[J]. 菌物研究（2）：30-33.

热衣木•马木提，阿地里江•阿不都拉，阿不都拉•阿巴斯，2010. 中国新记录属——裂片茶渍衣属及一个中国新记录种（英文）[J]. 武汉植物学研究，28（3）：362-364.

热衣木•马木提，艾尼瓦尔•吐米尔，2009. 新疆天山一号冰川地衣地理区系与生态 特征[J]. 东北林业大学学报，37（12）：111-114.

热衣木•马木提，吐尔干乃义•吐尔逊，阿不都拉•阿巴斯，2015. 新疆泡鳞衣属地衣的研究[J]. 广西植物，35（2）：161-165.

赛买提•吐尔地，热依拉穆•吐尔逊，古丽博斯坦•司马义，等，2011. 新疆天山八一林场平茶渍属地衣的初步研究[J]. 科技信息，（36）：461-462，

孙美洁，2019. 中国泡鳞衣属（Toninia）及其邻近属地衣的分类学研究[D]. 山东师范 大学.

吐尔干乃义•吐尔逊，热衣木•马木提，艾尼瓦尔•吐米尔，等，2015. 新疆异极衣科地衣的初步研究（英文）[J]. 西北植物学报，35（11）：2339-2342.

田琼，2011. 中国蓝藻型地衣的初步研究[D]. 山东师范大学.

吴征镒，2006. 吴征镒文集[M]. 北京：科学出版社：1-954.

吴继农，刘华杰，2012. 中国地衣志第十一卷地卷目[M]. 北京：科学出版社：1-261.

王立松，2012. 中国云南地衣[M]. 上海：上海科技出版社：1-238.

王立松，2012.中国云南地衣[M]. 上海：上海科技出版社：1-238.

王延延，2011. 荒漠地区优势地衣石果衣Endocarpon pusillum Hedwing全长cDNA文库的构建与初步分析[D].山东农业大学.

王立松，陈建斌，1994. 云南小孢发属地衣的分类[J]. 云南植物研究，（2）：144-152.

魏江春，1982，中国药用地衣[M]. 北京：科学出版社.

文雪梅，艾尼瓦尔•吐米尔，2009. 新疆北部小孢发属地衣初步研究[J]. 武汉植物学研究，27(4)：437-440.

周春丽，文雪梅，吾尔妮莎•沙依丁，等，2008. 新疆小孢发属地衣的分类[J]. 菌物研究，(3)：159-165-178.

中国科学院青藏高原综合科学考察队，1986.西藏地衣[M]. 北京：科学出版社：1-130.

庄伟伟，张元明，2017. 生物结皮对荒漠草本植物群落结构的影响[J]. 干旱区研究，34（6）：1338-1344.

Brodo IM， Sharnoff SD， Sharnoff S， 2001. Lichens of North America [M]. New Haven and London： YaleUniversity Press： 1–795.

Kirk PM， Cannon PF， Minter DW， Stalpers JA， 2008. Dictionary of the Fungi.10th Edition [M]. Europe – UK：CABI： 1-771.

Parida A， Anwar T， Guo SY， 2019. Anamylopsora altaica sp. nov. from Northwestern China[J]. Mycotaxon， 134（1）： pp.147-153.

SOON-OK OH， 2005. Taxonomic Revision of Peltigera（Lichenized Ascomycota） in South Korea[A]. The KoreanSociety of Mycology. Programs and Abstracts of the 7th Korea-China Joint Symposium for Mycology[C]. The Korean Society of Mycology：中国菌物学会： 1.

Thomson JW， 1984. American Arctic Lichens 2： The Microlichens[M]. New York： Columbia University Press： 1-675.

Thomson JW， 1984. American Arctic Lichens 1： The Macrolichens [M]. New York： Columbia University Press： 1-504.

Thomson JW.， 1984 American Arctic Lichens 2： The Microlichens[M]. New York： Columbia University Press： 1-675.

Vondrak J， Shahidin H， Haji MM， Halıc M， KošnaJ， 2018. Taxonomic and functional diversity in Calogaya（lichenised Ascomycota） in dry continental Asia[J].Mycological Progress.

Wei JC， 2017. An enumeration of lichenized and lichenicolous fungi in China [M]. Second Edition， Beijing： ChinaForestry Publishing House： 1-596.

Yuan XL， Xiao SH， Taylor TN， 2005. Lichen-like symbiosis 600 million years ago [J]. Science， 308（5724）： 1017-1020.

第6章　大型真菌多样性

大型真菌（macrofungi），是指菌物中形成肉眼可见，徒手可摘的大型子实体或菌核的一类真菌，泛指广义上的蘑菇（mushroom），与那些需要借助显微镜才能观察到的“小型真菌”相对应。在系统分类上，它们大多数属于担子菌亚门，少数属于子囊菌亚门。大型真菌是一类重要的生物资源，是地球生物多样性的重要组成部分，具有重要的经济价值和生态功能。大型真菌种类繁多，包含一些著名的食用菌，如松茸、香菇、木耳、羊肚菌、牛肝菌、鸡油菌等；著名药用菌，如冬虫夏草、灵芝、桑黄、茯苓等（Wu et al.，2019）；同时还包含有有毒种类，如致命鹅膏、灰花纹鹅膏、鹿花菌、纹缘盔孢伞、肉褐鳞环柄菇等（陈作红等，2017）。按照大型真菌的生长方式，可将其分为腐生型、共生型和寄生型等主要生态型（图力古尔，2018）。腐生型又包括可造成木材腐朽的木腐菌类，如多孔菌类、灵芝类等；可地生的菌根菌以外的大型真菌，如蘑菇属、斑褶菇属、鬼伞属等；可分解枯枝落叶，生于叶面上的子实体相对较小的，如小菇类、小皮伞类等。共生菌主要是指能与宿主植物形成互惠共生的关系，如鹅膏类，牛肝菌类、红菇类等，该类群物种数量相对较多。寄生型是指大型真菌寄生于某一寄主上，索取营养赖以生存，主要包括一些虫草类、寄生菇等。丰富的大型真菌资源及多样的生态位，在维持生态系统平衡和健康发展中具有重要作用。

6.1　新疆大型真菌研究基础

新疆维吾尔自治区地处我国西北边陲，是我国面积最大的省份，占国土总面积的六分之一。新疆属温带大陆性气候，昼夜温差大，光照时间长，降水量少，气候干燥。新疆的生态环境和森林植被类型多样，生物资源丰富，具有我国唯一的古北界欧洲—西伯利亚生物分布区系（海鹰等 2003），多样的植被类型和独特的气候环境特点，孕育了丰富的特色大型真菌资源，对该地区大型真菌的研究，具有极为重要的科研、生态保护和资源开发利用价值。

新疆大型真菌的研究始于刘慎谔（1930），对天山东部的博格达山和乌鲁木齐南山等地进行了大型真菌资源调查和标本采集（玉苏甫·买买提等，2014）；之后，中国科学院新疆综和考察队（1956）、卯晓岚和文华安（1980）、赵震宇（1983，2001）、赵震宇和卯晓岚（1984）、李静丽等（1986）等人对新疆部分地区的大型真菌资源进行了系统的研究，报道了新疆部分地区大型真菌资源多样性，并出版了《新疆大型真菌图鉴》和《新疆食用菌志》等著作，极大地促进了人们对新疆地区大型真菌的认识；21世纪以来，王俊燕（2003）对新疆地区大型真菌进行了系统的研究，记录了新疆地区大型真菌39科123属568种，包括食用菌238种，药用菌94种，毒菌52种，包含了20种中国新记录种，较大程度上丰富了新疆地区的大型真菌物种多样性；随后，王俊燕和阿衣努尔（2004）又报道阿尔泰山哈纳斯湖地区的大型真菌200种，其中70%物种为新疆首次报道；对新疆地区大型真菌研究的还有张小青（2004）、李宏彬和索菲娅（2004）、图力古尔等（2008）、武冬梅（2013）、王仁（2015）、Zhao et al.（2016，2017）、古丽·艾合买提等（2015，2017）等报道了一些新疆地区大型真菌物种，包括中国新记录种和新种等；《中国新疆阿勒泰地区新生大型真菌图鉴》系统地介绍了阿勒泰地区的大型真菌物种多样性。

以上的研究工作，极大地推动了新疆地区的大型真菌研究，一些具有地区特色和较大经济价值的种类被挖掘和利用，其中，较为著名的有刺芹侧耳（白灵菇、白灵侧耳）*Pleurotus tuoliensis*（C.J. Mou）M.R. Zhao & Jin X. Zhang，是备受新疆人民喜爱的食用菌佳品，已成为国内重要的栽培种类（Zhao et al. 2016）；巴楚马鞍菌*Helvella bachu* Q. Zhao，Zhu L. Yang & K.D. Hyde，是新疆巴楚地区所特有的、较受欢迎的野生食用菌，因其产量少，难以栽培，已成为有价无市的珍惜食用菌资源（李传华等，2012；Zhao et al. 2016）；而近些年在新疆地区发现报道的中华美味蘑菇（芦苇菇，红柳菇）*Agaricus sinodeliciosus* Z.R. Wang & R.L. Zhao，是新疆艾比湖周边地区的特色资源，采售该物种已成为当地居民的一项重要经济来源，目前正在对其进行人工驯化栽培技术研究，是目前使用菌领域的一个关注重点，已有成功驯化出菇的报道，将成为新疆和中国的食用菌新品种（Wang et al. 2017，李传华等，2018）。新疆地区大型真菌资源丰富，大型真菌资源的挖掘和利用研究，极大的带动当地经济的发展，为边区农民脱贫致富带来积极的重要影响。

6.2　博州南部山区大型真菌物种组成和区系分析

本次大型真菌资源考察，于2018—2019年在博州精河县精河林区（小海子、三道河子）、博乐市三台林区（乔西卡勒、克孜里玉至赛里木湖周边等地）进行采集，累计获得大型真菌标本320份，拍摄野外生态照片1000多张，部分标本保留有硅胶干燥的分子材料，所有研究材料均保藏于广东省微生物研究所真菌标本馆（GDGM）。

在实验室内对所获得的标本进行形态学观察，用镊子或刀片选取所要观察部位的组织切片，于5% KOH溶液中充分复水后，置于Olympus BX51光学显微镜下进行微观结构观察与测量，主要观察孢子、担子、子囊、囊状体、菌盖皮层菌丝等微观特征的形状、颜色、附属物等，并测量其大小。对每份标本孢子大小的测量，随机选取至少20个成熟担孢子，采用（a）b～c（d）表示担孢子的长和宽，其中b～c表示90%的测量值所落范围，a、d分别为测量数值中的最小值和最大值，用Q表示担孢子的长宽比。显微观察中，采用1%刚果红作为染色剂，梅氏（Melzer）试剂测定孢子是否为淀粉质或拟糊精质。

针对疑难标本采用分子生物学手段鉴定，首先进行总DNA的提取，之后根据物种鉴定需要进行相关基因片段的扩增，常用基因片段包括ITS和LSU等；对扩增所得序列采用BioEdit对照测序峰图进行核对，并用SeqMan进行序列拼接；将拼接好的序列于GenBank数据库中进行Blast比对，寻找相似物种或近缘物种，结合形态学特征对物种进行准确鉴定。

通过形态学特征结合分子生物学数据信息，鉴定结果表明新疆州南部山区共有大型真菌85种，隶属于2门20科48属（见表6-1）；其中，中国新记录属2个，新记录种4个，疑似新种2个。

表6-1　博州南部山区大型真菌科、属、种组成

门	科	属	属数	种数
子囊菌门 Ascomycota	平盘菌科 Discinaceae	鹿花菌属 *Gyromitra*	1	2
	羊肚菌科 Morchellaceae	羊肚菌属 *Morchella*	1	1

续表（1）

门	科	属	属数	种数
担子菌门 Basidiomycota	蘑菇科 Agaricaceae		5	11
		蘑菇属 *Agaricus*		5
		灰球菌属 *Bovista*		1
		秃马勃属 *Calvatia*		1
		环柄菇属 *Lepiota*		1
		马勃属 *Lycoperdon*		3
	烟白齿菌科 Bankeraceae	肉齿菌属 *Sarcodon*	1	1
	牛肝菌科 Boletaceae	叶腹菌属 *Chamonixia*	1	1
	丝膜菌科 Cortinariaceae	丝膜菌属 *Cortinarius*	1	6
	地星科 Geastraceae	地星属 *Geastrum*	1	3
	钉菇科 Gomphaceae	枝瑚菌属 *Ramaria*	1	1
	蜡伞科 Hygrophoraceae	金脐菇属 *Chrysomphalina*	1	1
	层腹菌科 Hymenogastraceae		5	7
		火菇属 *Flammula*		1
		盔孢伞属 *Galerina*		1
		裸伞属 *Gymnopilus*		1
		滑伞属 *Hebeloma*		3
		裸盖菇属 *Psilocybe*		1
	丝盖伞科 Inocybaceae		4	6
		靴耳属 *Crepidotus*		1
		丝盖伞属 *Inocybe*		3
		绒盖伞属 *Mallocybe*		1
		Pseudosperma		1
	离褶伞科 Lyophyllaceae		2	1
		丽蘑属 *Calocybe*		1
		Tephrocybe		1
	小皮伞科 Marasmiaceae	大金钱菌属 *Megacollybia*	1	1
	小菇科 Mycenaceae	小菇属 *Mycena*	1	2

续表（2）

门	科	属	属数	种数
担子菌门 Basidiomycota	光柄菇科 Pluteaceae	光柄菇属 *Pluteus*	1	4
	多孔菌科 Polyporaceae		3	3
		拟层孔菌属 *Fomitopsis*		1
		香菇属 *Lentinus*		1
		栓菌属 *Trametes*		1
	小脆柄菇科 Psathyrellaceae		2	3
		小鬼伞属 *Coprinellus*		1
		小脆柄菇属 *Psathyrella*		2
	红菇科 Russulaceae		2	8
		乳菇属 *Lactarius*		2
		红菇属 *Russula*		6
	球盖菇科 Strophariaceae		3	3
		光盖菇属 *Deconica*		2
		库恩菇属 *Kuehneromyces*		1
		棘球盖菇属 *Protostropharia*		1
	口蘑科 Tricholomataceae		9	17
		桩菇属 *Aspropaxillus*		1
		杯伞属 *Clitocybe*		1
		漏斗伞属 *Infundibulicybe*		1
		香蘑属 *Lepista*		2
		白桩菇属 *Leucopaxillus*		2
		铦囊蘑属 *Melanoleuca*		5
		黏亚脐属菇 *Myxomphalia*		1
		拟香蘑属 *Paralepista*		1
		口蘑属 *Tricholoma*		3
	科地位未明 Incertae sedis	斑褶菇属 *Panaeolus*	1	1

（1）物种组成与主要优势科属

在物种组成上，以口蘑科、蘑菇科、层腹菌科、红菇科、丝膜菌科和丝盖伞科为优势分布类群，单科物种数量均在6种或以上，物种数量占据本研究种类数量的69.14%，其中以口蘑科属、种数量最多，为9属17种，分别占据研究种类属、种数量的19%和20%（见图6-1，图6-2）；蘑菇属、丝膜菌属、红菇属和铦囊蘑属物种数量均在5种或以上；从以上数据分析可以看出，口蘑科属、种数量最为丰富，进一步反映出口蘑科丰富的物种多样性和主要温带分布特性；蘑菇科和层腹菌科属种数量次之，显示出以腐生为主的大型真菌类群具有广泛的生态适应性。

在本次考察中，还发现了中国新记录属2个*Paralepista* Raithelh.和*Tephrocybe* Donk，中国新记录种4个，科迪勒拉蘑菇*Agaricus cordillerensis* Kerrigan、*Chrysomphalina chrysophylla*（Fr.）Clémençon、*Melanoleuca* cognata（Fr.）Konrad & Maubl.和*Myxomphalia maura*（Fr.）Hora，疑似新种2个*Paralepista* sp.和*Tephrocybe* sp.，显示博州南部山区具有较为丰富的大型真菌资源待进一步研究。

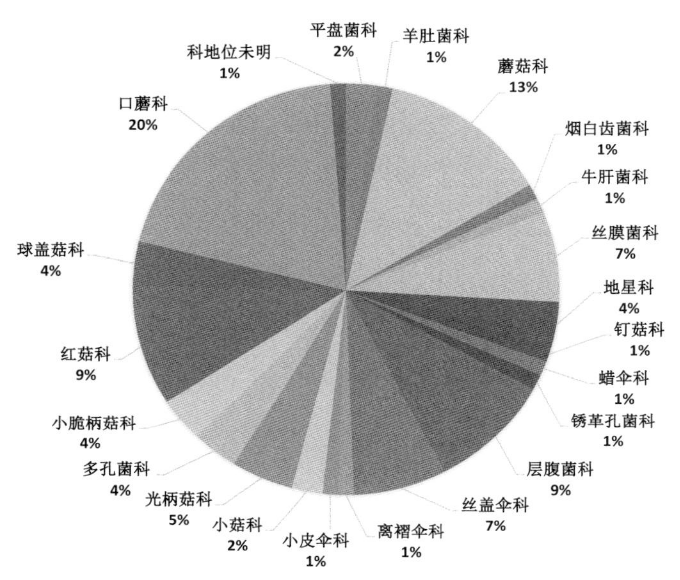

图6-1　博州南部山区大型真菌科属百分比

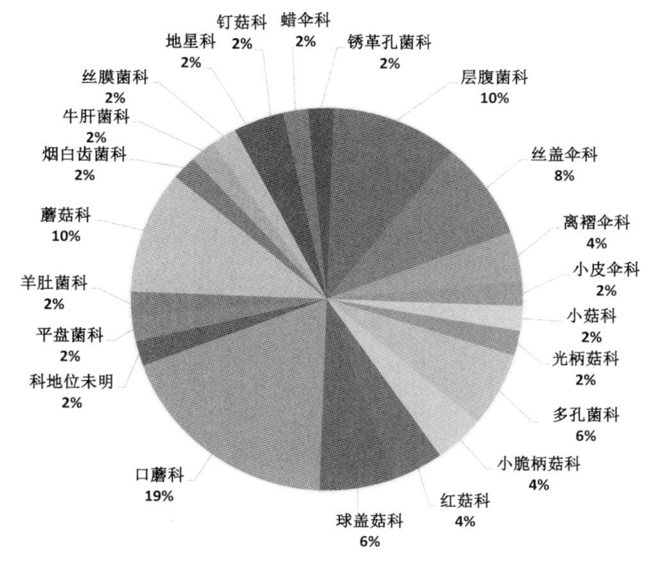

图6-2　博州南部山区大型真菌科种百分比

（2）种的地理成分分析

对博州南部山区的大型真菌进行了相关文献查阅，参考杨祝良和臧穆（2003）、图力古尔（2004）、Kirk et al.（2008）等研究资料，将博州地区大型真菌分布划分成以下4种分布类型：

①世界广布成分，指广泛分布于世界上各个大洲，没有特殊的分布中心，但只是一个相对的概念。博州南部山区分布着一些世界广泛分布物种，如漏斗香菇*Lentinus arcularius*（Batsch）Fr.、网纹马勃*Lycoperdon perlatum* Pers.、和洁小菇*Mycena pura*（Pers.）P. Kumm.、白黄小脆柄菇*Psathyrella candolleana*（Fr.）Maire和毛栓菌*Trametes hirsuta*（Wulfen）Lloyd等；

②有环北温带成分，指广泛分布于北半球温带地区的类群。博州南部山区广泛分布着一些欧洲和北美洲北部分布物种，如四孢蘑菇*Agaricus campestris* L.、黄斑蘑菇*A. xanthodermus* Genev.、大秃马勃*Calvatia gigantea*（Batsch）Lloyd、篦齿地星*Geastrum pectinatum* Pers.、尖顶地星*Geastrum triplex* Jungh.、紫丁香蘑*Lepista nuda*（Bull.）Cooke、冷杉枝瑚菌*Ramaria abietina*（Pers.）Quél.、翘鳞肉齿菌*Sarcodon imbricatus*（L.）P. Karst.等；

③中国特有成分，指目前资料显示仅分布于中国的类群。博州南部山区分布着一些该地区或中国特有分布种类，如新疆鹿花菌*Gyromitra xinjiangensis* J.Z. Cao，L. Fan & B. Liu、台湾红菇*Russula formosa* Kučera、四川红菇*R. sichuanensis* Kučera、紫褐红菇*R. vinosobrunneola* G.J. Li & R.L. Zhao和2个疑似新种*Paralepista* sp.和*Tephrocybe* sp.等。

④其他地区分布成分，主要是指除以上三种分布成分外的其他分布区域，分布范围主要包括东亚、非洲、大洋洲等地。

数据分析显示，博州南部山区分布的大型真菌物种中，世界广布物种占该地区物种数量的9.5%，体现了该地区自然环境的多样性；环北温带成分占比较高，为78.6%，这与该地区所处的气候区有关，其属于北温带气候类型，与欧洲和北美等地区气候类型相似，分布着一些共有树种，是导致大型真菌物种组成相似的主要原因。中国特有成分占据物种数量的7.2%，体现出该区域既有广泛的北温带成分，还有其特殊的气候类型，小气候区域的影响，孕育了该地区特色的大型真菌资源。其他地区分布种类占比较少为4.7%，可能与该地区特殊的气候高热、干旱，碱性土壤等有关，影响了该类分布类型真菌的生长发生。综上分析表明，博州南部山区丰富多样的气候类型和植被特点，孕育了分布的大型真菌资源。在博州南部山区，植被覆盖度高，分布有林地、草原，相对降雨量高，促使大型真菌资源较北部地区丰富。而多样的物种分布类型，反映出博州南部山区具有丰富区系成分的气候类型特点，适合大型真菌的生长发生。

6.3 主要物种描述

（1）赭鹿花菌*Gyromitra infula*（Schaeff.）Quél.

子囊果中等大。菌盖呈马鞍状，表面往往多皱，粗糙，褐色或红褐色。菌盖直径5～8 cm。菌柄污白或稍带粉红色。表面粗糙并有凹窝，长3～8 cm，粗1～2 cm。子囊圆柱形，165～220 μm × 12～15 μm。子囊孢子单行排列或上部双行，椭圆形，近无色，含两个油滴，壁厚，16～20（27）μm × 8～10 μm。侧丝浅褐色，顶端膨大，具分隔及少数分枝，粗9～10 μm。

夏秋季在云杉、冷杉或松林地上，或腐木上单个或成群生长。有毒，此菌毒素与鹿花菌相同，中毒后主要表现为溶血症状。

（2）**新疆鹿花菌*Gyromitra xinjiangensis* J.Z. Cao，L. Fan & B. Liu**

菌盖规则至不规则马鞍形，宽2.5～10 cm，高2～7 cm；边缘完整，不反卷，通常几乎完全将柄包住；子实层红褐色，平坦；外表面淡褐色至乳黄色，平坦。柄圆柱状至侧扁，与菌盖外表面同色，长1～4 cm，粗1～2.5 cm，平坦至稍皱，有时上部分枝，中空。囊盘被组织不分层，交错丝组织，厚300～500 μm，菌丝薄壁，分隔，分枝，直径5～12 μm，内层菌丝近无色，向外侧渐呈淡褐色，少数菌丝外突成游团。子囊圆柱状，8孢子，170～200 μm × 13～15 μm，基部无明显的产囊丝钩。孢子单列，梭椭形至椭圆形，无色，20～25 μm × 8～9～11 μm，壁表具密小疣，含数个小油球，直径小于1.5 μm。侧丝线形，分隔，少分枝，直径4～5 μm，顶部不膨大或微膨大，弯曲至近钩状，壁明显的锈红色。

夏秋季节生于云杉林内朽木上。

（3）**羊肚菌*Morchella esculenta*（L.）Pers.**

菌盖近球形、卵形至椭圆形，高4～10 cm，宽3～6 cm，顶端钝圆，表面有似羊肚状的凹坑。凹坑不定形至近圆形，宽4～12 mm，蛋壳色至淡黄褐色，棱纹色较浅，不规则地交叉。柄近圆柱形，近白色，中空，上部平滑，基部膨大并有不规则的浅凹槽，长5～7 cm，粗约为菌盖的2/3。子囊圆筒形，孢子长椭圆形，无色，每个子囊内含8个，呈单行排列。侧丝顶端膨大，粗达12 μm，体轻，质酥脆。

春至初夏单生或群生于林中地上，可食用。

（4）**橙黄蘑菇*Agaricus augustus* Fr.**

菌盖直径9～20 cm，初期近球形，渐变为扁半球形，后期平展，密布褐色鳞片，中部鳞片呈块状。菌肉厚，白色，伤后变黄色。菌褶离生，初期灰白色，渐变为粉红色，后期呈暗紫褐色至黑褐色。菌柄长8～17 cm，直径2～3.5 cm，基部膨大，菌环以上光滑，菌环以下覆有小鳞片。菌环双层，上位，膜质，白色或枯草黄色。担孢子7～9.5 μm × 5～6.5 μm，椭圆形至近卵圆形，光滑，褐色。

夏秋季丛生于针阔混交林中地上。可食用。该种与赭鳞蘑菇*A. subrufescens*（peck）相似，但后者担孢子较小。

（5）**四孢蘑菇*Agaricus campestris* Linn.**

菌盖直径5～10 cm，初期扁半球形，后期渐平展，有时中部下凹，白色至乳白色，光滑或后期具丛毛状鳞片，干燥时边缘常开裂。菌肉白色。菌褶离生，初期粉红色，后变红褐色至黑褐色。菌柄长2～10 cm，直径1～2 cm，近光滑或略带纤毛状物，白色。菌环单层，上位，白色，膜质，易脱落。担孢子7～9 μm × 4.5～6 μm，椭圆形，灰褐色至暗黄褐色，光滑。

春至秋季单生或群生于草地、路旁、田野、堆肥场、林间空地等。可食用。该种与田野蘑菇*A. arvensis*相似，但后者伤后会缓慢变黄色且菌柄基部常膨大。

（6）**黄斑蘑菇*Agaricus xanthodermus* Genev.**

菌盖直径4～8 cm，初时凸镜形或近方形，后渐平展；表面污白色，中央带淡棕色，光滑；边缘内卷，浅黄色。菌肉白色。菌褶淡粉色至黑褐色，较密，离生。菌柄长5～15 cm，直径1～2 cm，圆柱形，近基部膨大，白色，光滑，幼时实心，成熟后空心，基部球形膨大处黄色。菌环中上位，膜质。担孢子5～6.5 μm × 3～4.5 μm，椭圆形，光滑，棕褐色。

夏秋季单生于林中地上、草地上、花园中。有毒。

（7）夏季灰球*Bovista aestivalis*（Bonord.）Demoulin

子实体宽1.5～3.0（4.0）cm，球形至褥垫形，基部着生根状菌索，分支或不分支；外包被幼时白色，微绒毛，至细小的尖晕或细疣，成熟后赭褐色，光滑。顶端有锯齿状小孔。内包被片层状，产孢组织白色，黄绿色至橄榄棕色。孢子3.5～4.5 μm，球形，壁微厚，光滑，有疣点，中部有油滴。

单生，散生，或丛生，草丛，夏秋季的雨后。可食，但太小，无营养价值。

（8）大秃马勃*Calvatia gigantea*（Batsch）Lloyd

子实体直径15～35 cm或更大，球形、近球形或不规则球形，无柄，不育基部无或很小，由粗菌索与地面相连。外包被初为白色或污白色，后变浅黄色或淡绿黄色，初具微绒毛，鹿皮状，光滑或粗糙，有些部位具网纹，薄，脆，成熟后开裂成不规则块状剥落。产孢组织幼时白色，柔软，后变硫黄色或橄榄褐色。孢体浅黄色，后变橄榄色。担孢子3.5～5.5 μm × 3～5 μm，卵圆形、杏仁形或球形，光滑或有时具细微小疣，厚壁，淡青黄色或浅橄榄色。孢丝长，与担孢子同色，稍分枝，具横隔但稀少，浅橄榄色。

夏秋季单生或群生于旷野的草地上。药用。

（9）细环柄菇*Lepiota clypeolaria*（Bull.）P. Kumm.

菌盖直径3～9 cm，污白色，被浅黄色、黄褐色、浅褐色至茶褐色鳞片。菌肉薄，肉质，白色。菌褶白色。菌柄长5～12 cm，直径0.4～1 cm，菌环以上近光滑、白色，以下密被白色至浅褐色绒状鳞片，基部常具白色的菌索。菌环白色，绒状至近膜质，易脱落。担孢子11～15 μm × 4.5～7 μm，侧面观纺锤形或近杏仁形，光滑，无色。

夏秋季生于林中地上。分布于中国大部分地区。

（10）网纹马勃*Lycoperdon perlatum* Pers.

子实体倒卵形至陀螺形，表面覆盖疣状和锥形突起，易脱落，脱落后在表面形成淡色圆点，连接成网纹，初期近白色或奶油色，后变灰黄色至黄色，老后淡褐色。不育基部发达或伸长如柄。担孢子直径3.5～4 μm，球形，壁稍薄，具微细刺状或疣状突起，无色或淡黄色。

夏秋季群生于阔叶林中地上，有时生于腐木上或路边的草地上。幼时可食，药用。

（11）梨形马勃*Lycoperdon pyriforme* Schaeff.

子实体梨形、近球形或短棒状，具短柄，不育基部发达，由白色根状菌索固定于基物上，新鲜时奶油色至淡褐黄色，老后栗褐色，分为头部和柄部。头部表面具疣状颗粒或细刺，或具网纹。老后产孢组织变为橄榄色，呈棉絮状并混杂褐色担孢子粉。担孢子直径3.5～4.5 μm，球形，褐色或橄榄色，平滑，薄壁，含1个大油珠。

夏秋季丛生、散生或群生于阔叶树腐木上，有时也生于林中地上。幼时可食，可药用。

（12）翘鳞肉齿菌*Sarcodon imbricatus*（L.）P. Karst.

子实体一年生，具中生柄，肉质至脆质。菌盖圆形，初期表面突起，后期扁平、中部脐状或下凹，有时呈浅漏斗形，直径可达20 cm；成熟后表面暗灰黑色，具暗灰色至黑褐色大鳞片，鳞片厚，覆瓦状，趋向中央极大并翘起，呈同心环状排列；边缘锐，波浪状，内卷。子实层体齿状。菌齿初期灰白色，后期深褐色；锥形，基部每毫米2～3个，长可达10 mm。菌肉新鲜时近白色，成熟后污白色至淡灰色，干后中部厚可达1 cm。菌柄淡褐色，圆柱形，基部等粗或膨大，长可达7 cm，直径可达25 mm。担孢子6～7 μm × 5～6.5 μm，近球形，无色，壁稍厚，具瘤状突起，非淀粉质，弱嗜蓝。

秋季单生于高山针叶林中地上，尤其以云杉和冷杉林中最为常见。药用。

（13）**叶腹菌（新记录种）*Chamonixia caespitosa* Rolland**

担子果球圆形，基部有絮状菌丝索，受压时易于裂开成瓣。包被白色，手指接触处变蓝。孢体肉质，肉红色；小腔圆形至卵圆形；无不育基部。担子通常2孢子的。担孢子椭圆形，18～23 μm × 10～14 μm，褐色，孢壁有纵行棱脊，基部有一长1～3 μm的无色小梗，内含1油球。

夏秋季节生于云杉林中地上。

（14）**褐色丝膜菌 *Cortinarius caesiocanescens* M. M. Moser**

菌盖3～9 cm；凸至平展，或钟形，黏，滑，浅蓝灰色至紫灰色，褪色呈白色至浅黄色，边缘内卷。菌褶贴生，紧密，浅蓝灰色至浅紫色，铁锈色。菌柄长6～9 cm，宽至2 cm，基部平截球形，浅紫色至蓝灰色，光滑，白色至浅黄色，铁锈色。菌肉白色至浅黄色或浅紫色至灰色。孢子7～10 μm × 4～5.5 μm，有疣；无褶缘和侧生囊状体；盖皮层真皮状，透明至赭色，锁状联合。

单生，散生或丛生于松树等针叶树下。

（15）**篦齿地星 *Geastrum pectinatum* Pers.**

菌蕾直径1.3～2.6 cm，近球形，成熟时外包被上部开裂形成5～8 瓣裂片。裂片狭窄，常向外反卷于外包被盘下或水平展开，肉质层较厚，暗栗色、污褐色至黑色，完整留存或部分脱落。内包被直径1.2～2.5 cm，近球形至梨形，暗烟色至暗褐色；顶部嘴明显，狭圆锥形或近柱形，高0.5～0.8 cm，具细褶皱，正下方具细褶皱和长0.3～0.7 cm 的柄。担孢子直径6～8.5 μm，球形或近球形，具长柱状突起的小疣。

夏秋季单生或群生于林中地上。药用。

（16）**尖顶地星 *Geastrum triplex* Jungh.**

菌蕾直径1～4 cm，近球形，成熟时外包被开裂成5～7 瓣，裂片向外反卷，外表光滑，蛋壳色，内层肉质，干后变薄，栗褐色，中部易分离并脱落，仅裂留基部。内包被高1.2～3.8 cm，直径1.0～3.9 cm，近球形、卵形、洋葱状扁球形，顶部常有长或短的喙，或呈脐突状，淡褐色、暗栗色至污褐色。无柄。担孢子直径3～4.5 μm，近球形，具小疣。

夏秋季单生至散生于林中地上。

（17）**冷杉枝瑚菌 *Ramaria abietina*（Pers.）Quél.**

子实体高5～7.5 cm，宽3～5 cm，整体近球形至倒圆锥形。菌柄长0.5～1.5 cm，直径1～2 cm，较粗壮，从基质中的菌丝束中发出，分叉为数个分枝，上部黄褐色，下部白色，伤后变蓝绿色。主枝长1～4 cm，直径0.5～1 cm，黄褐色或橄榄绿色。分枝3～5 回，枝顶钝，二叉分枝或多歧分枝，黄褐色或橄榄绿色，伤后变蓝绿色。担孢子7～9 μm × 3.5～4.5 μm，泪滴形或卵圆形，有小尖刺。

夏秋季单个或丛生于针叶林中落叶层上。味苦，不宜食用。

（18）**金脐菇（新记录种）*Chrysomphalina chrysophylla*（Fr.）Clémençon**

菌盖宽1～4 cm；平凹，边缘内卷，中部凹陷，有细屑，棕灰色至黄棕色的纤毛或细屑。菌褶延伸至菌柄，稀疏，黄色至浅橘黄色。菌柄长2～4 cm，宽至3 mm，近光滑，黄色至橘黄色或近白色。菌肉，薄，浅黄色至橘黄色。孢子8.5～15.5 μm × 4.5～7 μm，光滑，椭圆，非淀粉质。担子多4孢。侧生囊状体未见。无锁状联合。

单生，多为丛生，夏秋季常见于腐烂的针叶树木。

（19）**纹缘盔孢伞 *Galerina marginata*（Batsch）Kühner**

菌盖1.5～5 cm，凸面至平展，微钟罩形，黏，蜜黄色，橘色，肉桂色至褐橙色，干燥时褪色；菌盖边缘幼时有白色的菌幕残余，成熟后消失。菌褶宽，直生或弯生，近稀疏，多小菌褶，浅黄色至锈色，深棕色，菌褶上出现斑点。幼时菌褶覆有部分白色菌幕。菌柄 2～7.5 cm长，3～8 mm宽；幼时覆有小纤维；白色至锈色，基部白色至棕色，红棕色，基部菌丝白色，KOH反应菌盖变红。孢子7～11 μm×4～6 μm；宽扁桃状至近椭圆形；多疣，KOH下红棕色；担子4孢，偶有2孢。侧生囊状体和褶缘囊状体相似；40～65 μm×5～15 μm；长颈烧瓶状，顶端圆形或近棒状，光滑，薄壁，盖皮层真皮状，锁状联合。

夏秋季节簇生或散生于腐烂的木头上。

（20）**裸伞 *Gymnopilus penetrans*（Fr.）Murrill**

菌盖宽40～55 mm，凸至平展，边缘内卷，黄赭色至铁锈色，光滑。菌肉浅黄色，中部厚。菌褶密，铁锈色至深棕色，有深棕色小点，边缘有小的锯齿状，同色或较浅色。菌柄70～95 μm×5～8 mm，中生或微偏生，柱状或基部偏大，浅赭色至深棕色，基部白色菌丝。孢子7.2～9.9 μm×4～5.5 μm，椭圆形，疣或粗糙，外饰物高不超过0.2 μm。担子20～27 μm×5.8～7.4 μm，4孢，担子梗4.6 μm，褶缘囊状体 20～30 μm× 6～8 μm，柱状，侧生囊状体15～20 μm×6～8 μm，窄烧瓶状，头部球状或囊状，透明。盖皮层真皮状，直径3～6 μm，缠绕，铁锈色，锁状联合。菌柄皮层，丝状，直径4～6 μm，平行，透明，锁状联合。

散生，松树林下，云杉林下。

（21）**丝盖伞 *Inocybe rimosa*（Bull.）P. Kumm.**

菌盖直径可达 3～6.5 cm，幼时钟形，后平展，中部钝突，草黄色，细缝裂至开裂。菌肉白色至淡黄褐色。菌褶较密，窄，直生至近离生，草黄色、黄褐色至橄榄色，边缘色淡。菌柄长6～9 cm，直径 3～5 mm，圆柱形，等粗，实心，白色至黄色，顶部具屑状鳞片，向下渐为纤维状鳞片。幼时可见菌幕残留，菌幕易消失。担孢子9.5～14.5 μm×6～8.5 μm，长椭圆形至豆形，光滑，褐色。

夏秋季生于多种阔叶林和针叶林中地上。药用。

（22）**香杏丽蘑 *Calocybe gambosa*（Fr.）Singer**

菌盖直径5～14 cm，初期近半球形，后渐变为凸镜形至平展，光滑，白色具有浅褐色，边缘内卷。菌肉白色，厚。菌褶白色，窄，密。菌柄长3～8 cm，直径2～4 cm，白色至浅黄色，实心。孢子5.5～6.5 μm×3.0～4.5 μm，椭圆形，光滑，无色。

夏秋季群生于草原上。

（23）**灰顶伞一种 *Tephrocybe* sp.**

菌盖直径 0.6～1.5 cm，幼时凸镜形，成熟后近平展；表面光滑，湿，灰褐色至黑褐色；中央明显色深，黑褐色至黑色；边缘色淡，呈淡黄色至淡棕色，具条纹。菌褶污白色，离生，较稀至中等密。菌柄长2～5 cm，直径1～3 mm，圆柱形，纤维质，表面丝光质，污白色至淡棕色；菌柄近基部弯曲，深入基物中，基部具有白色至污白色的菌丝。担孢子 6～7 μm×4～5 μm，近椭圆形、梨形或卵圆形，表面具有疣突，尖突明显，无色。

生于林中枯腐层。

（24）**血红小菇 *Mycena haematopus*（Pers.）P. Kumm.**

菌盖直径 2.5～5 cm，幼时圆锥形，逐渐变为钟形，具条纹，幼时暗红色，成熟后稍淡，中部色深，边缘色淡且常开裂呈较规则的锯齿状，幼时有白色粉末状细颗粒，后变光滑，伤后流出血红色汁液。菌肉薄，白色至酒红色。菌褶直生或近弯生，白色至灰白色，有时可见暗红色斑点，较密。菌柄长 3～6 cm，直径 2～3 mm，圆柱形或扁，等粗，与菌盖同色或稍淡，被白色细粉状颗粒，空心，脆质，基部被白色毛状菌丝体。担孢子7.5～11 μm×5～7 μm，宽椭圆形，光滑，无色，淀粉质。

初夏至秋季常簇生于腐朽程度较深的阔叶树腐木上。

（25）洁小菇 ***Mycena pura*** **（Pers.）P. Kumm.**

菌盖直径 2.5～5 cm，幼时半球形，后平展至边缘稍上翻，具条纹，幼时紫红色，成熟后稍淡，中部色深，边缘色淡，并开裂呈较规则的锯齿状。菌肉薄，灰紫色。菌褶较密，直生或近弯生，通常在菌褶之间形成横脉，不等长，白色至灰白色，有时呈淡紫色调。菌柄长 3～6 cm，直径 3～5 mm，圆柱形或扁，等粗或向下稍粗，与菌盖同色或稍淡，光滑，空心，软骨质，基部被白色毛状菌丝体。担孢子 6.5～8 μm × 4～5 μm，椭圆形，光滑，无色，淀粉质。

夏秋季散生于混交林或针叶林中地上。

（26）灰光柄菇 ***Pluteus cervinus*** **（Schaeff.）P. Kumm.**

菌盖直径 4～10 cm，初期半球形至凸镜形，后渐平展或平坦，中部黏，湿润，中央烟褐色、深褐色或焦茶色，有絮状绒毛，贴生，成熟时菌褶边缘呈波形浅裂状。菌肉灰白色带淡红色，厚实。菌褶稠密，初期白色，后期呈浅葡萄酒色至粉褐色，离生。菌柄长 4～11 cm，直径 0.5～1.5 cm，圆柱形，基部稍膨大呈球根状，白色，有深色或黑褐色长纤毛，纤维质。担孢子 5.5～8 μm × 4.5～8 μm，近球形、宽椭圆形或卵圆形，光滑，粉红色，非淀粉质。

单生或小群生于各种落叶树腐木上，少生于针叶树腐木上。可食，但味较差。

（27）狮黄光柄菇 ***Pluteus leoninus*** **（Schaeff.）P. Kumm.**

菌盖直径 2～6 cm，初期近钟形或扁半球形，后期扁平，中部稍突起，表面平滑，鲜黄色或橙黄色，顶部色深或有皱突起，边缘有细条纹及光泽，呈水浸状。菌肉薄脆，白色带黄色。菌褶密，稍宽，初期白色，后粉红色或肉色。菌柄长 3～8 cm，直径0.4～1 cm，圆柱形，向下渐粗，基部稍膨大，表面黄白色，纤维状，下部颜色稍暗并有细纤维状条纹或暗褐色纤毛状鳞片，内部松软至变空心。担孢子6～7 μm × 5～6 μm，近圆球形或椭圆形或卵形，光滑，淡粉红色至淡粉黄色。

夏秋季群生或丛生于阔叶树倒腐木上。

（28）红缘拟层孔菌 ***Fomitopsis pinicola*** **（Sw.）P. Karst.**

子实体多年生，无柄，新鲜时硬木栓质，无臭无味。菌盖半圆形或马蹄形，外伸可达 24 cm，宽可达 28 cm，中部厚可达 14 cm；表面白色至黑褐色；边缘钝，初期乳白色，后期浅黄色或红褐色。孔口表面乳白色；圆形，每毫米 4～6 个；边缘厚，全缘。不育边缘明显，宽可达 8 mm。菌肉乳白色或浅黄色，上表面具一明显且厚的皮壳，厚可达 8 cm。菌管与菌肉同色，木栓质，分层不明显，有时被一层薄菌肉隔离，菌管长可达 6 cm。担孢子 5.3～6.5 μm × 3.3～4 μm，椭圆形，无色，壁略厚，光滑，不含油滴，非淀粉质，不嗜蓝。

春秋季生于多种针叶树和阔叶树的活树、倒木和腐木上，造成木材褐色腐朽。药用。

（29）毛栓菌 ***Trametes hirsuta*** **（Wulfen）Lloyd**

子实体一年生，覆瓦状叠生，革质。菌盖半圆形或扇形，外伸可达 4 cm，宽可达 10 cm，中部厚可达 13 mm；表面乳色至浅棕黄色，老熟部分常带青苔的青褐色，被硬毛和细微绒毛，具明显的同心环纹和环沟；边缘锐，黄褐色。孔口表面乳白色至灰褐色；多角形，每毫米 3～4 个；边缘薄，全缘。不育边缘不明显，宽可达 1 mm。菌肉乳白色，厚可达 5 mm。菌管奶油色或浅乳黄色，长可达 8 mm。担孢子 4.2～5.7 μm × 1.8～2.2 μm，圆柱形，无色，薄壁，光滑，非淀粉质，不嗜蓝。

春季至秋季生于多种阔叶树倒木、树桩和储木上，造成木材白色腐朽。药用。

（30）晶粒小鬼伞 *Coprinellus micaceus*（Bull.）Vilgalys，*et* al.

菌盖直径 2～4 cm，初期卵形至钟形，后期平展，成熟后盖缘向上翻卷，淡黄色、黄褐色、红褐色至赭褐色，向边缘颜色渐浅呈灰色，水浸状；幼时有白色的颗粒状晶体，后渐消失；边缘有长条纹。菌肉近白色至淡赭褐色，薄，易碎。菌褶初期米黄色，后转为黑色，成熟时缓慢自溶。菌柄长 3～8.5 cm，直径 2～5 mm，圆柱形，近等粗，有时基部呈棒状或球茎状膨大，白色，具白色粉霜，后较光滑且渐变淡黄色，脆，空心。菌环无。担孢子 7～10 μm × 5～6 μm，椭圆形，光滑，灰褐色至暗棕褐色，顶端具平截芽孔。

春至秋季丛生或群生于阔叶林中树根部地上。有文献记载幼时可食，但建议不食。

（31）白黄小脆柄菇 *Psathyrella candolleana*（Fr.）Maire

菌盖直径 2～7 cm，幼时圆锥形，渐变为钟形，老后平展，初期边缘悬挂花边状菌幕残片，黄白色、淡黄色至浅褐色，边缘具透明状条纹，成熟后边缘开裂，水浸状。菌肉薄，污白色至灰棕色。菌褶密，直生，淡褐色至深紫褐色，边缘齿状。菌柄长4～7 cm，直径3～5 mm，圆柱形，基部略膨大，幼时实心，后空心，丝光质，表面具白色纤毛。担孢子 6.5～8.2 μm × 3.5～5.1 μm，椭圆形至长椭圆形，光滑，淡棕褐色。

夏秋季簇生于林中地上、田野、路旁等，罕生于腐朽的木桩上。可食。

（32）库恩菇一种 *Kuehneromyces* sp.

菌盖直径 2～6 cm，半球形或凸镜形，渐平展，中部常突起，边缘内卷；表面湿时稍黏，水渍状，光滑或具不明显的白色纤丝，黄褐色至茶褐色，中部常呈红褐色，边缘湿时具半透明条纹。菌肉白色至淡黄褐色。菌褶直生或稍延生，初期色浅，后期呈锈褐色。菌柄长 4～10 cm，直径 0.2～1 cm，中生，圆柱形，等粗，或向基部渐细；菌环以上近白色至黄褐色，具粉状物；菌环以下暗褐色，具反卷的灰白色至褐色的鳞片；菌柄基部无附着物或具白色絮状菌丝，内部松软后变空心。菌环上位，膜质。担孢子 5.5～7.5 μm × 3.5～4.5 μm，椭圆形或卵圆形，光滑，淡锈色。

夏秋季丛生于阔叶树倒木或树桩上。可食用。

（33）云杉乳菇 *Lactarius deterrimus* Gröger

菌盖直径 5～10 cm，橘红色至橘黄色，局部带绿色色调，有不明显同心环纹。菌肉近白色，不辣。菌褶直生，鲜橘黄色，伤后缓慢变绿色。乳汁橘黄色至橘红色，从伤口流出后缓慢变绿色。菌柄长 3～6 cm，直径 1～3 cm，圆柱形，颜色较菌盖淡，近平滑。担孢子8～10 μm × 6～7 μm，宽椭圆形至卵形，近无色，有不完整网纹和离散短脊，淀粉质。

夏秋季生于云杉林中地上，可食用。

（34）四川红菇 *Russula sichuanensis* G.J. Li & H.A. Wen

菌盖直径 2～5 cm，近球形、半球形至钟形，污白色、白色至淡粉红色，边缘白色，湿时黏。菌肉白色，伤不变色，不辣。菌褶黄色至玉米黄色，有短菌褶，有时形成小腔。菌柄长 3～6 cm，直径 0.7～1.5 cm，白色，近光滑。担孢子 9.5～14 μm × 8～13 μm，近球形至球形，有疣突并连成网状，近无色至浅黄色，淀粉质。

夏秋季生于亚高山暗针叶林中地上。

（35）紫丁香蘑 *Lepista nuda*（Bull.）Cooke

菌盖直径 3～12 cm，扁半球形至平展，有时中央下凹，盖皮湿润，光滑，初蓝紫色至丁香紫色，后褐紫色；盖缘内卷。菌肉较厚，柔软，淡紫色，干后白色。菌褶直生至稍延生，不等长，密，蓝紫色或与盖面同色。菌柄长4～8 cm，直径 0.7～2 cm，圆锥形，基部稍膨大，蓝紫色或与盖面同色，下部光滑或有纵条纹，稍有弹性，实心。担孢子 5～8 μm × 3～5 μm，椭圆形，近光滑或具小麻点，无色。

秋季群生、近丛生、散生于针阔混交林中地上。可食用。

（36）**花脸香蘑** ***Lepista sordid*** **（Schumach.）Singer**

菌盖直径 4～8 cm，幼时半球形，后平展，新鲜时紫罗兰色，失水后颜色渐淡至黄褐色，边缘内卷，具不明显的条纹，边缘常呈波状或瓣状，有时中部下凹，湿润时半透状或水浸状。菌肉带淡紫罗兰色，较薄，水浸状。菌褶直生，有时稍弯生或稍延生，中等密，淡紫色。菌柄长 4～6.5 cm，直径 0.3～1.2 cm，紫罗兰色，实心，基部多弯曲。担孢子 7～9.5 μm × 4～5.5 μm，宽椭圆形至卵圆形，粗糙至具麻点，无色。

初夏至夏季群生或近丛生于田野路边、草地、草原、农田附近、村庄路旁。可食用。

（37）**短柄铦囊蘑** ***Melanoleuca brevipes*** **（Bull.）Pat.**

菌盖直径 2.5～8.5 cm，凸镜形，后期渐平展，表面光滑，干，初期暗灰色至近黑色，后渐变为灰色至暗浅褐色。菌肉较厚，白色。菌褶弯生，密，白色。菌柄长 2～4 cm，直径 0.8～1.2 cm，短棒状，黄褐色至灰褐色，顶部颜色较浅。担孢子6.5～9.5 μm × 5～6.5 μm，椭圆形至宽椭圆形，表面具小疣，无色，淀粉质。

夏秋季单生或群生于草地上。

（38）**黏脐菇** ***Myxomphalia maura*** **（Fr.）Hora**

菌盖直径 2～5 cm，暗灰色至暗褐色，辐射状隐生丝纹，湿时黏，中央下陷。菌肉薄，灰白色、近白色或半透明。菌褶稍下延，污白色至淡灰色。菌柄长 3～5 cm，直径 3～5 mm，与菌盖同色，光滑。担孢子5～5.5 μm × 3.5～4.5 μm，近球形至宽椭圆形，厚壁，光滑，无色，淀粉质。

夏秋季生于火烧迹地上。

（39）**棕灰口蘑** ***Tricholoma terreum*** **（Schaeff.）P. Kumm.**

菌盖直径3～6 cm，扁半球形至平展，淡灰色、灰色至褐灰色，有纤丝状鳞片；菌肉肉质，白色；菌褶弯生，不等长，白色至米色；菌柄长3～5.5 cm，直径0.4～1 cm，白色至污色，近光滑；担孢子5.5～7 μm × 4～5 μm，椭圆形至宽椭圆形，光滑，无色，非淀粉质。

夏季生于针叶林或针阔混交林中地上。可食用。

6.4　大型真菌资源

基于本专题的野外资源调查和数据整理，对博州南部山区大型真菌的物种组成、地理区系分布特点、经济价值及物种受威胁程度进行了初步分析，结果表明博州南部山区大型真菌资源多样性丰富，但从考察强度和系统性看仍然有许多不足，采集量有待加强。同时在物种组成与地理区系上，博州南部山区以北温带分布物种为主，口蘑科、蘑菇科和层腹菌科为优势类群，进一步反映了这些类群的北温带分布特点；还发现博州南部山区分布有较多的食用菌资源，具有潜在的开发利用前景，同时，还有一些有毒蘑菇，在采食野生蘑菇时需注意区别。

通过本次的初步调查，可为深入系统地研究博州南部山区大型真菌多样性及其与生境的关系提供了基础数据，可为推动该地区真菌资源保护利用、经济发展和毒菇利用预防等提供强有力的理论支撑，同时还可为进一步揭秘真菌多样性的形成机制、物种的起源进化和生物地理等提供重要科学依据。博州南部山区特殊多样的生态环境孕育了极其丰富的菌物资源，这些真菌资源具有潜在的开发应用价值，是该地区特色的宝贵财富。

对本研究收集鉴定的84种大型真菌分析结果显示，其中食用菌有21种，药用菌有18种，毒蘑菇有16种。食用菌中包含有著名食用菌，如羊肚菌、翘鳞肉齿菌、花脸香蘑、紫丁香蘑、棕灰口蘑等，其中花脸香蘑、棕灰口蘑的种群数量相对较大，具有较好的经济价值；药用菌包含有红缘拟层孔菌、网纹马勃、四孢蘑菇等；毒蘑菇包含有产生癫痫性神经毒性的赭鹿花菌，导致急性肝损害的细环柄菇和纹缘盔孢伞，产生致幻觉性神经毒性的锐顶斑褶菇和裸伞，还有导致胃肠炎症状的滑毒伞等。对该地区大型真菌的应用价值进行分析，可为博州南部山区存在的具有潜在应用价值大型真菌资源的开发利用提供理论指导，同时，加强该地区的大型真菌科普知识宣传，可避免因误食有毒大型真菌而中毒的事件发生，具有重要的社会意义。

参考文献

陈作红，杨祝良，图力古尔，等，2017. 毒蘑菇识别与中毒防治[M]. 北京：科学出版社.

古丽•艾合买提，冯蕾，秦新政，等，2015 . 阿勒泰地区哈巴河平原地区常见野生大型真菌资源调查（I）[J]. 新疆农业科学，52（ 9）：1707-1714.

古丽•艾合买提，冯蕾，秦新政，等，2017. 新疆喀纳斯山区常见野生大型真菌资源调查（II）[J]. 食用菌，（ 2）：17-20.

海鹰，张立运，李卫，2003.《新疆植被及其利用》专著中未曾记载的植物群落类型[J]. 干旱区地理，26：413-419.

李宏彬，索菲娅，2004. 新疆特殊生境下微生物资源[J]. 干旱地区农业研究，22（4）：198-202.

李静丽，刘波，曹晋忠，等，1986. 新疆大型真菌调查报告（一）[J]. 山西大学学报，（2）：80-86.

李玉，李泰辉，杨祝良，等，2015. 中国大型菌物资源图鉴[M]. 郑州：中原农民出版社.

牛程旺，王静茹，朱小琼，等，2016. 新疆野果林褐腐病菌的种类[J]. 菌物学报，35（12）：1514-1525.

卯晓岚，文华安，1980. 天山托木尔峰地区的真菌[M]. 乌鲁木齐：新疆人民出版社.

卯晓岚，文华安，孙述霄，等，1985. 天山托木尔峰地区的真菌[M]. 乌鲁木齐：新疆人民出版社.

图力古尔，胡建伟，周忠波，等，2008. 新疆大型真菌新分布[J]. 塔里木大学学报，20（4）：38-42.

图力古尔，2018. 蕈菌分类学[M]. 北京：科学出版社.

图力古尔，2004. 大青沟自然保护区菌物多样性[M]. 呼和浩特：内蒙古教育出版社.

王俊燕，阿衣努尔，2004. 阿尔泰山喀纳斯湖地区的大型真菌[J]. 新疆大学学报，8（21）：88-91.

王俊燕，2003. 新疆大型真菌资源及开发利用[C]. 中国菌物学会第三届会员代表大会暨全国第六届菌物学学术讨论会论文集.

王仁，2015. 中国新疆阿勒泰地区新生大型真菌图鉴[M]. 吉林：吉林科学技术出版社.

武冬梅，2013. 新疆野生羊肚菌研究现状及展望[J]. 食品工业科技，34（1）：381-384.

徐彪，赵震宇，张利莉，2011. 新疆荒漠真菌识别手册[M]. 北京：中国农业出版社.

薛春梅，李环明，解琦，等，2017. 佳木斯机场周边不同生境大型真菌多样性调查[J]. 安徽农业科学，45（21）：9-10.

玉苏甫•买买提，古再丽努尔•阿布都艾尼，阿依努尔•吾斯曼，等，2014. 新疆有名的33种大型真菌[J]. 安徽农业科学，42（19）：6129-6132.

杨祝良，臧穆，2003. 中国南部高等真菌的热带亲缘[J]. 植物分类与资源学报，25（2）：129-144.

张小青, 2004. 新疆大型木材腐朽真菌[J], 新疆大学学报, 21: 72-73.

赵震宇, 卯晓岚, 1984. 新疆大型真菌图鉴[M]. 乌鲁木齐: 新疆八一农学院出版社.

赵震宇, 1983. 准噶尔盆地沙漠中的大型真菌[J]. 新疆八一农学院学报, (3): 1-5.

赵震宇, 2001. 新疆食用菌志[M]. 乌鲁木齐: 新疆科技卫生出版社.

Kirk PM, Cannon PF, David JC, et al, 2008. Ainsworth and Bisby's dictionary of the fungi[M]. Wallingford: International Mycological Institute.

Wang ZR, Parra LA, Callac P, et al, 2015. Edible species of Agaricus from Xinjiang Province[J]. Phytotaxa, 202: 185-197.

Wu F, Zhou LW, Yang ZL, et al, 2019. Resource diversity of Chinese macrofungi: edible, medicinal and poisonous species[J]. Fungal Diversity: 1-76.

Zhao MG, Zhang JX, Chen Q, et al, 2016. The famous cultivated mushroom Bailinggu is a separate species of thePleurotus eryngii species complex[J]. Scientific Reports, 6 (33066): 1-9.

Zhao Q, Sulayman M, Zhao ZC, et al, 2016. Species clarification of the culinary Bachu mushroom in western China[J]. Mycologia, 108 (4): 828-836.

第7章　脊椎动物多样性

动物的分布与气候、地形及水文状况等自然环境要素密切相关。天山地理区域所处的纬度地带和地处欧亚大陆中心的位置，决定了其温带大陆性干旱半干旱气候特点，在动物地理分布上依然烙下了中亚荒漠草原的印记。博州南部山区从景观格局上由高山草甸、亚高山草甸、山地针叶林及山前荒漠与草原组成，其动物区系的组成也体现了该区域的景观特色。

2018—2019年项目组考察了北天山西段支脉博洛霍罗山和科古尔琴山北麓，博州国有林管理局精河、三台林区，地点包括厄门精、冬都精、乌图精、堰塞湖、巴音那木、小海子、喀拉达坂、乔西卡勒、克孜里玉、萨尔巴斯陶、赛里木湖等。主要采用路线调查法，包括样线法、样方法等，对于重点物种采用焦点动物观察法［如金雕（*Aquila chrysaetos*）的繁殖行为观测］、痕迹调查法［如雪豹（*Uncia uncia*）和狼（*Canis lupus*）］、红外相机调查法等。之后又做了一些补充调查，还吸纳了国内外卫星跟踪候鸟迁徙的数据。根据近30年来历次考察工作整理出调查区域有脊椎动物总计338种，其中鸟类263种，哺乳类44种，爬行类15种，鱼类13种，两栖类3种；巍峨的雪山中不乏雪豹、马鹿（*Cervus elaphus*）、盘羊（*Ovis ammon*）、北山羊（*Capra siberica*）、金雕、猎隼（*Falco cherrug*）、灰鹤（*Grus grus*）等珍禽异兽，其中有84种动物受到国家或自治区保护（占脊椎动物的24.8%）；调查发现该地区的侏鸬鹚（*Phalacrocorax pygmeus* Pallas）为中国鸟类新记录种。

7.1　动物区系地理特征

动物区系研究目的在于阐明本地区动物组成的基本特征、形成历史、地理分布变化及生态适应性等，是进行动物地理区划的基本依据。现代动物区系组成与物种的起源、形成、变化相关，与地质时期的造山运动、冰期发生、动物迁移、生物进化、各种自然灾害及避难所理论相吻合，并与该地区自然地理景观和气候条件相适应。因此在进行动物地理区划时，首先应依据动物起源、区系成分和生态地理条件相关性，并在不同区划阶元中各有侧重。其次，在弄清物种的现代分布区的基础上，依据主要分布区域划分出地区性的分布型，以某一分布型的分布界限或两个甚者更多的分布型的集中交汇处，作为区划界线。

天山山脉是印度板块与欧亚板块俯冲、碰撞、挤压、断裂、皱褶而形成的，是一个比较活跃的地质区域。天山抬起与喜马拉雅造山运动几乎同步，经历了上千万年的时间，整个过程对物种的形成与扩张影响深刻，沧海桑田，地覆天翻，生命进化，息息相关。如今天山南北物种迥异，可能与几次大的冰期有关。高耸的天山既是一个天然屏障，同时也是某些动物的避难所。例如，一些孑遗物种［北疆蟾蜍（*Bufo pewzowi* strauem）、四爪陆龟（*Testudo horsfieldi*）、新疆沙虎（*Teratoscincus przewalskii*）、等］只分布于这个地区，就是很好的证明。

博州南部山区动物地理区划，大的层面应该归于古北界、中亚亚界（张荣祖，1999）。而其下的划分存在一些争议（时磊等，2002；马勇等，1987），其动物地理情况比较复杂，可能涉及到三个相交的动物地理一级区：

①蒙新区，本区包括内蒙古的鄂尔多斯高原、阿拉善，青海的柴达木盆地，新疆的塔里木盆地、准噶尔

盆地和天山山脉。

②哈新区（哈萨克区），涉及新疆西北部边境地区，如伊犁地区、博尔塔拉自治州、塔城地区等。

③青藏区，包括新疆南部和西南部（昆仑山、帕米尔高原、天山南脉等）、青海、西藏、云南和四川西部等。

虽然博州南部山区位于天山北侧的一个山间谷地里，三面为高山环绕，就像一个“湿岛”，婆罗科努山区雨量充沛，水体封闭，多汇聚于赛里木湖和艾比湖之中，气候相应比新疆其他地区湿润得多。山区发育有良好的草甸、草原、森林、河谷灌木、荒漠草原和湿地等垂直分布带。但由于中亚内陆大的干旱气候条件，仍然使峡谷周边呈现干旱的环境，在动物地理分布上依然烙下了中亚荒漠草原的印记。博州的动物地理区划被归于古北界、中亚亚界是无可厚非的，不存在多少异议。至于亚界以下的划分，如蒙新区（涉及天山物种）、哈新区（涉及中亚荒漠物种）和青藏区（涉及高原物种）就比较麻烦，需要统一认识。而郑作新（1994）提出的比中亚亚界范围更广泛的“草漠亚界”区划，但同时又将青藏区一片划分为中亚亚界的建议是否合适，尚可进一步探讨。

俗话说“天高任鸟飞”，野生动物是无国界的。然而，无论是“哈新区”或“哈萨克区”在国内以往的动物地理区划中并未出现，可能是因为其面积太小，主体隶属他国，就被忽略了。而博州位于边境地区，有380多千米的国境线，在历次的动物地理区划中，均将博州地区与天山山地紧密相连，在张荣祖（1999）的中国动物地理区划中划归于古北界、中亚亚界、蒙新区、天山山地亚区。只有马勇等（1987）坚持在新疆的一级区划上增设哈萨克区的意见，这并没有引起国内动物地理区划工作者的足够重视。当初在蒙新区内设3个亚区（东部草原亚区、西部荒漠亚区、天山山地亚区），只是为了简化中国西部的动物区划，从比较大的方位考虑了蒙新区东西部动物类群的差异，以及位于蒙新区内天山山地动物分布的独特性。其实，在我们完成博州南部山区的动物区系调查以后，发现其动物的区系和地理分布完全有可能独立于蒙新区之外。这种独特性主要表现在博州南部山区的动物区系更倾向于与哈萨克斯坦东部的动物区系相交融，而与蒙新区或者青藏区仅有少部分的交叉与渗透，作为主要分布于该地区的特有物种更是如此。

因此，综合上述动物地理区划意见，我们拟将博州南部山区包括婆罗科努山地划入古北界、中亚亚界、哈新区（哈萨克区）的范围。

7.2 野生动物的组成

博州南部山区从景观格局上由高山草甸、亚高山草甸、山地针叶林及山前荒漠与草原组成，其动物区系的组成也体现了该区域的景观特色。从现有物种和种群数量上看，都以鸟类和兽类为主，其中湿地种类、林区鸟兽和草原鼠类占绝对优势。由于高寒的特点，两栖类和爬行类动物都只占很少的成分。而高山湖泊赛里木湖在形成过程中出现多次“堰塞”，可能切断了鱼类的洄游，或者其他原因而使得湖内没有土著鱼类生存（现有的鱼类都是最近40年内引入的）。近些年由于放牧压力加大和人为活动频繁（如旅游、采矿等），大型哺乳动物数量锐减，它们都隐藏在山地密林之中，在草原和荒漠里主要分布一些小型啮齿类动物，如沙鼠（*Meriones meridianus*）、跳鼠（*Allactaga*）、田鼠（*microtus*）和黄鼠（*Spermophilus undulatus*）、旱獭（*Marmota baibacina*）等。

通过调查，博州南部山区共有鱼类2目3科10属，约13种（包括引入物种）；两栖类1目2科3属，3种；爬行类2目5科12属，约15种；鸟类20目57科143属，计263种；哺乳类6目17科38属，约44种（表7-1）。除了雀类（雀形目）和鼠类（啮齿目）之外，其余的类型无论种类和数量都很少。

表7-1 博州南部山区脊椎动物统计

纲	目	科	属	种
鱼纲（包括引入）	2	3	10	13
两栖纲	1	2	3	3
爬行纲	2	5	12	15
鸟纲	20	57	143	263
哺乳纲	6	17	38	44
合计	31	84	206	338

7.2.1 鱼类

根据新疆水产科学研究所的资料（郭焱等，2012），当地的土著种类有新疆高原鳅（*Tripvopnysa strauchii*）、准噶尔雅罗鱼（*Leuciscus merzbacheri*）、新疆裸重唇鱼（*Gymnodaptychus dybowskii*）、小眼须鳅（*Barbatula microphthalma*）等。近年人工引入赛里木湖的外来物种主要是冷水鱼，如虹鳟（*Oncorhynchus mykiss*）、高白鲑（*Coregonus peled*）、贝加尔凹目白鲑（*Coregonus migratorirus*）等。养殖鱼种适应性较强（占总种数50%以上），挤兑土著物种，再加上各种水利工程、农业灌溉用水、过度利用及气候变化等原因造成断流，殃及一些土著种类，几乎绝迹。赛里木湖和艾比湖两大自然湖泊面临的问题虽然各不一样，但不争的事实是湖水的矿化度逐年增加，自然区系彻底破坏，水生生物资源岌岌可危。

7.2.2 两栖类

新疆地处亚欧腹地，地域辽阔，自然环境极为复杂多样，属于典型的大陆性气候，但比其他地区相对要寒冷一些。在这样的大背景下，导致两栖动物相对匮乏，目前全新疆只有9种两栖类（含亚种和引入种）(王秀玲等，2006）。而在博州山区，两栖类只有3种（张鹏和袁国映，2005；时磊等，2002）。博州处于天山北脉之大峡谷中，其大的地势都是向东敞开的喇叭形谷地，一方面与哈萨克斯坦有相同的物种（哈萨克斯坦共有两栖类11种），同时在国内而言，又有其特殊性，所有的物种都被称之为活化石。这些“活化石”具有极其顽强的生命力，一方面表现出岛屿状零星分布的特点，另一方面由于地理环境特殊，受天山的影响，随着海拔、纬度、气候（温度）和地貌等变化，两栖类也出现南北分异。可见到的两栖类有北疆蟾蜍、林蛙（*Rana asiatica*）和湖蛙（*Pelophylax terentievi*)等。

7.2.3 爬行类

博州南部山区的爬行动物区系均为古北界种类。其中以中亚型的种类占据优势，很多种类的主要分布区在以哈萨克斯坦为主的中亚荒漠，构成了当地爬行动物的主体（张荣祖，1999；时磊等，2002）。在这个大背景环境下，具有典型的内陆干旱地区动物区系相一致的是草原蝰（*Vipera ursinii renardi*）和四爪陆龟（当然，现在不一定分布至博州）。从分布数量上看，则是以中介蝮（天山蝮）(*Agkistrodon intermedius*)、沙蜥（*Phrynocephalus*）和麻蜥（*Eremias*）构成区系主体成分。

7.2.4 鸟类

鸟类是博州南部山区最为丰富的类群，约占脊椎动物的77%，区系成分比较复杂。因为鸟类的飞行和迁徙特点，出现一些漂泊、外来（迷鸟）或入侵物种，还有鸟类东扩现象（马鸣，2010），使得区系分析比较困难。毫无疑问绝大多数的鸟类属于古北界种类（古北种），但也有极少部分其他动物区系的类群渗透期间。例如，来自于东洋界的家八哥，扩散速度非常快。东洋界的种类，还包括褐河乌等。根据张荣祖《中国动物地理》(1999)，博州南部山区的鸟类可简单划分为这么一些类型：①北方型（包括全北型、泛北型等），如鹀科、伯劳科、燕雀科和鸦科的一些土著种类；（2）中亚型，如几种百灵（*Alaudidae*）、粉红椋鸟（*Sturnus roseus*）、西域山雀（*Parus bokharensis*）、黑顶麻雀（*Passer ammodendri*）、石雀（*Petronia petronia*）和巨嘴沙雀（*Rhodopechys obsoleta*）等，有些种类的分布区偏西，新疆境内基本是它们分布区的东限；（3）地中海—中亚型，如新疆歌鸲（*Luscinia megarhynchos*）和槲鸫（*Turdus viscivorus*）等；（4）东洋型，如来自南方的家八哥（*Acridotheres cristatellus*）、褐河乌（*Cinclus pallasii*）等；（5）欧亚型，如黑额伯劳（*Lanius minor*）、黍鹀（*Emberiza calandra*）等；（6）高地型，如斑头雁（*Anser indicus*）、雪鸡（*Tetraogallus himalayensis*）、岩鹨（Prunellidea）、雪雀（*Montifringilla*）和岭雀（*Leucosticte*）等种类。在博州南部山区，雀形目种类最多，达到123种，约占鸟种的46.9%。

7.2.5 兽类（哺乳类）

博州南部山区是位于天山山脉以北的支脉，与北疆兽类分布的共性更多反映了天山中段和准噶尔界山山地之间的关系，诸如天山鼩鼱（*Sorex asper*）、伊犁田鼠（*Microtus ilaeus*）等。与阿尔泰山地和博格达山以东的天山东段相比较，其共性成分要少一些。兽类区系，以北方型为主，如雪豹、棕熊（*Vrsus arctos*）、马鹿、狍子（*Capreolus capreolus*）、盘羊、北山羊、伊犁鼠兔（*Ochotona iliensis* Li *et* Ma，1986）、松鼠（*Sciurus vularis*）等。也不乏中亚荒漠和半荒漠种类，如跳鼠、沙鼠等，这是由于北天山山地独特的地理位置及作用形成的。在博州南部山区，啮齿目种类最多，达到20余种，约占兽类的45.5%。

7.3 动物的垂直分布

根据动物栖息地生态地理环境的差异，博州南部山区植被的垂直变化十分明显。野生动物主要包括以下4种不同的垂直分布类群：高山草甸动物群（＞2700 m）、森林草原动物群（1500～2700 m）、荒漠动物群（500～1500 m）、河流湖沼（湿地）动物群。

（1）**高山草甸动物群**（＞2700 m）

夏季分布于海拔2700～3700 m雪线，多冰川、裸岩、植被低矮的林线以上地带，或为终年积雪的无人区，动物种类有北山羊、雪豹、伊犁鼠兔、高山雪鸡、高山兀鹫（*Gyps himalayensis*）、胡兀鹫（*Gypaetus barbatus*）、白斑翅雪雀、高山岭雀（*Leucosticte brandti*）等。每到冬季，一些野生动物会下降至沟谷或森林带，度过漫长的寒冷季节。

（2）**森林草原动物群**（1500～2700 m）

博州南部山区的景观主要由山地灌丛、针叶林带、亚高山草甸、峡谷混交林组成。雪山绵延，主要山体包括西侧的别珍套山、岗吉格山和南部的婆罗科努山。山上云杉林连峰续岭，生长茂盛，形成明显的逆温层。这些地区分布着森林草原动物群，由于景观多样、植被盖度高、草长莺飞，生物多样性也比较丰富。森林草原动物群主要的哺乳动物有马鹿、盘羊、猞猁（*Lynx lynx*）、草原旱獭等，鸟类有黑耳鸢（*Milvus migrans*）、雀鹰（*Accipiter nisus*）、苍鹰（*Accipiter gentilis*）、红隼（*Falco tinnunculus*）、山斑鸠（*Streptopelia orientalis*）、岩鸽（*Columba rupestris*）、大杜鹃（*Cuculus canorus*）、大斑啄木鸟（*Dendrocops major*）、戴胜（*Upupa epops*）、凤头百灵（*Galerida cristata*）、云雀（*Alauda arvensis*）等，另外还有一些鹟科、山雀科和雀科的林栖鸟类。由于人为活动频繁和放牧压力加大，除鸟类外，大型的有蹄动物如马鹿、盘羊和食肉动物白鼬（*Mustela eversmanii*）、猞猁等都分布在远离人们活动的高海拔山地。旱獭种群目前处于稳定的发展状态，野外的遇见率较高。而棕熊和猞猁种群数量较少，野外很难见到踪迹。另外爬行类中的中介蝮蛇（天山蝮）、草原蝰等有时也会在该区域分布。

（3）**荒漠草原动物群**（500～1500 m）

荒漠草原是博州南部山区的一主要景观类型，其面积远超过亚高山草原。主要分布着一些啮齿类和雀类，曾经是有蹄类占优势的典型的中亚荒漠动物群［如鹅喉羚（*Gazella subgutturosa*）、赛加羚（*Saiga tatarica*）等］也能够抵达这里。哺乳动物最常见的有狼、赤狐（*Vulpes vulpes*）、虎鼬（*Vomela peregnsna*）、灰仓鼠（*Cricetulus migratorius*）、跳鼠、沙鼠等。鸟类主要有鸨科中的大鸨（*Otis tarda*）、波斑鸨（*Chlamydotis undulata*），沙鸡科的毛腿沙鸡（*Syrrhaptes paradoxus*），百灵科的短趾百灵（*Calandrella brachydactyla*）、角百灵（*Eremophila alpestris*），鹟科的穗䳭（*Oenanthe oenanthe*）、沙䳭（*Oenanthe isabellina*）、漠䳭（*Oenanthe deserti*），山雀科的灰蓝山雀（*Parus cyanus*）、大山雀（*Parus cyanus*）、西域山雀，雀科的漠雀（*Rhodospiza mongolica*）、燕雀（*Fringilla montifringilla*）、林岭雀等，它们也都善于适应干旱环境，羽毛大都近似沙褐色，能耐极度寒暑和长期干旱，好些种类的脚变长而健，趾较短或减少，以便奔走于沙地中。大多结队奔食，如沙鸡、石鸡（*Alectoris chukar*）、漠雀；沙䳭与雪雀常利用黄鼠或鼠兔的洞穴，出现鼠鸟同穴相处奇观。爬行类中的沙蟒、草原鬣蜥（岩蜥）、沙蜥、麻蜥、沙虎等主要栖息和分布在荒漠草原区域。

由于啮齿动物的泛滥，导致局部荒漠化或沙化的现象常发生在荒漠草原区，其中以沙鼠和黄鼠造成的危害较为严重。鼠类除了毁坏草场，还传播疾病，如鼠疫、出血热等。关键是长期的过牧，草原退化，从而使荒漠动物发展起来，对整个环境造成危害。这也将影响自然生态功能的持续发挥，对周边地区生态环境和系统的稳定有一定影响。

（4）**河流湖沼（湿地）动物群**

博州水资源比较丰富，几十条河流源于高山冰川和丰润的山区降雨，年径流量达20多亿m^3，大部分汇入艾比湖和赛里木湖。山区还有许多季节性溪流，淡水资源比较丰富。历史上，两大湖泊都是淡水湖，是近年人类活动加剧造成矿化度迅速升高。这些水域及周边的沼泽湿地是鸟类的天然家园，提供了繁殖地、安全岛、夜栖地及避难所。赛里木湖为高山深水湖，湖里有浮游动物、底栖生物等多种水鸟的优质食物。而艾比湖卤虫资源极其丰富（约有4000吨的储量），为众多水鸟的栖息提供了丰富的食物资源，成为鸟类觅食的优良场所。这两大湖泊如同西部边陲的明珠，是我国迁徙水鸟重要的夏栖地和过境中转站（驿站）。

在以鸟类为主的湖沼动物群中以鹈形目、雁形目、鹤形目、鸻形目、鸥形目的物种占优势，主要的优势种为普通鸬鹚（*Phalacrocorax carbo*）、斑头雁、灰雁（*Anser anser*）、绿头鸭（*Anas platyrhynchos*）、赤麻鸭（*Tadorna ferruginea*）、乌脚滨鹬（*Calidris temminckii*）、红脚鹬（*Tringa totanus*）、红嘴鸥（*Larus ridibundus*）、黄脚银鸥（*Larus cachinnans*）、疣鼻天鹅（*Cygnus olor*）和大天鹅（*Cygnus cygnus*）等。其中在湖的西南有两处为大天鹅的常年栖息地、繁殖地。在湖东的水体和沼泽里绿头鸭、赤麻鸭、渔鸥（*Larus ichthyaetus*）、银鸥、红嘴鸥和小鸥（*Larus minutus*）分布较多。艾比湖和赛里木湖地处我国鸟类迁徙的西线上，每年除了有大量的繁殖鸟或留鸟在此栖息外，还有大量的迁徙鸟类（候鸟中的旅鸟）在这里作短暂停息，补充营养后过境。每年春季和秋季，有数十万只的各种水禽途经该地区，或在湖中觅食，或在岸边歇息，起飞时发出轰轰巨响，共振效应，地动山摇。临近湖旁可见到数千只绿头鸭、赤麻鸭、普通秋沙鸭（*Mergus merganser*）、鹊鸭（*Bucephala clangula*）等，集聚湖岸，禽声鼎沸，色彩斑斓。浅水沼泽中大白鹭（*Egretta alba*）、苍鹭（*Ardea cinerea*）、大天鹅、黄脚银鸥等水鸟似点点白斑点缀在湖面上。每当繁殖季节，这些庞大的水鸟群形成了湿地生态系统独特而壮观的风景，蔚为壮观。艾比湖周边的沼泽则是该地区两栖动物塔里木蟾蜍（绿蟾蜍）、中亚侧褶蛙（湖蛙）的主要分布区。哺乳动物常常来湖边饮水，如草兔、鹅喉羚、马鹿等，漫步在水草边，构成美轮美奂的画面。

不知道是什么原因，赛里木湖过去从未有过土著鱼类生存（附近伊犁河流域鱼类资源却比较丰富）。我们认为在其没有被堰塞之前，一定有土著鱼类存在。可能是湖水在一年中有半年是被冰封的原因（也许数万年前经过大的冰期，湖水完全结冰了、冻透了），高寒、封闭、低温、辐射、缺氧，湖水清澈见底，生物量极低。自1976年起，新疆维吾尔自治区水产局和博州水电局先后投放了大量冷水性鱼苗（也有认为是1968年水产部门就引入了当地的土著鱼类，待考证），通过投食得以存活。1998—2003年引进高白鲑、凹目白鲑等获得成功，逐渐形成独具特色的渔业养殖基地。现已有高体雅罗鱼、贝加尔雅罗鱼、池沼公鱼、虹鳟等10余种全国独有的高山冷水鱼类分布（杨文荣等，2000），成为具有新疆特色的鱼产业基地。

7.4 珍稀保护动物

在博州南部山区约有59种国家级保护动物（国家Ⅰ级10种、国家Ⅱ级49种）和25种自治区级保护动物（新疆一级14种、新疆二级11种），合计84种，约占脊椎动物的24.8%。另外还有约60%的物种属于国家“三有”保护动物名录（见2000年原国家林业局发布的受国家保护的有益的或者有重要经济、科学研究价值的陆生野生动物名录；2017年重新定义为“有重要生态、科学、社会价值”）。

（1）国家级保护动物

博州南部山区拥有国家Ⅰ级重点保护动物10种，包括雪豹、北山羊、黑鹳、金雕、白肩雕（*Aquila heliaca*）、白尾海雕（*Haliaeetus albicilla*）、胡兀鹫、大鸨、波斑鸨、遗鸥（*Larus relictus*）等，其中兽类2种、鸟类8种。国家Ⅱ级重点保护动物49种，包括棕熊、猞猁、石貂（*Martes faina*）、鹅喉羚、马鹿、盘羊、卷羽鹈鹕（*Pelecanus crispus*）、白鹈鹕（*Pelecanus onocrotalus*）、大天鹅、疣鼻天鹅、鸢、雀鹰（*Accipiter nisus*）、苍鹰（*Accipiter gentilis*）、褐耳鹰、棕尾鵟（*Buteo rufinus*）、草原雕（*Aquila nipalensis*）、猎隼、黄爪隼（*Falco naumanni*）、灰背隼（*Falco columbarius*）、红隼、燕隼（*Falco subbuteo*）、灰鹤、蓑羽鹤（*Anthropoides virgo*）、长耳鸮（*Asio otus*）、短耳鸮（*Asio flammeus*）、小鸥等，其中兽类6种、鸟类43种。

（2）自治区级保护动物

据新疆维吾尔自治区重点保护野生动物名录（1994），被列入自治区保护名单的一级动物有约14种，如赤狐、白鼬、虎鼬、狍子、黑颈䴙䴘（*Podiceps nigricollis*）、苍鹭、大白鹭、鸿雁（*Anser cygnoid*）、白头硬尾鸭（*Oxyura leucocephala*）、欧鸽（*Columba oenas*）等。属于自治区二级保护动物约11种，如艾鼬（*Mustela eversmanii*）、翘鼻麻鸭（*Tadorna tadorna*）、针尾鸭（*Anas acuta*）、赤膀鸭（*Anas strepera*）、白眼潜鸭（*Aythya nyroca*）、黄喉蜂虎（*Merops apiaster*）、蓝胸佛法僧（*Coracias garrulus*）、沙蟒（*Eryx tataricus*）等。另外，至少有60%的种类属于“三有物种”，或被称之为“三级保护”动物，已纳入相关部门的保护范畴（见三有物种定义：国家林业局发布的受国家保护的有益的或者有重要经济、科学研究价值的陆生野生动物名录）。

7.5 野生动物重点种类介绍

博尔塔拉，蒙古语意为“青色的草原”。作为新疆山地生态系统重要的组成部分，博州南部山区独具特色，其辖区独特的地理环境条件和丰富的生态系统多样性，孕育了形形色色的野生动物。以下简单介绍一些比较重要的陆生野生动物，主要是鸟兽中的一些独具特色的土著种类或明星物种，并不都是重点保护动物。

（1）棕熊 *Ursus arctos*

天山山区最大的哺乳动物，体重的可达800 kg。栖息于山地森林和高山草原地带，假冬眠或半冬眠动物，主要以旱獭、鼠类、狗獾（*Meles meles*）等中小型兽类为食，也吃昆虫、虫卵、果类等（杂食性）。有时攻击牧区的人畜，分布于婆罗科努山地。

（2）狼 ***Canis lupus***

食物链中的佼佼者，却一直被人类误解和伤害。栖息于山地灌木草原和高山草原地带，喜欢成群活动，集体猎食。见于新疆各地，包括天山所有考察区域均有分布。因过度捕杀、食物缺乏及生境破碎化等原因，在博州南部山区已极为稀少。

（3）石貂 ***Martes foina***

俗称“黄鼠狼”，栖息于高山岩硝和灌丛中，夜间活动，以黄鼠、旱獭、兔子、鼠兔及其他啮齿动物和鸟类为食，也吃少量果实和昆虫。广泛分布于森林周边山地、石质落岩、亚高山地带和河谷灌木丛中。

（4）白鼬 ***Mustela erminea***

老百姓称之为“扫雪”，毛色可随季节变化，伪装色极佳。夏季为黄褐色，冬季则成为雪白色，尾尖却残留黑色。栖息于山地森林及草原，夜间活动，以捕捉小型动物为食。分布于天山大部分山区、森林和草原。

（5）香鼬 ***Mustela altaica***

身材苗条的微型“黄鼠狼”，栖息于山地森林、平原、农田等地带，大多单独活动于灌丛、草坡、洞穴、岩石缝隙、朽木下、乱石堆等处。白天、夜晚均活动，而以清晨和黄昏活动更为频繁，喜欢穴居。在新疆的阿尔泰山、天山、阿尔金山均有分布。

（6）雪豹 ***Uncia*（*Panthera*）*uncia***

被誉为“雪山之王”，当地人称之为“伊勒比斯”（马鸣等，2013）。雪豹起源于亚洲中部的高山地区，是名副其实的土著物种。栖息于海拔2100～3600 m的森林、草原、高山灌丛、陡峭的裸岩区。夜行性，主要以有蹄类动物为食，多单独或成对栖息。分布于南北疆几乎所有的高山地带（雪线以下）。是国家Ⅰ级重点保护野生动物。2004—2016年，马鸣等在内的中国科学院新疆生态与地理研究所雪豹研究小组在新疆阿勒泰、天山和昆仑山等山区对雪豹分布和数量进行了考察，并采用痕迹调查法、问卷调查法、红外自动相机法等多种研究方法，进行了雪豹种群密度和数量的评估（马鸣等，2005）。在这次考察的区域，项目组成员克德尔汗・巴亚肯等人深入到三台林区、精河林区等地山脊，展开了雪豹红外相机拍摄，获得了大量第一手资料。

（7）欧亚猞猁 ***Lynx lynx***

短尾巴的“大猫”，栖息于荒漠林区、山地灌木丛、草原和亚高山森林中。偶然也见于海拔3000 m以上的高原山地，多在晨昏活动。以岩洞为巢，善于爬树，也会游泳。以多种大、中、小型兽类和鸟类为食。分布甚广，几乎在南北疆所有山地和盆地均有分布。

（8）野猪 ***Sus scrofa***

野猪曾经销声匿迹，最近几年又卷土重来，泛滥成灾。栖息于山地森林中、灌丛、草原、沼泽湿地之中。主要在晨昏活动，在岩缝或灌丛中为巢。具杂食性，广泛分布在南北疆几乎所有的高山森林草原带。

（9）马鹿（赤鹿）***Cervus elaphus***

马鹿分布在北天山的是天山亚种，或被称之为“天山马鹿”。栖息于高山森林带，多群居，隐藏于密林中，以多种优良牧草为食。而艾比湖周边胡杨林中分布的马鹿，至今依然是一个谜（被认为是一个新亚种）。因为这个种群太小，不便于采集或增加干扰，研究工作停滞不前。

（10）狍（狍鹿子）***Capreolus capreolus***

小型鹿类，也称“西伯利亚狍”（�子）。性机警，非常胆小，栖息于山地树木较稀疏、空旷而草多的地段，喜在林缘活动，多结群栖息。以灌木枝叶和草类为食，多晨昏活动，广泛分布于天山几乎所有高山森林带。

（11）北山羊 ***Capra sibirica***

俗称“野居里”，主要栖息于高山草原中岩石较多的地段，夏季可达海拔3700 m的高度。雌雄分群，喜欢成群活动，有时可集成百余只的大群，主要以草本植物为食。善于攀岩，几乎新疆所有的高山均有其分布。

（12）**天山盘羊（大头羊）*Ovis ammon***

栖息于海拔1800～3500 m的高山草地，冬季下迁到较低处，它们喜欢占据开阔的平缓坡地。雌羊常常带着幼崽活动，喜栖于较陡峭（悬岩）地区。种群数量很小，在分布区内零星分布。它们是群栖动物，结成12～150头的群体。怀孕期150～160天，5～6月为产仔期，每胎1仔，很少有2仔。雄性巨大的角用于在发情期或防御时顶撞争斗。底绒很厚的皮毛在寒冷的冬天提供保护。广布于中国西部山地；延伸到巴基斯坦、印度北部、尼泊尔、中亚各国、蒙古和俄罗斯西伯利亚南部。在本地区分布的为天山盘羊（天山亚种），现在比较罕见。根据Groves和Grubb（2011）的分类系统，将中国境内的盘羊（*Ovis ammon*）划分为蒙古盘羊（*O. darwini*）、西藏盘羊（*O. hodgsoni*）、华北盘羊（*O.jubata*）、天山盘羊（*O. karelini*）和帕米尔盘羊（*O.polii*）等5种，原来的天山盘羊亚种已经被提升为种。

（13）**伊犁鼠兔 *Ochotona iliensis***

栖息于海拔2700～4300 m的高山草甸、草原、山地林缘和裸崖地带。是一种体型娇小的山地哺乳动物，体长17～20 cm，长有较大的耳朵，很短的尾巴几乎看不到。其外形酷似小兔子，身材和神态又很像鼠类，灰色的皮毛上散落着些许棕色斑块。伊犁鼠兔（*Ochotona iliensis* Li *et* Ma）是1986年李维东等在《动物学报》上发表的新种，中国新疆天山的特有种。2016年5月，中国生物多样性保护与绿色发展基金会授予精河国有林管理局基布克管护站、冬都精管护站、精河中心站为“中华伊犁鼠兔保护地”，并为这三个管护站授牌。伊犁鼠兔已被纳入《中国濒危物种红皮书》和《世界自然保护联盟（IUCN）濒危物种红色名录》。

（14）**灰旱獭（草原旱獭）*Marmota baibacina***

为新疆啮齿动物中比较大型的种类，从森林下部的干草原至冰雪带以下的高山草甸草原均有其分布，主要分布于沟谷两侧或阳坡草被茂密的地带。以家族群居方式栖息，是典型的冬眠动物，主要以草原中的禾本科和豆科等植物为食。整个天山地区均有分布。以前被划归草原旱獭（*M. bobak*），但是现在认为它们是姐妹种。

（15）**长尾黄鼠 *Spermophilus undulatus* = *Citellus undulatus***

为中型啮齿动物，隶属于松鼠科。多栖息于山地草原和草甸草原，单居性，除育幼期外，均一洞一只，洞分临时洞、繁殖洞和居住洞。主要以禾本科和沙草科植物为食，也吃草籽及昆虫。整个北天山地区包括赛里木湖周边均有分布，6～7月考察途中遇见率非常高。

（16）**普通鸬鹚 *Phalacrocorax carbo***

普通鸬鹚属于大中型水鸟，极善于潜水捕鱼。体长72～87厘米，体重大于2千克。通体黑色，头颈具紫绿色金属光泽，两肩和翅具青铜色光彩，嘴角和喉囊黄绿色，眼后下方白色。繁殖期间脸部有红色斑，头颈有白色丝状羽，下胁具白斑。迁徙季节普通鸬鹚路过赛里木湖，有一小部分留下来在孤岛上繁殖。

（17）**侏鸬鹚 *Phalacrocorax pygmeus***

2018年11月，最先是观鸟人刘忠德在玛纳斯河流域发现40多只侏鸬鹚，之后博州摄影爱好者杨建元在博州也拍摄到了侏鸬鹚。经过专家认定，这是一个中国鸟类新记录。虽然在一百年前有外国人在“天山”记录过这个物种（Судиловская，1936），但国内一直再没有人发现过（马鸣，2011）。侏鸬鹚体长仅有45～55 cm，比普通鸬鹚明显小许多。它的嘴巴比较短，嘴尖还有一点弯曲，下嘴基部有喉囊，脖子短而粗，尾巴较长。全身羽毛深棕色，只有头与颈部为棕色。它们的分布区主要在欧洲东南部、俄罗斯南部和中亚等地。侏鸬鹚喜欢生活在淡水湖和微咸的水域，或者杂树丛生具有一定的植被、灌木和芦苇丛湿地，主要以鱼类和甲壳类动物为食。

（18）**大天鹅（鸿鹄）*Cygnus cygnus***

全身的羽毛均为雪白的颜色，俗称“白天鹅”。雌雄同色，雌略较雄小，夏季全身洁白仅头稍沾棕黄色。

幼鸟全身灰褐色，头和颈部较暗，下体、尾和飞羽较淡。大天鹅的喙部有丰富的触觉感受器，叫做赫伯小体，主要生于上、下嘴尖端的里面，仅在上嘴边缘每平方毫米就有27个，比人类手指上的还要多，它就是靠嘴缘灵敏的触觉在水中寻觅水菊、莎草等水生植物，有时也捕捉昆虫和蚯蚓等小型动物为食。在赛里木湖属于繁殖鸟，每年都在湖东边沼泽中营巢（马鸣等，1993）。

（19）**斑头雁 *Anser indicus***

斑头雁为青藏高原物种，体型中等，体长62～85 cm，体重2～3 kg。通体大都灰褐色，头和颈侧白色，头顶有二道黑色带斑，在白色头上极为醒目。两性相似，雄性个体略大。繁殖在高原湖泊的岛屿上，特别是在青藏高原尤喜咸水湖，也选择淡水湖和开阔而多沼泽地带营巢。越冬在低地湖泊、河流和沼泽地。性喜集群，繁殖期、越冬期和迁徙季节均成群活动。我们在赛里木湖边小岛上见到繁殖群体，主要以禾本科和莎草科植物的叶、茎、草籽和豆科植物种子等植物性食物为食，也吃贝类、软体动物和其他小型无脊椎动物。

（20）**灰雁 *Anser anser***

灰雁是家鹅或“红嘴雁”的野生祖先。灰雁雌雄相似，雄略大于雌。通体褐色；背和两肩灰褐色，具棕白色羽缘。幼鸟上体暗灰褐色，胸和腹前部灰褐色，没有黑色斑块。繁殖于中国北方大部分地区，结小群在南部的湖泊越冬。取食水草和浮游生物。出入于富有水草的湖泊、水库、河口、水淹平原、湿草原、滩地、沼泽和草地。一般至2～3龄性成熟，繁殖期4～6月。营巢环境多为偏僻的人迹罕至的水边草丛或苇丛，也有在岛屿上营巢的。多成对或成小群营巢，巢间距仅10 m左右。雌雄共同营巢。巢由芦苇、蒲草和其他干草构成，巢四周和内部垫以绒羽。每窝产卵3～8枚，一般4～5枚。

（21）**高山兀鹫 *Gyps himalayensis***

高山兀鹫又称喜马拉雅兀鹫或喜山兀鹫，鹰形目，鹰科，国家Ⅱ级重点保护野生动物。属于大型猛禽。体长110～120 cm的浅土黄色秃鹫，翼展达3 m，体重8～12 kg。上体呈现沙白色或茶褐色，具有淡色羽缘。通常于高空滑翔，有时结小群活动。停栖于多岩峭避，海拔2500～4500 m的高山、草原及河谷地区。常常与黑褐色的秃鹫和有胡须的胡兀鹫混群。主要以动物尸体、病弱的大型动物、旱獭、啮齿类或家畜尸体等为食。繁殖期多在1～8月，筑巢在悬崖峭壁人和动物难以接近的地方（马鸣等，2017）。

（22）**金雕 *Aquila chrysaetos***

金雕被当地人称之为布勒库特，鹰科，国家Ⅰ级重点保护野生动物。大型的浓褐色雕，全长76～102 cm，翼展达2.3 m，体重2.5～6.5 kg。全身栗褐色，头顶暗褐色。头具金色羽冠，嘴巨大。背和两翅暗褐色，具紫色光泽。肩羽色较淡。内侧飞羽基部白色，形成翼斑。金雕栖息于海拔1600～3700 m的荒漠、高山、河谷或针叶林地区，冬季多到平原或农林上空活动。以雁鸭类、雉鸡类、松鼠、狍子、鹿、山羊、狐狸、旱獭、野兔等为食，有时也吃鼠类等小型兽类。2～3月份开始营巢，每窝产卵1～2枚，孵化期约为44～45天。这次野外考察，在巴音那木（住宿）、小海子、精河之源流乌图精和厄门精等地都有记录。

（23）**猎隼 *Falco cherrug***

猎隼俗称“鸽虎”，隼形目，隼科，中型猛禽，国家Ⅱ级重点保护野生动物。体重510～1200 g，体型较大（全长51 cm），且胸部厚实的浅褐色隼，叫声似游隼但较沙哑。营巢于树上或悬崖上。喜欢夺占雕或其他大型鸟类的巢。繁殖期为4～6月，每窝产卵3～5枚，偶尔产6枚，孵化期为28～30天。雏鸟是晚成性的，孵出后由雄雌亲鸟共同喂养，大约经过40～50天后才能离巢飞走（马鸣等，2007）。在天山西部开阔地、荒漠和宽广的未耕种的地区，除了可以观察到猎隼以外，还可以观察到棕灰色的矛隼、深色的游隼、赤褐色的红隼、灰色的红脚隼、灰背隼和黑白色相间的燕隼。它们都很勇猛，而且飞行速度相当快。主要以各种鸟类、小型哺乳类、蜥蜴等为食。

（24）黑琴鸡 ***Lyrurus tetrix***

黑琴鸡也称黑野鸡或乌鸡，属鸡形目，松鸡科，国家Ⅱ级重点保护野生动物。属于地栖性走禽。与家鸡大小相同，体结实，喙短，呈圆锥形，适于啄食植物种子；翼短圆，不善飞；脚强健，具锐爪，善于行走和掘地寻食；鼻孔和脚均有被羽，以适应严寒。全身黑褐色羽毛，闪烁金属光泽，大覆羽和次级飞羽白色，先端褐色。双翅有一些白色宽横斑，两侧尾巴向外弯曲，形似黑色七弦琴，故而得名。黑琴鸡为山地森林鸟类，栖息于开阔地附近的森林中。主要以植物嫩枝、叶、根、种子等为食，兼食昆虫。繁殖时一雄配多雌。4月份，在开阔的求偶场上，数只雄鸟聚集于雌鸟前，表演“跑圈”的求偶炫耀行为。5月份，雌鸟筑巢产卵，卵数4～13枚。卵呈淡赭色，具大小不等的深褐色斑点。孵卵期19～25天。刚孵出的雏鸟乳黄色，肩羽与背羽有宽阔的中央纵纹，1～2天后幼鸟即能到处奔跑觅食，10天后幼鸟已能拍动双翅，1个月后能短距离滑行。

（25）暗腹雪鸡 ***Tetraogallus himalayensis***

俗称高山雪鸡或喜马拉雅雪鸡。体型较大，长约52～60 cm，重2.5～3.0 kg。通体呈土棕色或红棕色，密布以具黑褐色虫蠹状斑。为典型的高山耐寒鸟类，栖息于海拔2000 m以上具有裸岩和风化碎石的高山以及亚高山草甸和灌丛草甸带。活动于陡峭斜坡和岩石地，很少在盆地出现。晨昏出来寻食，午间或夜晚隐入灌丛或岩石下。季节性垂直迁移，冬季下降至灌丛带、针叶云杉林边缘。繁殖在2800～3500 m处，通常是在永久积雪的高山地带。巢营于灌丛下、岩石凹陷处，内填以草叶和羽毛。产卵8～16枚。卵色由淡黄灰至暗红赭石色，有时沾灰或绿色，也有散布着大小不同的粉红色块斑。性杂食，主要吃植物性物质，有时兼吃昆虫。博州南部山区还有一种常见的雉科鸟类——石鸡（*Alectoris chukar*），分布的海拔要低一些。这次考察石鸡的遇见率比较高。

（26）雕鸮 ***Bubo bubo***

俗称“猫头鹰”，是鸮形目鸱鸮科中体型最大的一种。体形硕大，长约60～70 cm，重3～4 kg。耳羽簇长，橘黄色的眼特显形大和恐怖。面盘显著，为淡棕黄色，杂以褐色的细斑。全疆有4个亚种，羽色差异较大。栖息于山地林间以及裸露的高山和峭壁等隐蔽处。在新疆和西藏地区，栖息地的海拔高度可达3000～4500 m。通常活动在人迹罕到的偏僻之地，除繁殖期外常单独活动。夜行性猛禽，视觉和听觉敏锐。主要以各种鼠类为食，但食性很广，几乎包括所有能够捕到的动物，包括刺猬、狐狸、豪猪、野猫等难以对付的兽类，还捕食苍鹰、鹗、游隼、猎隼等猛禽的幼鸟。除海南岛和台湾外，广泛分布于中国大陆大部分地区，但数量稀少。

栖息在新疆天山北部的“猫头鹰”还有很多，如纵纹角鸮、红角鸮、雪鸮（冬候鸟）、猛鸮、纵纹腹小鸮、长耳鸮、短耳鸮和鬼鸮等。它们大多昼伏夜出，眼光锐利，飞行轻盈，拥有一身高超的本领。但由于数量稀少，都已全部被列入国家Ⅱ级重点保护野生动物。

（27）粉红椋鸟 ***Sturnus roseus***

粉红椋鸟为中等体型候鸟，成鸟体长19～22 cm，体重60～73 g。其飞羽、尾羽为亮黑色，雌鸟与雄鸟毛色相似，但较黯淡。形似家八哥，但背部及腹部粉红色，故称粉红椋鸟。余羽棕黑，十分可爱。2018年是粉红椋鸟大年，数量巨多。6～7月我们发现多处繁殖地，如精河巴音那木、天山林区、乔西卡勒、克孜里玉、萨尔巴斯陶、赛里木湖边、尼勒克等。

（28）灰颈　***Emberiza buchanani***

属雀形目的小型鸣禽，体长约15 cm。喙为圆锥形，与雀科的鸟类相比较为细弱，上下喙边缘不紧密切合而微向内弯，因而切合线中略有缝隙。灰颈鹀体羽似麻雀，头青灰色，眼圈色浅，下体偏粉色，下髭纹近黄色。在博州南部山区灰颈鹀数量较大，每一百米都有一个家庭，在山坡或灌丛内筑碗状巢。繁殖期雄鸟鸣声不断，很容易被发现。非繁殖期常集群活动，一般主食植物种子。

参考文献

阿布力米提·阿布都卡迪尔，2003. 新疆哺乳动物的分类与分布[M]. 北京：科学出版社.
陆平，严赓雪，等，1989. 新疆森林[M]. 乌鲁木齐：新疆人民出版社，1−577.
马鸣，2001，新疆鸟类名录[J]. 干旱区研究，18（增刊）：1−90.
马鸣，2010. 鸟类"东扩"现象与地理分布格局变迁——以入侵种欧金翅和家八哥为例[J]. 干旱区地理，33（4）：540−546.
马鸣，2011. 新疆鸟类分布名录（第二版）[M]. 北京：科学出版社：1−244.
马鸣，Munkhtsog B，徐峰，等，2005. 新疆雪豹调查中的痕迹分析[J]. 动物学杂志，40（4）：34−39.
马鸣，徐峰，程芸，等，2013. 新疆雪豹[M]. 北京：科学出版社.
马鸣，才代，傅春利，等，1993. 野生天鹅[M]. 北京：中国气象出版社.
马鸣，徐国华，吴道宁，等，2017. 新疆兀鹫[M]. 北京：科学出版社.
马勇，王逢桂，金善科，等，1987. 新疆北部地区啮齿动物的分类和分布[M]. 北京：科学出版社.
时磊，周永恒，原洪，2002. 新疆维吾尔自治区爬行动物区系与地理区划[J]. 四川动物，21（3）：152−156.
王思博，杨赣源，1983. 新疆啮齿动物志[M]. 乌鲁木齐：新疆人民出版社.
王秀玲，艾山，袁亮，等，2006. 新疆两栖动物研究进展[J]. 新疆师范大学学报（自然科学版），25（2）：50−53.
杨文荣，郭焱，蔡林钢，等，2000. 赛里木湖饵料生物及渔业现状的研究[J]. 水产学杂志，13（1）：1−10.
张鹏，袁国映，2005. 新疆两栖爬行动物[M]. 乌鲁木齐：新疆科学技术出版社.
张荣祖，1999. 中国动物地理[M]. 北京：科学出版社.
郑光美，2017. 中国鸟类分类与分布名录（第三版）[M]. 北京：科学出版社.
郑作新，1976. 中国鸟类分布名录[M]. 北京：科学出版社.
郑作新，1994. 中国鸟类种和亚种分类名录大全[M]. 北京：科学出版社.

Cheng，T. H.，1987. A synopsis of the avifauna of China[M]. Beijing：Science Press.
Cramp，S.，K. E. L. Simmons，I. J. Ferguson-lees，et al.，1977. Handbook of the birds of Europe，the Middle East and Africa[J]. The birds of the western Palearctic. Vol.1，Oxford University Press.
Del Hoyo J，Elliott A and Sargatal J（eds），1993. Handbook of the birds of the World[M]. Barcelona：Lynx Edicions.
Ma Ming，Cai Dai.，2000. Swans in China[J]. The Trumpeter Swan Society，Maple Plain，Minnesota USA，1−105.
Ma Ming.，2010. Bird expansion to east and the variation of geography distribution in Xinjiang，China[J]. Arid Land Geography，33（4）：540−546.
Ma Ming.，2011. A checklist on the distribution of the birds in Xinjiang[M]. Beijing：Science Press，1−224.
Судиловская А М.，1936. Птицы Кашгарии. Москва：Лаб. Зоогеогр[J]. Акад. Наук СССР，1−124.

第8章　昆虫多样性

为了全面了解和掌握博州森林昆虫资源现状，更好地为全州林业发展、森林保护和资源合理利用提供科学依据，博州南部山区森林资源科学考察项目昆虫专业组于2018—2019年对博州南部山区昆虫资源进行了科学考察。期间主要通过扫网法、诱捕法采集昆虫。扫网法：日间用捕虫网采集昆虫，选取植物种类繁多、植物生长茂盛的山地扫网，将标本置于100%乙醇或三角纸袋中保存。诱捕法：夜间活动或具有趋光性的昆虫采用灯诱的方法采集，在植物种类丰富，管理粗放或野生状态的次生林附近，选择避风、便于操作、稍开阔的地方挂灯和设置夜间采集网，每次诱集时间为21:00至翌日凌晨1:00，用指形管扣捕所有落于幕布前后面的昆虫，用乙酸乙酯作为毒杀剂，杀死的昆虫按照不同类群分别放于收集瓶（管）中，尽量避免摇动，最后装入三角纸袋中将标本带回实验室。对于比较大型的蛾类在其胸部注射少量酒精或乙酸乙酯，并将其装入三角纸袋中。将收集标本带回实验室后，进行回软和制作，蜻蜓、蝶和蛾类等进行展翅，烘干和编号。鉴定主要参考《中国经济昆虫志》(各册，1959—1997)、《中国蛾类图鉴Ⅰ、Ⅱ、Ⅲ、Ⅳ》(1981—1983)、《中国动物志》(昆虫纲各册，1986-)、《中国昆虫大图鉴》(2011)、《Moths of Japan Ⅰ、Ⅱ、Ⅲ、Ⅳ》(2014)、《Pyraloidea of Europe Ⅰ，Ⅱ，Ⅲ》(2011—2014)、《Pyraloidea of Central Europe Ⅲ，Ⅳ》(2012，2014)、《新疆昆虫原色图鉴》(2014)、《中国蝴蝶图鉴》(2017)等资料。

8.1　昆虫区系特征

8.1.1　昆虫种类组成

经过鉴定和数量统计，在博州南部山区三台林区阿河下堤、桥西卡勒、克孜勒玉、赛列克特、克孜勒托干、阿哈吐别克、喀拉萨、克孜里玉管护站、赛里木湖，以及精河县林区的乌图精、巴音那木、小海子、大海子、大河沿子管护站共14个采样点采集昆虫标本1596号，隶属于12目60科252种（亚种）(见表8-1)，分别为蜉蝣目Ephemeroptera 1科1种，蜻蜓目Odonata 2科2种，直翅目Orthoptera 3科7种，革翅目Dermaptera 1科1种，半翅目Hemiptera 7科10种，脉翅目Neuroptera 3科5种，蛇蛉目Raphidioptera 1科1种，鞘翅目Coleoptera 17科68种，双翅目Diptera 2科8种，毛翅目Trichoptera 1科1种，鳞翅目Lepidoptera 15科129种（亚种），膜翅目Hymenoptera 9科19种。

表8-1　新疆博州南部山区各地的昆虫种类和数量组成

目	科/种/个体数	三台林场	精河县林场
蜉蝣目	1科1种3号	1种2号	1种1号
蜻蜓目	2科2种7号	1科1种1号	2科2种6号
直翅目	3科7种15号	3科4种8号	2科3种7号

续表

目	科/种/个体数	三台林场	精河县林场
革翅目	1科1种1号	1种1号	/
半翅目	7科10种38号	5科8种26号	3科4种12号
脉翅目	3科5种28号	2科4种18号	2科4种10号
蛇蛉目	1科1种2号	1科1种2号	/
鞘翅目	17科68种615号	16科52种425号	9科26种190号
双翅目	2科8种11号	1科6种9号	2科2种2号
毛翅目	1科1种4号	1种4号	/
鳞翅目（蝶类）	6科44种307号	5科28种140号	5科25种167号
鳞翅目（蛾类）	9科85种（亚种）403号	9科63种（亚种）204号	7科43种（亚种）199号
膜翅目	9科19种162号	7科12种50号	8科14种112号
合计	12目60科252种（亚种）1596号	12目50科182种（亚种）890号	9目40科125种（亚种）706号

8.1.2　昆虫的优势类群

从表8-1可以看出，博州南部山区森林昆虫组成较丰富，在12目的昆虫中，种数和个体数均较高的为鳞翅目和鞘翅目，其次是膜翅目，半翅目和脉翅目的昆虫种数和个体数均较少，再者是直翅目、蜻蜓目和双翅目，而蜉蝣目、革翅目、蛇蛉目和毛翅目则最少。

种数最多的科（种数10种及以上）有8科，包括鳞翅目的6科，草螟科Crambidae（34种）、夜蛾科Noctuidae（16种）、尺蛾科Geometridae（14种）、蛱蝶科Nymphalidae（12种）、灰蝶科Lycaenidae（11种）、粉蝶科Pieridae（10种）；鞘翅目的2科，金龟科Scarabaeidae（17种）、拟步甲科Tenebrionidae（11种）。种数较多的科（种数5种及以上）也有8科，包括鳞翅目的4科：眼蝶科Satyridae（7种）、螟蛾科Pyralidae（7种）和枯叶蛾科Lasiocampidae（5种/亚种），鞘翅目的3科：步甲科Carabidae（9种）、瓢虫科Coccinellidae（8种）和芫菁科Meloidae（7种），以及双翅目的1科：蚜蝇科Syrphidae（7种）。

个体数较多的种（个体数30只及以上）有11种：绿眼花天牛*Acmaeops smaragdula*（Fabricius，1792）（66只）、达维分舌蜂*Colletes daviesanus* Smith，1846（58只）、达乌尔蜉金龟*Phaeaphodius dauricus*（Harold，1863）（55只）、金匠花金龟*Cetonia aurata*（Linnaeus，1758）（49只）、蚁形斑芫菁*Mylabris quadvisignata* Fischer von Waldheim，1823（48只）、银光草螟*Crambus perlellus*（Scopoli，1763）（45只）、荨麻蛱蝶*Aglaisurticae* Linnaeus，1758（39只）、小驼嗡蜣螂*Onthophagus gibbulus*（Pallas，1781）（38只）、中亚绢粉蝶*Aporia leucodice*（Eversmann，1843）（37只）、图兰红眼蝶*Erebiaturanica Erschoff*，1876（37只）、细纹吉丁虫*Anthaxia* sp.（35只）。其中天牛、花金龟、芫菁、吉丁虫，以及蛱蝶和草螟等是重要的农林业害虫，当地的农业、林业部门要加强监测，避免虫害爆发。其中荨麻蛱蝶、细纹吉丁虫、金匠花金龟等在桥西卡勒和小海子保护站的种群数量较大，蚁形斑芫菁在克孜勒玉种群较大，银光草螟在巴音那木的种群数量较大，这些保护站要加强上述昆虫的监测工作。

还有9种昆虫虽然种群数量不及上述优势种，但个体数量也较大，包括暗脉菜粉蝶*Pieris napi*（Linnaeus，1758）（29只）、天蓝斑芫菁*Mylabriscoerulescens* Gebler，1841（24只）、中间斑芫菁*Mylabris intermedia* Fischer von Waldheim，1844（24只）、红头豆芫菁*Epicauta erythrocephala*（Pallas，1781）（23只）、单纹斑芫菁*Mylabris monozona* Wellman，1910（23只）、霜尺蛾*Alcis bastelbergeri*（Hirschke，1908）（23只）、球果尺蛾*Eupithecia* sp.（20只），广布弓背蚁 *Camponotus herculeanus*（Linnaeus，1758）（22只）、红林蚁 *Formica fufa* Linnaeus，1758（20只）。这些昆虫中也包括了不少林业害虫，需要加以关注和监测。

8.2 博州南部山区不同区域昆虫多样性比较

依据2018—2019年的数据，三台林区共采集昆虫标本12目50科182种890号，精河县林区共采集昆虫标本9目40科125种706号（表8-1）。两地昆虫在目、科和种的多样性方面差距较大，丰富度差别也较大，均以三台林区优于精河县林区。

依据2018年的数据，对在博乐三台林区阿河下堤、桥西卡勒、克孜勒玉管护站、精河县林区乌图精、巴音那木、小海子管护站的六个采样点进行了比较，其中在阿河下堤采集昆虫标本98号，隶属7目26科52种；在桥西卡勒采集昆虫标本503号，隶属于8目35科98种；在克孜勒玉采集昆虫标本98号，隶属4目15科21种；在乌图精采集昆虫标本41号，隶属4目2科19种；在巴音那木采集昆虫标本206号，隶属于5目18科45种；在小海子采集昆虫标本186号，隶属于5目23科50种。昆虫的个体丰富度水平排序为桥西卡勒（503只）＞巴音那木（206只）＞小海子（186只）＞阿河下堤（98只）＝克孜勒玉（98只）＞在乌图精（41只）。昆虫物种多样性水平排序为桥西卡勒（98种）＞阿河下堤（52种）＞小海子（50种）＞巴音那木（45种）＞克孜勒玉（21种）＞乌图精（19种）。综合来看，桥西卡勒的昆虫多样性水平最高，巴音那木、小海子以及阿河下堤的昆虫多样性水平较高。

昆虫是森林生态系统的重要组成部分，在森林生态系统的主体群落中，昆虫与植物有着密切的联系，以昆虫作为指示生物来评估森林生态系统健康有着独特的生物学和生态学基础（王义平等，2008；张红玉和欧晓红，2006）。本次调查新疆博州南部山区不同林场的昆虫物种多样性水平存在较大差异，排除调查时间短和次数少的因素，其多样性水平可以初步反映各林地的植物多样性水平和森林健康程度，因而六个采样点的森林多样性水平及保护程度应该也大致符合上述的昆虫物种多样性水平排序。今后如果能够对昆虫多样性进行定点定期监测，收集基础数据监测不同昆虫种群数量的变动情况，可以进一步完善各林场及采样点的生物多样性数据，并以昆虫作为指示生物，结合当地的自然生态环境对各林区森林的健康程度进行初步的评估，为当地的森林管理工作提供基础数据。

8.3 新记录种和国家珍稀保护种

在本次调查中，发现了部分中国新记录种和新疆新记录种。其中中国新记录种有2种：珀薄翅野螟 *Evergestis politalis*（Denis & Schiffermuller，1775）和刺薄翅野螟 *Evergestis spiniferalis*（Staudinger，1900）。

新疆新记录种有27种：褐衣薄翅螟 *Evergestis lichenalis* Hampson，1900、暗纹薄翅野螟 *Evergestis frumetalis*（Linaeus，1761）、华丽野螟 *Agathodes ostentalis*（Geyer，1837）、黄基缨斑野螟 *Endocrossis flavibasalis*（Moore，1867）、褐缘绿野螟 *Parotis marginata*（Hampson，1893）、四斑绢野螟 *Glyphodes quadrimaculalis*（Bremer & Grey，1853）、豆荚野螟 *Maruca vitrata*（Fabricius，1787）、棕带绢丝野螟

Glyphodes stolalis Guenée，1854、黄斑紫翅野螟*Rehimena phrynealis*（Walker，1859）、八斑蓝黑野螟*Rhagoba octomaculalis*（Moore，1867）、黄脊丝角野螟*Filodes fulvidorsalis*（Geyer，1832）、黑点蚀叶野螟*Lamprosema commixta*（Butler，1873）、桃多斑野螟*Conogethes punctiferalis*（Guenée，1854）、忧田草螟*Agriphila tristella*（[Denis & Schiffermüller]，1775）、田草螟*Argiphila deliella*（Hübner，1813）、丽草螟*Euchromius gozmanyi* Bleszynski，1961、灰茎草螟*Pediasia persella*（Toll，1948）、鳞斑螟*Asalebria florella*（Mann，1862）、线夜斑螟*Nyctegretis lineana*（Scopoli，1786）、梢斑螟*Dioryctria simplicella* Heinemann，1863、斑螟*Zophodia grossulariella*（Hübner，1809）、深色白眉天蛾*Celerio gallii*（Rottemburg，1775）、迪青尺蛾*Dyschloropsis impararia*（Guenée，1858）、岩尺蛾*Scopula ornata*（Scopoli，1763）、霜尺蛾*Alcis bastelbergeri*（Hirschke，1908）、黑带二尾舟蛾*Cerura felina*（Butler，1877）、赫妃夜蛾*Drasteria herzi*（Alphéraky，1895）。

本次调查在小海子发现了一只阿波罗绢蝶*Parnassiu sapollo*（Linnaeus，1758），属于珍贵的大型绢蝶，被列为《华盛顿公约》Ⅱ级保护物种和中国《国家重点保护野生动物名录》中Ⅱ级保护对象，我国仅分布在新疆。但从1981年发现以来，随着气候环境的变化，在新疆的种群数量也有减少的趋势。小海子保护站位于天山西段，是阿波罗绢蝶的重要栖息地，说明此地的森林环境较好。

参考文献

蔡荣权，1979. 中国经济昆虫志第16册鳞翅目舟蛾科[M]. 北京：科学出版社.

陈一心，1999. 中国动物志昆虫纲第16卷鳞翅目夜蛾科[M]. 北京：科学出版社.

方承莱，2000. 中国动物志昆虫纲第19卷鳞翅目灯蛾科[M]. 北京：科学出版社.

韩红香，薛大勇，2011. 中国动物志昆虫纲第54卷鳞翅目尺蛾科尺蛾亚科[M]. 北京：科学出版社.

胡红英，黄人鑫，2013. 新疆昆虫原色图鉴[M]. 乌鲁木齐：新疆大学出版社.

黄春梅，成新跃，2012. 中国动物志昆虫纲第50卷双翅目食蚜蝇科[M]. 北京：科学出版社.

刘崇乐，1963. 中国经济昆虫志第5册鞘翅目瓢虫科[M]. 北京：科学出版社.

刘友樵，2006. 中国动物志昆虫纲第47卷鳞翅目枯叶蛾科[M]. 北京：科学出版社.

马文珍，1995. 中国经济昆虫志第46册鞘翅目：花金龟科、斑金龟科、弯腿金龟科[M]. 北京：科学出版社.

庞雄飞，毛金龙，1979. 中国经济昆虫志第16册瓢虫科（二)[M]. 北京：科学出版社.

任国栋，2016. 中国动物志昆虫纲第63卷鞘翅目拟步甲科（一)[M]. 北京：科学出版社.

王义平，吴鸿，徐华潮，2008. 以昆虫作为指示生物评估森林健康的生物学与生态学基础[J]. 应用生态学报，19（7）：1625–1630.

吴燕如，2000. 中国动物志昆虫纲第20卷膜翅目准蜂科蜜蜂科[M]. 北京：科学出版社.

吴燕如，2006. 中国动物志昆虫纲第44卷膜翅目切叶蜂科[M]. 北京：科学出版社.

武春生，徐堉峰，2017. 中国蝴蝶图鉴1，2，3，4[M]. 福州：海峡书局.

张红玉，欧晓红，2006. 以昆虫为指示物种监测和评价森林生态系统健康初探[J]. 世界林业研究，19（4）：22–25.

张巍巍，李元胜，2011. 中国昆虫大图鉴[M]. 重庆：重庆大学出版社.

赵仲苓，1978. 中国经济昆虫志第12册鳞翅目毒蛾科[M]. 北京：科学出版社.

赵仲苓，2003. 中国动物志昆虫纲第30卷鳞翅目毒蛾科[M]. 北京：科学出版社.

中国科学院动物研究所，1981—1983. 中国蛾类图鉴Ⅰ、Ⅱ、Ⅲ、Ⅳ[M]. 北京：科学出版社.

周尧，1994. 中国蝶类志（上、下)[M]. 郑州：河南科学技术出版社.

朱弘复，陈一心，1963. 中国科学院动物研究所. 中国经济昆虫志第3册鳞翅目夜蛾科（一)[M]. 北京：科学出版社.

朱弘复，陈一心，1964. 中国科学院动物研究所.中国经济昆虫志第3册鳞翅目夜蛾科（二)[M]. 北京：科学出版社.

朱弘复，王林瑶，1980. 中国经济昆虫志第22册鳞翅目天蛾科[M]. 北京：科学出版社.

朱弘复，王林瑶，1997. 中国动物志昆虫纲第11卷鳞翅目天蛾科[M]. 北京：科学出版社.

Goater B., Nuss M. & Speidel W., 2005. Pyraloidea I (Crambidae: Acentropinae, Evergestinae, Heliothelinae; Schoenobiinae, Scopariinae). 304 pp. In: Huemer P.& Karsholt, O. Microlepidoptera of Europe 4. Apollo Books, Stenstrup.

Inoue H., 1982. Pyralidae. In: Inoue H, Sugi S, Kuroko H, Moriuti S, Kawabe A (Eds) Moths of Japan 1+2. Kodansha, Tokyo, vol.1: 307–404, vol.2: 223−254, pls. 36−48, 228, 296−314.

Leraut P. J. A., 2012. Moths of Europe, III, Zygaenids, Pyralids 1 and Brachodids. Verrières-le-Buisson, France.

Leraut P. J. A., 2014. Moths of Europe, IV, Pyralids 2. Verrières-le-Buisson, France.

Nasu Y., Hirowatari T. & Kishida Y., 2013. The Standard of Moths in Japan, Ⅰ, Ⅱ, Ⅲ, Ⅳ. Gakken Education Publisher, Tokyo.

Slamka F., 2006. Pyraloidea of Europe 1, Pyralinae, Galleriinae, Epipaschiinae, Cathariinae&Odontiinae. Bratislava.

Slamka F., 2008. Pyraloidea of Europe 2, Crambinae&Schoenobiinae. Bratislava.

Slamka F., 2013. Pyraloidea of Europe 3, Pyraustinae and Spilomelinae. Bratislava.

Slamka F., 2019. Pyraloidea of Europe 4, Phycitinae-Part 1. Bratislava.

第9章　森林资源评价

森林资源是林地及其所生长的森林有机体的总称。这里以林木资源为主，还包括林中和林下植物、野生动物、土壤微生物及其他自然环境因子等资源。本章从生物资源和生态资源进行评价。

9.1　生物资源评价

9.1.1　植物资源

植物资源是指可以被人类直接或间接利用的植物总和，随着人类对自然要求的多样化，作为在自然资源中起中心作用和占主导地位的植物资源日益受到人们的重视。

新疆植物资源调查研究工作有很多，如《新疆植物志》在描述种的特征和分布后，有些资源植物就介绍了经济用途。另外还有《新疆国土资源》《新疆经济植物及其利用》《新疆野生观赏植物》《新疆主要饲用植物志》《新疆药用植物志》《新疆蜜源植物及其利用》等研究专著。关于新疆山区植物资源有对阿尔泰山、天山野果林、巴尔鲁克山自然保护区、北塔山、奎屯地区等山区植物资源组成的分析工作。关于新疆博州植物资源有《新疆草原植物图鉴—博乐卷》和民族药用植物资源的报道。新疆博州南部山区的局部区域至今人迹罕至，基本上保持着原生状态，因此，开展植物资源的调查与组成分析，对该地区植物资源的研究和物种保护意义重大，这不仅能够补充该地区植物与植被的基础性资料，而且能够科学地保护和利用这些宝贵的野生植物资源。

2018—2019年项目组考察了北天山西段支脉博洛霍罗山和科古尔琴山北麓的精河林区、三台林区管辖区范围等地。采用路线调查法和群落样方法等，开展了对博州南部山区植被群落与植物资源实地调查。研究过程中利用GPS定位，详细记录资源植物的名称、分布生态习性及生境等基本要素，并对采集到的植物标本进行编号。通过标本制作和物种分类鉴定，参考《新疆植物志》《新疆植物志简本》等文献资料，编写博州南部山区维管植物名录。在此基础上，参照《新疆国土资源》(第一分册)、《植物资源学》(1992、2008)中关于野生植物资源的分类方法，以植物用途为分类依据，系统地分析了博州南部山区野生种子植物资源的组成及特征。

1. 植物资源类型与组成

根据《植物资源学》(2008)对植物资源的分类方法，结合本地区植物资源实际情况，将博州南部山区74科416属1126种资源植物按用途分为6个大类，分别为食用植物资源、药用植物资源、工业用植物资源、饲用植物资源、野生观赏植物、野生农作物近缘植物资源。其中食用植物资源包括野生果树资源、野菜植物资源、蜜源植物资源3类；工业用植物资源包括木材植物资源、纤维植物资源、鞣料植物资源、染料植物资源、芳香油植物资源、工业油料植物资源6类；饲用植物资源包括豆科牧草、禾本科牧草、藜科牧草、木本饲料和其他类牧草5类；野生观赏植物包括观赏乔木、观赏灌木、草花类和草坪植物4类；野生农作物近缘植物资源包括谷类作物野生近缘植物、野生油料作物近缘种、葱属植物种质资源3类。共计22个小类。

（1）食用植物资源

食用植物资源是指可直接或间接供人类食用的野生植物资源。包括野生果树资源、野菜植物资源、蜜源植物资源，共计242种，占种子植物总数的21.49%。

①野生果树资源

博州南部山区野生果树有黄果山楂（*Crataegus chlorocarpa*）、杏（*Prunus armeniaca*）、天山樱桃（*P. prostrata var. concolor*）、蒙古沙棘（*Hippophae rhamnoides* subsp. *mongolica*）、黑果栒子（*Cotoneaster melanocarpus*）、大果栒子（*C. megalocarpus*）、树莓（*Rubus idaeus*）、库页岛悬钩子（*R. sachalinensis*）、森林草莓（*Fragaria vesca*）、绿草莓（*F. viridis*）、黑果茶藨（*Ribes nigrum*）、天山茶藨（*R. meyeri*）、白刺（*Nitraria schoberi*）以及多刺蔷薇（*Rosa spinosissima*）、宽刺蔷薇（*R. platyacantha*）、疏花蔷薇（*R. laxa*）、腺齿蔷薇（*R. albertii*）、樟味蔷薇（*R. cinnamomea*）、刺蔷薇（*R. acicularis*）等多种野蔷薇，共有4科10属32种，占种子植物总数的2.84%。特别是蒙古沙棘的果实富含维生素C、E、K、A，可被制成多种食物、饮料和药物等；杏、悬钩子味道酸甜爽口，如今颇受人们喜爱；野蔷薇果含多种维生素，可供作饮料。

②野菜植物资源

博州南部山区野菜植物资源有野苜蓿（*Medicago* 5种）、车前（*Plantago* 9种）、蒲公英（*Taraxacum* 6种）、野葱（*Allium* 19种）及萹蓄（*Polygonum aviculare*）、珠芽蓼（*P. viviparum*）、鹅绒委陵菜（*Potentilla anserine*）、垂果南芥（*Arabis pendula*）、新疆山黧豆（*Lathyrus gmelinii*）、新疆野豌豆（*Vicia costata*）、野胡萝卜（*Daucus carota*）、宿根亚麻（*Linum perenne*）、龙蒿（*Artemisia dracunculus*）、苦苣菜（*Sonchus oleraceus*）、芝麻菜（*Eruca sativa*）、牛至（*Origanum vulgare*）、野燕麦（*Avena fatua*）等共有11科18属54种，占种子植物总数的4.80%。这些野外自然生长未经人工栽培，其根、茎、叶、花或果实等器官可作蔬菜食用的野生植物，富含纤维素、淀粉、糖类和蛋白质成分，其中比较重要的有龙蒿，其嫩枝叶有花椒的香味，可炒食或调食；珠芽蓼的瘦果含淀粉，可做副食品或酿酒；鹅绒委陵菜俗称蕨麻，块根富含淀粉，可煮食；垂果南芥种子可榨油。

③蜜源植物资源

博州南部山区主要的野生蜜源植物有老鹳草（*Geranium* 9种）、糙苏（*Phlomis* 3种）、青兰（*Dracocephalum* 9种）、勿忘草（*Myosotis* 3种）、马先蒿（*Pedicularis* 6种）及蒙古沙棘、拟百里香（*Thymus proximus*）、芳香新塔花（*Ziziphora clinopodioides*）、密花香薷（*Elsholtzia densa*）、新疆党参（*Codonopsis clematidea*）、苦豆子（*Sophora alopecuroides*）、广布野豌豆（*Vicia cracca*）、小花棘豆（*Oxytropis glabra*）、天山岩黄耆（*Hedysarum semenovii*）、骆驼刺（*Alhagi sparsifolia*）、铃铛刺（*Halimodendron halodendron*）、白花车轴草（*Trifolium repens*）、野火球（*T. lupinaster*）、天蓝苜蓿（*Medicago lupulina*）、中败酱（*Patrinia intermedia*）、沼生水苏（*Stachys palustris*）、白屈菜（*Chelidonium majus*）、森林草莓（*Fragaria vesca*）、荠菜（*Capsella bursa-pastoria*）、播娘蒿（*Descurainia sophia*）、独行菜（*Lepidium apetalum*）、菥蓂（*Thlaspi arvense*）、克什米尔羊角芹（*Aegopodium kashmiricum*）、鹅绒委陵菜、瓣蕊唐松草（*Thalictrum petaloideum*）、天山翠雀花（*Delphinium tianshanicum*）、白刺（*Nitraria schoberi*）、骆驼蓬（*Peganum harmala*）、新疆远志（*Polygala hybrida*）、大叶橐吾（*Ligularia macrophylla*）、丝叶蓍（*Achillea setacea*）、聚花风铃草（*Campanula glomerata*）、翼蓟（*Cirsium vulgare*）等，共有19科40属156种，占种子植物总数的13.85%。丰富的蜜源植物为博州蜂产品的生产提供了充足的原料，可供蜜蜂采集花蜜和花粉进而为人类所利用，可大规模开发产业。

（2）药用植物资源

博州南部山区的药用植物非常丰富，共有24科62属244种，占种子植物总数的21.67%。作为中药材常用有杏、天山大黄（*Rheum wittrockii*）、蒺藜（*Tribulus terrestris*）、岩风（*Libanotis buchtormensis*）、药用琉璃草（*Cynoglossum officinale*）、全叶青兰（*Dracocephalum integrifolium*）、锁阳（*Cynomorium songaricum*）、秦艽（*Gentiana macrophylla*）、罗布麻（*Apocynum venetum*）、圆叶鹿蹄草（*Pyrola rotundifolia* ）、驼舌草（*Goniolimon speciosum*）、木本补血草（*Limonium suffruticosum*）、中败酱、新疆党参、新疆枸杞（*Lycium dasystemum*）、天仙子（*Hyoscyamus niger*）、龙葵（*Solanum nigrum*）、曼陀罗（*Datura stramonium*）、雪莲（*Saussurea involucrata*）、牛蒡（*Arctium lappa*）、黄花蒿（*Artemisia annua*）、药用蒲公英（*Taraxacum officinale*）、伊贝母（*Fritilhtria pallidiftora*）、芦苇（*Phragmites australis*）等。这些药用植物资源含有药用成分，可作为植物性药物开发利用，常见药用部位为地上部分（茎、叶、果实、种子等）、地下部分或全株。特别是伊贝母是新疆珍贵的中药材之一，为化痰、止咳、清热、润肺的常用药；党参的根入药，有补脾胃、益气血、生津止渴的功能；全叶青兰地上部分均可入药，有平喘祛痰、清热解毒之功用，治慢性气管炎、肝炎、尿道炎。

作为野生药用植物还有肉苁蓉（*Cistanche deserticola*）、盐生肉苁蓉（*C. salsa*）、弯管列当（*Orobanche cernua*）、美丽列当（*O. amoena*）等列当科植物；金黄柴胡（*Bupleurum aureum*）、葛缕子（*Carum carvi*）、西归芹（*Seselopsis tianschanicum*）、伊犁岩风（*Libanotis iliensis*）、短茎古当归（*Archangelica brevicaulis*）、多伞阿魏（*Ferula feurlaeoides*）、兴安独活（*Heracleum dissectum* ）等伞形科植物；欧夏至草（*Marrubium vulgare*）、欧活血丹（*Glechoma hederacea*）、夏枯草（*Prunella vulgaris*）、新疆鼠尾草（*Salvia deserta*）、新风轮（*Calamintha debilis*）、牛至、芳香新塔花、青兰属（*Dracocephalum* 9种）等唇形科植物；毛果一枝黄花（*Solidago virgaurea*）、鼠麹雪兔子（*Saussurea gnaphalodes*）、小甘菊（*Cancrinia discoidea*），大花蒿（*Artemisia macrocephala*）等菊科植物；伊犁郁金香（*Tulipa iliensis*）、垂蕾郁金香（*T. patens*）、异叶郁金香（*T. heterophylla*）、新疆贝母（*Fritilhtria walujewii*）、新疆玉竹（*Polygonatum roseum*）等百合科植物；白番红花（*Crocus alatavicus* ）、天山鸢尾（*Iris loczyi*）等鸢尾科植物，以及蓝枝麻黄（*Ephedra glauca*）、乌头（*Aconitum* 3种）、光果甘草（*Glycyrrhiza glabra*）、天山岩黄耆，长鳞红景天（ *Rhodiola gelida*）、大果白刺（*Nitraria roborowskii*）、骆驼蓬（*Peganum harmala*）、霸王（*Zygophyllum fabago*）、小车前（*Plantago minuta*）等植物。

（3）工业用植物资源

现代工业赖以生存的最基本条件是植物性工业原料。博州南部山区的工业用植物资源可划分为：木材植物资源、纤维植物资源、鞣料植物资源、染料植物资源、芳香油植物资源、油料植物资源等6类，约232种，隶属于30科73属，占博州南部山区种子植物总数的20.60%。

①木材植物资源

木材是能够为人类的生产生活提供木质结构的一类植物，多以乔木为主。博州南部山区地处干旱、半干旱区域，自然野生的乔木种类相对较少，共有12种，占种子植物总数的1.06%。分布区域最广的是位于海拔1600～2600 m的中山带阴坡和半阴坡，几乎完全由雪岭云杉（*Picea schrenkiana*）为建群种组成了寒温性常绿针叶林，群落高度20～40 m，林相较为稀疏，林冠郁闭度30%～60%。另外还有杨柳科植物，如欧洲山杨（*Populus tremula*）、密叶杨（*P. talassica*）、胡杨（*P. euphratica*）、蓝叶柳（*Salix capusii*）、吐兰柳（*S. turanica*）、伊犁柳（*S. iliensis*），以及白榆（*Ulmus pumila*）、疣枝桦（*Betula pendula*）、天山桦（*B. tianschanica*）、杏、欧洲稠李（*Prunu padus*）等。

②纤维植物资源

植物体内某一部分的纤维细胞特别发达，能够产生天然纤维并作为主要用途而被提取利用的植物资源。主要有杨（*Populus* 3种）、柳（*Salix* 7种）、锦鸡儿（*Caragana* 5种）、赖草（*Leymus* 5种）以及大麻（*Cannabis sativa*）、啤酒花（*Humulus lupulus*）、罗布麻、焮麻（*Urtica cannabina*）、牛蒡、黄花蒿、冰草（*Agropyron cristatum*）、白羊草（*Bothriochloa ischaemum* ）、雀麦（*Bromus japonicus*）、拂子茅（*Calamagrostis epigeios*）、芨芨草（*Achnatherum splendens*）、狗尾草（*Setaria viridis*）等48种，占种子植物总数的4.26%。

③鞣料植物资源

植物体内含有丰富单宁物质的一类植物，主要有天山大黄、酸模（*Rumex acetosa*）、水杨梅（*Geum aleppicum*）、鹅绒委陵菜、天山花楸（*Sorbus tianschanica*）、地榆（*Sanguisorba officinalis*）、牻牛儿苗（*Erodium stephanianum*）、罗布麻、柳兰（*Chamaenerion angusitifolium*）、异株百里香（*Thymus marschallianus*）等30种，占种子植物总数的2.66%。

④染料植物资源

植物体内含有丰富的天然色素，可以提取用作于染料的一类植物。主要有疣枝桦、高山蓼（*Polygonum alpinum*）、藜（*Chenopodium album*）、刺沙蓬（*Salsola ruthenica*）、黑果小檗（*Berbris heteropoda*）、白屈菜、欧洲稠李（*Prunus padus*）、石生老鹳草、乳浆大戟（*Euphorbia esula*）、圆叶锦葵（*Malva rotundifolia*）、千屈菜（*Lythrum salicaria*）、毛果一枝黄花等38种，占种子植物总数的3.37%。

⑤芳香油植物资源

植物体器官中含有芳香油的一类植物。主要有啤酒花、腺齿蔷薇、杏、黄花草木樨（*Melilotus officinalis*）、密花香薷、牛至、缬草（*Valeriana officinalis*）、蓍（*Achillea millefolium*）、大籽蒿（*Artemisia sieversiana*）、光青兰（*Dracocephalum imberbe*）、新疆鼠尾草、异株百里香、芳香新塔花、喜盐鸢尾（*Iris halophila*）等58种，占种子植物总数的5.15%。这些植物的花、茎、枝条、叶、根、果实或种子等可作为为原料，通过用水蒸气法、压榨法、浸提法、吸收法等方法，可以生产出精油、浸膏、酊剂、香脂、香树脂和净油等植物性香料。

⑥工业油料植物资源

植物体内能提取贮藏的油脂作为工业原料，广泛用于制肥皂、油漆、润滑油等方面，也是化工、医药、轻纺等工业的重要原料。主要有雪岭云杉、焮麻、大麻、高碱蓬（*Suaeda altissima*）、刺沙蓬、白屈菜、骆驼蓬、蒙古沙棘、药用琉璃草、椭圆叶天芥菜（*Heliotropium ellipticum*）、盔状黄芩（*Scutellaria galericulata*）、块根糙苏（*Phlomis tuberosa*）、牛至、密花香薷、天仙子、曼陀罗、毛蕊花（*Verbascum thapsus*）、蓍、牛蒡、飞廉（*Carduus nutans*）等46种，占种子植物总数的4.08%。

（4）饲用植物资源

博州南部山区不仅草场类型多样、饲用植物资源非常丰富，有不少优良牧场和野生优质牧草，对于发展博州草原畜牧业是一个非常有利的条件。统计饲用植物共有25科65属321种，占种子植物总数的28.51%。包括豆科牧草、禾本科牧草、藜科牧草、木本饲料和其他类牧草。

①豆科牧草

豆科牧草蛋白质含量高、营养丰富，主要有苜蓿（*Medicago* 6种）、草木樨（*Melilotus* 3种）、车轴草（*Trifolium* 4种）、驴食草（*Onobrychis* 2种）、胡卢巴（*Trigonella* 2种）、野豌豆（*Vicia* 4种）、黄耆（*Astragalus* 17种）、棘豆（*Oxytropis* 15种）以及小叶鹰嘴豆（*Cicer microphyllum*）、新疆山黧豆等55种。

②禾本科牧草

禾本科牧草分布广、种类多，尤其是幼嫩部分含有较多的糖类物质，在开花前含有相当数量的粗蛋白质，是草原植被重要的组成成分。主要有针茅（*Stipa* 13种）、羊茅（*Festuca* 11种）、早熟禾（*Poa* 12种）、披碱草（*Elymus* 13种）、赖草（*Leymus* 5种）、大麦（*Hordeum* 3种）、梯牧草（*Phleum* 3种）、看麦娘（*Alopecurus* 3种）、新麦草（*Psathyrostachys* 3种）以及鸭茅（*Dactylis glomerata*）、冰草、偃麦草（*Elytrigia repens*）、雀麦、无芒雀麦（*Bromus inermis*）、巨序剪股颖（*Agrostis gigantea*）、野燕麦等73种。

③藜科牧草

藜科植物是构成博州南部山区荒漠草原植被的重要成分，多属旱生或超旱生物种，有些种富含蛋白质和灰分，主要有驼绒藜（*Ceratoides lateens*）、樟味藜（*Camphorosma monspeliaca*）、倒披针叶虫实（*Corispermum lehmannianum*）、滨藜（*Atriplex* 4种）、地肤（*Kochia* 5种）等12种。

④木本饲料

有胡杨、欧洲山杨、密叶杨、蓝叶柳、吐兰柳、疣枝桦、天山桦、白榆、金丝桃叶绣线菊（*Spiraea hypericifolia*）、白刺、琵琶柴（*Reaumuria songarica*）等20种。

⑤其他类牧草

菊科有蒲公英（*Taraxacum* 8种）、蒿（*Artemisia* 13种）、紫菀（*Aster alpinus*）、火绒草（*Leontopodium leontopodioides*）、苍耳（*Xanthium sibiricum*）、亚洲蓍（*Achillea asiatica*）、蒙山莴苣（*Lactuca tatarica*）、苦苣菜等；蔷薇科有委陵菜（*Potentilla* 18种）、草莓（*Fragaria* 2种）、天山羽衣草（*Alchemilla tianschanica*）、地蔷薇（*Chamaerhodos erecta*）等；十字花科有荠菜、离子芥（*Chorispora tenella*）、四棱芥（*Goldbachia laevigata*）、四齿芥（*Tetracme quadricornis*）、舟果荠（*Tauscheria lasiocarpa*）、独行菜、抱茎独行菜（*Lepidium perfoliatum*）、播娘蒿、垂果南芥、葶苈（*Draba nemorosa*）、菥蓂等。还有葱（*Album* 19种）、蓼（*Polygonum* 10种）、糙苏（*Phlomis* 3种）、车前（*Plantago* 9种）；以及草原老鹳草（*Geranium pratense*）、新疆远志、秦艽、准噶尔铁线莲（*Clematis songarica*）、柔弱喉毛花（*Comastoma tenellum*）、牛至、深裂叶黄芩（*Scutellaria przewalskii*）、蓬子菜（*Galium verum*）、罗布麻、聚花风铃草等共156种。

（5）观赏植物资源

博州南部山区具有观赏价值的植物资源相当丰富，共有27科58属295多种，占种子植物总数的26.20%。按照生活型可分为观赏乔木、观赏灌木、草花类和草坪植物4类。

①观赏乔木

有雪岭云杉、欧洲山杨、密叶杨、蓝叶柳、吐兰柳、疣枝桦、天山桦、白榆、杏、欧洲稠李、蒙古沙棘、天山花楸、梭梭（*Haloxylon ammodendron*）、黄果山楂等约25种。

②观赏灌木

有蔷薇（*Rosa* 8种）、栒子（*Cotoneaster* 7种）、沼委陵菜属（*Comarum* 2种）、小檗（*Berberis* 3种）、锦鸡儿（*Caragana* 5种）、柽柳（*Tamarix* 5种）、忍冬（*Lonicera* 7种）以及泡果沙拐枣（*Calligonum junceum*）、金丝桃叶绣线菊、金露梅（*Pentaphylloidcs fruticosa*）、小叶金露梅（*P. parvifolia*）、铃铛刺、骆驼刺、罗布麻、刺旋花（*Convolvulus tragacanthoides*）、半日花（*Helianthemum songaricum*）、欧亚圆柏（*Juniperus sabina*）、西伯利亚刺柏（*J. sibirica*）等约50种。

③草花类

毛茛科有金莲花（*Trollius* 2种）、银莲花（*Anemone* 3种）、耧斗菜（*Aquilegia* 3种）、翠雀花（*Delphinium*

4种）、铁线莲（*Clematis* 6种）、白头翁（*Pulsatilla* 2种）；豆科有山黧豆（*Lathyrus* 4种）、野豌豆（*Vicia* 4种）、驴食草（*Onobrychis* 2种）、岩黄耆（*Hedysarum* 5种）和镰荚棘豆（*Oxytropis falcata*）；罂粟科有海罂粟（*Glaucium* 2种）和罂粟（*Papaver* 3种）；景天科有红景天（*Rhodiola* 5种）和圆叶八宝（*Hylotelephium ewersii*）；报春花科有点地梅（*Androsace* 6种）、报春花（*Primula* 4种）和假报春（*Cortusa matthioli*）；唇形科有青兰（*Dracocephalum* 9种）、糙苏（*Phlomis* 3种）、黄芩（*Scutellaria* 3种）、百里香（*Thymus* 2种）、新塔花（*Ziziphora* 2种）和毛节兔唇花（*Lagochilus lanatonodus*）、牛至；玄参科有马先蒿（*Pedicularis* 6种）、毛蕊花（*Verbascum* 3种）和紫花柳穿鱼（*Linaria bungei*）；菊科种类最多，有紫菀（*Aster* 4种）、蓝刺头（*Echinops* 2种）、旋覆花（*Inula* 5种）、橐吾（*Ligularia* 6种）、千里光（*Senecio* 6种）、蓍（*Achillea* 3种）和天山多榔菊（*Doronicum tianshanicum*）、优雅风毛菊（*Saussurea elegans*）。另外还有石竹（*Dianthus* 7种）、驼舌草（*Goniolimon* 3种）、补血草（*Limonium* 8种）、梅花草（*Parnassia* 2种）、老鹳草（*Geranium* 7种）、牻牛儿苗（*Erodium* 3种）、柳兰（*Chamerion* 2种）、柳叶菜（*Epilobium* 4种）、单侧花（*Orthilia* 2种）、凤仙花（*Impatiens* 2种）、缬草（*Valeriana* 3种）、堇菜（*Viola* 7种）、勿忘草（*Myosotis* 3种）、蓝盆花（*Scabiosa* 2种）、鸢尾（*Iris* 9种）、顶冰花（*Gagea* 5种）、郁金香（*Tulipa* 6种）、沙参（*Adenophora* 3种）、风铃草（*Campanula* 4种）等，以及独立花（*Moneses uniflora*）、中败酱、锦葵（*Malva pusilla*）、厚叶美花草（*Callianthemum alatavicum*）、花荵（*Polemonium caeruleum*）、篱打碗花（*Calystegia sepium*）、小花火烧兰（*Epipactis helleborine*）、掌裂兰（*Dactylorhiza hatagirea*）、凹舌掌裂兰（*Dactylorhiza viridis*）、小斑叶兰（*Goodyera repens*）、高山鸟巢兰（*Neottia ovata*）等约210多种。

④草坪植物

有狗牙根（*Cynodon dactylon*）、紫羊茅（*Festuca rubra*）、羊茅（*F. ovina*）、沟羊茅（*F. lesiaca subsp. sulcata*）、矮羊茅（*F. coelestis*）、短药羊茅（*F. brachyphylla*）、天山早熟禾（*Poa tianschanica*）、雪地早熟禾（*P. rangkulensis*）、高山早熟禾（*P. alpina*）等有9种。

（6）野生农作物近缘植物资源

博州南部山区野生农作物近缘植物资源丰富，包括谷类作物野生近缘植物、野生油料作物近缘种、葱属植物种质资源3类，共9科33属82种，占种子植物总数的7.28%。

①谷类作物野生近缘植物

有披碱草（*Elymus* 12种）、赖草（*Leymus* 6种）、新麦草（*Psathyrostachys* 3种）、大麦（*Hordeum* 3种）等属植物，以及偃麦草、冰草、东方旱麦草（*Eremopyrum orientale*）、野燕麦、狗尾草、金色狗尾草（*Setaria glauca*）等30种。

②野生油料作物资源

野生油料作物资源多集中在十字花科，如大蒜芥（*Sisymbrium* 3种）、南芥（*Arabis* 3种）、糖芥（*Erysimum* 4种）、独行菜（*Lepidium* 3种）等属植物，以及葶苈、条叶庭荠（*Alyssum linifolium*）、欧洲山芥（*Barbarea vulgaris*）、播娘蒿、团扇荠（*Berteroa incan*）、芝麻菜、菥蓂、小果亚麻荠（*Camelina microcarpa*）、荠菜等。还有白屈菜、直立委陵菜（*Potentilla recta*）、天仙子、牛至、毛蕊花、飞廉等33种。

③葱属植物种质资源

有北疆韭（*Album hymenorrhizum*）、草地韭（*A. kaschianum*）、宽苞韭（*A. platyapathum*）、小山蒜（*A. pallasii*）、石生韭（*A. petraeum*）等19种，大部分可炒食或调食，且适应性很强，在高山、中山、草原及山前荒漠生境条件下均可生长，为葱、蒜、韭栽培植物的抗逆性育种提供了宝贵的种质材料。

2. 植物资源属性分析

通过对博州南部山区种子植物资源的整理和分析，可看出该地区植物资源较为丰富。其中饲用植物有321种，野生观赏植物有295种，药用植物有244种，食用植物有242种，工业用植物有232种，野生农作物近缘植物资源有82种（表9-1）。

表9-1 博州南部山区野生植物资源在各大科中的分布（单位：种、%）

科名	食用植物		药用植物		工用植物		饲用植物		观赏植物		近缘植物	
	数量	百分率	数量	百分率	数量	百分率	数量	百分率	数量	百分率	数量	百分率
菊科	20	8.26	38	15.57	22	9.48	26	8.10	54	18.31	1	1.22
禾本科	2	0.83	2	0.82	18	7.76	73	22.74	9	3.05	30	36.59
豆科	53	21.90	37	15.16	9	3.88	55	17.13	35	11.86	/	
十字花科	10	4.13	/		/		11	3.43	1	0.34	22	26.83
藜科	1	0.41	/		18	7.76	12	3.74	6	2.03	/	
蔷薇科	40	16.53	28	11.48	34	14.66	25	7.79	35	11.86	1	1.22
毛茛科	1	0.41	10	4.10	/		6	1.87	20	6.78	/	
石竹科	/		/		/		/		13	4.41	/	
百合科	19	7.85	6	2.46	/		19	5.92	14	4.75	19	23.17
唇形科	18	7.44	17	6.97	23	9.91	7	2.18	26	8.81	2	2.44
紫草科	/		6	2.46	6	2.59	/		5	1.69	/	
伞形科	2	0.83	13	5.33	/		/		2	0.68	/	
蓼科	13	5.37	19	7.79	10	4.31	10	3.12	5	1.69	/	
玄参科	7	2.89	5	2.05	2	0.86	/		10	3.39	2	2.44
其他科	56	23.14	63	25.82	90	38.79	77	23.99	60	20.34	5	6.10
合计	242	100	244	100	232	100	321	100	295	100	82	100

博州南部山区野生植物中，蔷薇科、豆科、菊科和禾本科资源植物最为丰富。菊科和豆科植物占药用植物资源的30.74%，如雪莲、蒲公英、黄花蒿、甘草、岩黄耆等都为当地民族医药常用；工业用植物资源中蔷薇科、菊科和禾本科植物占该资源的31.90%；野生观赏植物中蔷薇科、豆科和菊科植物占该资源的42.03%，如多种栒子、多种蔷薇、多种锦鸡儿、多种菊类等；食用植物资源中蔷薇科、菊科和豆科植物占该资源的46.69%，特别是开花的156种蜜源植物种很多都是这3科植物，另外还有葱属植物19种之多，不仅开发利用前景广阔，而且还为葱栽培抗逆育种提供了宝贵的基因资源。博州南部山区最丰富的属饲用植物资源，其中禾本科、豆科、菊科和蔷薇科植物构成了山区草场牧草资源的主要部分，占饲用植物资源的55.76%。这些牧草中，不仅有数量众多、营养价值高、适口性好的优良牧草，而且具有多样的生态特性、生物学特性及饲用价值，适应于不同自然地理条件、不同利用季节、不同利用方式，如红花车轴草、驴食草、鸭茅、羊茅、梯牧草、无芒雀麦、高山早熟禾等都是世界上畜牧业重要的优良牧草。另外，蜜源植物和野生观赏植物在博州南部山区资源植物比例中非常高，占种子植物总数的13.85%和26.20%，丰富的蜜源植物为博州蜂产品的生产提供了充足的原料，而蜜源生产和园林利用方面仅为其中极少一部分，大量种类还未被认知和利用，因此要充分挖掘野生植物资源蜜源和观赏的价值，建议在进一步做好保护措施的基础上做好开发利用研究，丰富养蜂产业和园林景观的应用。

博州南部山区野生植物丰富，特殊的生态环境孕育出多样的适应其严酷环境的珍贵资源植物。如具有耐高寒、抗干旱、抗紫外线的特点和发达的根系，能够在干旱、高寒的极端环境中生长，这些植物保存着难得的耐高寒、抗干旱、抗紫外线基因，将在人类作物遗传育种研究中发挥重要作用。目前，新疆博州南部山区局部区域至今人迹罕至，基本上保持着原生状态，这对该地区植物资源的研究和物种保护意义重大，建议在特殊区域建立特征资源植物和极小植物种群保护基地，进一步做好建设规划和保护措施。

9.1.2 中国特有与珍稀濒危保护植物

1. 中国特有植物

博州南部山区有中国特有维管植物26种，隶属于9科19属，为粗毛锦鸡儿（*Caragana dasyphylla*）、温泉黄耆（*Astragalus wenquanensis*）、西域黄耆（*A. pseudoborodinii*）、茸毛果黄耆（*A. hebecarpus*）、紫花黄耆（*A. porphyreus*）、镰荚棘豆（*Oxytropis falcata*）、唐古特白刺（*Nitraria tangutorum*）、温泉翠雀花（*Delphinium winklerianus*）、长卵苞翠雀花（*D. elliptico-ovatum*）、伊犁铁线莲（*Clematis sibirica* var. *iliensis*）、细尖滇紫草（*Onosma apiculatum*）、毛节兔唇花（*Lagochilus lanatonodus*）、博乐绢蒿（*Seriphidium borotalense*）、林生蓝刺头（*Echinops sylvicola*）、小尖风毛菊（*Saussurea mucronulata*）、托里风毛菊（*Saussurea tuoliensis*）、纤梗蒿（*Artemisia pewzowii*）、圆柱披碱草（*Elymus cylindricus*）、大药早熟禾（*Poa macroanthera*）、疏花针茅（*Stipa penicillata*）、毛叶獐毛（*Aeluropus pilosus*）、白番红花（*Crocus alatavicus*）、弯叶鸢尾（*Iris curvifolia*）、赛里木湖郁金香（*Tulipa tianschanica* var. *sailimuensis*），详见表3-9（见52页）。

24个中国特有维管植物中有18种仅分布于新疆或天山地区，为新疆特有种，如粗毛锦鸡儿、细尖滇紫草、毛节兔唇花、博乐绢蒿、林生蓝刺头、小尖风毛菊、托里风毛菊、毛叶獐毛、弯叶鸢尾、温泉黄耆、西域黄耆、茸毛果黄耆、白番红花、赛里木湖郁金香，该部分特有种主要是在喜马拉雅山脉整体抬升后，中亚地区大陆季风性气候形成及不断发展的影响下发生的区域特有现象，说明本地区环境异质性程度较高，对物种分化有着显著影响。

另外，博州南部山区拥有中国特有苔藓植物6种，包括2种苔类植物［拟地钱（*Marchantia stoloniscyphula*）和秦岭羽苔（*Plagiochila biondiana*）］和4种藓类植物［短叶对齿藓（*Didymodon tectorus*）、中华细枝藓（*Lindbergia sinensis*）、密枝燕尾藓（*Bryhnia serricuspis*）和光柄细喙藓（*Rhynchostegiella laeviseta*）］。

2. 珍稀濒危保护植物

依据《世界自然保护联盟濒危物种红色名录》(简称IUCN红色名录)、《中国生物多样性红色名录》(高等植物卷)(环境保护部和中国科学院，2013)、《濒危野生动植物国际贸易公约附录》(简称CITES附录)、《中国国家重点保护野生植物名录》，对博州南部山区的各类珍稀保护植物进行统计。结果表明，博州南部山区有各类珍稀保护植物20种，详见表9-3。

其中，列入IUCN红色名录有3种，处于受威胁等级的有列当科的肉苁蓉（*Cistanche deserticola*），为濒危级别（EN）；中麻黄（*Ephedra intermedia*）为近危级别（NT），小斑叶兰（*Goodyera repens*）为无危级别（LC）。

列入《中国生物多样性红色名录》的有15种。其中，处于受威胁等级的有4种，处于濒危级（EN）3种，为肉苁蓉（*Cistanche deserticola*）、新疆贝母（*Fritillaria walujewii*）、雪莲（*Saussurea involucrata*）；处于渐危级

（VU）1种，为红景天（*Rhodiola rosea*）；近危级别（NT）1种，中麻黄；无危级别（LC）有9种，为小斑叶兰、盐生肉苁蓉（*Cistanche salsa*）、雪岭云杉（*Picea schrenkiana*）、西伯利亚刺柏（*Juniperus sibirica*）、膜翅麻黄（*Ephedra przewalskii*）、木贼麻黄（*E.equisetina*）、细子麻黄（*E.regeliana*）、欧洲稠李（*Padus avium*）、刺山柑（*Capparis spinosa*）；伊犁花（*Ikonnikovia kaufmanniana*）处于数据缺乏级别（DD）。

列入《CITES附录Ⅱ》的有7种，为列当科的肉苁蓉，及兰科的小斑叶兰、小花火烧兰（*Epipactis helleborine*）、凹舌兰（*Coeloglossum viride*）、宽叶红门兰（*Orchis latifolia*）、紫点叶红门兰（*O. craenta*）、欧洲对叶兰（*Listera ovata*）等6种。

国家Ⅱ级重点保护野生植物有17种，为列当科的肉苁蓉，松科的雪岭云杉，柏科的西伯利亚刺柏，麻黄科的膜翅麻黄、细子麻黄、木贼麻黄、中麻黄，白花丹科的伊犁花，百合科的新疆贝母，景天科的红景天、菊科的雪莲，及兰科的小斑叶兰、小花火烧兰、凹舌掌裂兰、掌裂兰、紫点掌裂兰、高山鸟巢兰、珊瑚兰。

表9-2 博州南部山区珍稀保护植物

植物物种	IUCN_濒危级别	中国红色名录_濒危级别	CITES附录Ⅰ/附录Ⅱ	国家重点Ⅰ-Ⅱ级
肉苁蓉*Cistanche deserticola*	EN	EN	Ⅱ	Ⅱ
盐生肉苁蓉*Cistanche salsa*		LC		
雪岭云杉*Picea schrenkiana*		LC		Ⅱ
西伯利亚刺柏*Juniperus sibirica*		LC		Ⅱ
膜翅麻黄*Ephedra przewalskii*		LC		Ⅱ
中麻黄*Ephedra intermedia*	NT	NT		Ⅱ
木贼麻黄*Ephedra equisetina*		LC		Ⅱ
细子麻黄*Ephedra regeliana*		LC		Ⅱ
伊犁花*Ikonnikovia kaufmanniana*		DD		Ⅱ
新疆贝母*Fritillaria walujewii*		EN		Ⅱ
欧洲稠李*Padus avium*		LC		
红景天*Rhodiola rosea*		VU		Ⅱ
刺山柑*Capparis spinosa*		LC		
雪莲*Saussurea involucrata*		EN		Ⅱ
小斑叶兰*Goodyera repens*	LC	LC	Ⅱ	Ⅱ
小花火烧兰*Epipactis helleborine*			Ⅱ	Ⅱ
凹舌掌裂兰*Dactylorhiza viridis*			Ⅱ	Ⅱ
掌裂兰*Dactylorhiza hatagirea*			Ⅱ	Ⅱ
紫点掌裂兰*Dactylorhiza incarnata* subsp. *cruenta*			Ⅱ	Ⅱ
高山鸟巢兰 *Neottia ovate*			Ⅱ	Ⅱ
珊瑚兰*Corallorhiza trifida*			Ⅱ	Ⅱ

9.1.3 大型真菌资源与保护

1. 大型真菌资源评价

本研究共收集鉴定博州南部山区大型真菌84种，包括食用菌21种、药用菌18种、毒蘑菇16种。食用菌中包含有著名野生食用菌：羊肚菌、翘鳞肉齿菌、花脸香蘑、紫丁香蘑、棕灰口蘑等，其中花脸香蘑、棕灰口蘑的种群数量相对较大，具有潜在的经济开发价值；药用菌包含有红缘拟层孔菌、网纹马勃、四孢蘑菇等；毒蘑菇包含有产生癫痫性神经毒性的赭鹿花菌，有导致急性肝损害的细环柄菇和纹缘盔孢伞，有产生致幻觉性神经毒性的锐顶斑褶菇和裸伞，还有导致胃肠炎症状的滑毒伞等。对该地区大型真菌的应用价值进行分析，可为博州地区存在的具有潜在应用价值大型真菌资源的开发利用提供理论指导，同时，加强该地区的大型真菌科普知识宣传，可避免因误食有毒大型真菌而中毒的事件发生，具有重要的社会意义。

2. **大型真菌物种保护**

依据IUCN评估标准和参照《中国生物多样性红色名录－大型真菌卷》，对获得的84种大型真菌生存状况进行了评估，其中42个物种被评为无危（LC）等级，42个物种的数据信息不详。初步的大型真菌资源考察和生存状况评估分析认为博州地区大型真菌受威胁程度不大，但仍需要对地区分布的评估数据不详的特有或特色类群进行更多的物种调查与分析，保护这些物种种群数量的稳定，控制人类活动对其生境的破坏和过度的采集，避免其种群出现衰退，为职能部门出台相关的保护政策和制定合适的保护措施提供理论依据。

9.1.4 保护动物资源

博州南部山区有脊椎动物总计338余种，包括鸟类263种、哺乳类44种、爬行类15种、鱼类13种、两栖类3种。其中约有59种国家级保护动物（国家Ⅰ级10种、国家Ⅱ级49种）和25种自治区级保护动物（新疆一级13种、新疆二级11种），合计83种，约占脊椎动物的24.8%。另外还有约60%的物种属于国家“三有保护动物名录”。

1. **国家级保护动物**

博州山地拥有国家Ⅰ级重点保护动物10种，包括雪豹、北山羊、黑鹳、金雕、白肩雕、白尾海雕、胡兀鹫、大鸨、波斑鸨、遗鸥等，其中兽类2种、鸟类8种。国家Ⅱ级重点保护动物49种，包括棕熊、猞猁、石貂、鹅喉羚、马鹿、盘羊、卷羽鹈鹕、白鹈鹕、大天鹅、疣鼻天鹅、鸢、雀鹰、苍鹰、褐耳鹰、棕尾鵟、草原雕、猎隼、黄爪隼、灰背隼、红隼、燕隼、灰鹤、蓑羽鹤、长耳鸮、短耳鸮、小鸥等，其中兽类6种、鸟类43种。

2. **自治区级保护动物**

据新疆维吾尔自治区重点保护野生动物名录（1994），被列入自治区保护名单的一级动物有约13种，如赤狐、白鼬、虎鼬、狍子、黑颈䴙䴘、苍鹭、大白鹭、鸿雁、白头硬尾鸭、欧鸽等。属于自治区二级保护动物约11种，如艾鼬、翘鼻麻鸭、针尾鸭、赤膀鸭、白眼潜鸭、黄喉蜂虎、蓝胸佛法僧、沙蟒等。另外，至少有60%的种类属于“三有保护动物名录”。

另外，本次调查在小海子发现了一只阿波罗绢蝶*Parnassius apollo*（Linnaeus，1758），属于珍贵的大型绢蝶，被列为《华盛顿公约》Ⅱ级保护物种和中国《国家重点保护野生动物名录》中Ⅱ级保护对象，我国仅分布在新疆。但从1981年发现以来，随着气候环境的变化，在新疆的种群数量也有减少的趋势。小海子保护站位于天山西段，是阿波罗绢蝶的重要栖息地，说明此地的森林环境较好。

9.1.5 地衣资源利用

新疆地衣资源丰富，已有研究表明，由于新疆地处干旱区，地衣作为干旱荒漠区内较为特殊的生物结皮中的重要组分之一，在植物群落原生演替系列中，对土壤的形成和环境条件的改善方面起到不可低估的作用，同时它的药用历史也很悠久。分析博州南部山区地衣的分布及其资源现状，以岩面为基物的地衣物种可产生较为特殊的地衣酸，为岩石的生物风化提供助力；以岩面浮土、土壤及土壤藓丛等为基物的地衣，多为荒漠及地表特殊产物－“生物结皮”的重要组分，在土壤表层固定、荒漠化治理方面具有良好的应用前景；柔扁枝衣、石蕊属、地茶属地衣等均为较为常见的药用地衣种类，但因生境的破坏以及其生长极为缓慢的特性，对其开发应用尚需谨慎及深入的研究。

9.2 生态资源评价

9.2.1 生态资源与土地利用

考察区域的博洛霍罗山和科古尔琴山总体为东西走向，山地北麓山前与准噶尔盆地相连，高差悬殊，从山顶与山麓的高差达2800 m左右，垂直地貌带发育完整，层次明显。其中在高山地貌带，海拔＞3200 m的高山冰缘地貌发育普遍，2600～3000 m为亚高山、高山地貌带，可以见到微倾斜的坡面平台和山顶面构成的二级夷平面和古冰川遗迹；海拔1600～2600 m为中山带，也是雪岭云杉林带，这里是考察区域最大降水分布地带，年平均降水量在500 mm以上，降水丰富，流水侵蚀作用强烈，地表破坏严重，常见到冲刷谷沟纵横，岭谷相间地貌多有分布；海拔600～1600 m为低山丘陵地貌带，即前山带，这里是山地荒漠、荒漠草原、山地草原发育的地带，流水侵蚀与堆积同时存在，与中山带相比流水的切割密度较小，很少有支流汇入，但侵蚀强度仍未减弱，侵蚀作用仍占主导地位。

在植被景观方面，博州南部山区植被垂直带发育完整，自下而上依次为：山地荒漠带景观（海拔600～1700 m）—山地草原带景观（海拔1200～1800 m，包括荒漠草原、山地典型草原、山地草甸草原）—山地森林、草甸带景观（海拔1600～2600 m ）—亚高山草甸带景观（海拔2600～2800 m）—高山草甸带景观（海拔2800～3300 m）—高山冰缘带植被景观（海拔＞3200 m）。进入博州南部山区大山深处，山、石、林、溪、花、草一应俱全，配合绝妙，景色秀丽，环境清幽，浑如天籁的感觉，又在于清、幽、静、野之中，这里是大自然保存最原始的绿色记忆，是现代人回归大自然最好的选择。

博州南部山区与伊犁仅一山之隔，但由于受到准噶尔西部山地阿拉套山阻挡的影响，成为显著的雨影区范围内，垂直带谱结构中干旱性状的土壤类型越来越显著，天山北坡广泛分布的黄土及黄土状物质缺乏，母质较粗，土层薄；荒漠土可以升高的海拔1700 m，森林断续呈小片状分布，林线下限提升到2100 m，比伊犁森林带下限（ 1700～1900 m）抬升了数百米；同时干旱气候也影响到亚高山、高山带景观，构成亚高山和高山草甸的草层低矮，而且草被发育也差，有些地段出现亚高山带土不完整或缺失。

在土地利用方面，考察区域天然草场丰富，海拔1000～1500 m的前山低山区是春秋草场，可作为低山倾斜平原林牧区，1500～2000 m的向阳坡分布着冬草场，在2000～3500 m是亚高山草甸草场，在海拔1600～2600 m的中山带分布着山地草甸草场和天然林云杉，博州南部山区适宜发展林业、牧业。

9.2.2 外来入侵植物及其危害影响

外来入侵植物是通过自然和人类活动等无意或有意地传播或引入到自然分布区外的植物，这些入侵物种经过潜伏期和归化期的生境适应后，不断繁殖、拓展，一旦条件适宜便可能爆发成灾，不仅严重损害农业、林业、牧业和渔业生产环境，而且对环境和生物多样性造成极大危害。为此，参照国家环境保护局公布的《中国外来入侵物种名录》和《中国外来入侵植物名录》，对博州南部山区外来入侵植物的种类、生活型、生境、原产地、分布区类型等进行调查和统计，就其入侵途径与危害等问题进行了分析，并提出了防控对策和建议，以期为博州南部山区外来入侵植物防控工作提供科学依据。

1. 外来入侵植物种类组成、分布与来源

博州南部山区主要的外来入侵植物有26种，隶属14科24属，其中菊科种数最多，有8属9种。

博州南部山区外来入侵植物来源广泛，除大麻科和牻牛儿苗科属于温带分布的科，其他12个科都属于世界分布类型；但外来入侵植物属的地理成分以温带分布为主，有12属，占总属数的50.0%，其次是世界分布的属有7种，占总属数的29.2%（表9–4）。说明了外来入侵物种的广泛性和温带区系性质。博州南部山区外来入侵植物的优势生活型、优势类群和原产地以草本、菊科和欧洲为主。

表9–3 博州南部山区外来入侵植物种类组成、分布与来源

种名	科名	生活型	原产地	入侵途径	生境	危害属性	分布区类型
大麻 *Cannabis sativa*	大麻科 Cannabaceae	草本	中亚	II	山地草甸	草原杂草	13
白花蝇子草 *Silene latifolia* subsp. *alba*	石竹科 Caryophyllaceae	草本	欧洲	II	山地草甸	草原杂草	8-4
杂配藜 *Chenopodium hybridum*	藜科 Chenopodiaceae	草本	欧洲	UI	草甸草原	草原杂草	1
刺沙蓬 *Salsola ruthenica*	藜科 Chenopodiaceae	草本	中亚	UI	灌木荒漠	荒漠杂草	1
反枝苋 *Amaranthus retroflexus*	苋科 Amaranthaceae	草本	美洲	II	草甸草原	恶性杂草	1
抱茎独行菜 *Lepidium perfoliatum*	十字花科 Cruciferae	草本	欧洲	UI	荒漠草原	草原杂草	1
白花草木樨 *Melilotus albus*	豆科 Leguminosae	草本	欧洲	II	草甸草原	草原杂草	10
红车轴草 *Trifolium pratense*	豆科 Leguminosae	草本	欧洲	II	草甸草原	草原杂草	8
白车轴草 *Trifolium repens*	豆科 Leguminosae	草本	欧洲	II	草甸草原	草原杂草	8
芹叶牻牛儿苗 *Erodium cicutarium*	牻牛儿苗科 Geraniaceae	草本	欧洲	UI	山地草甸	危害草原牧草	12

续表

种名	科名	生活型	原产地	入侵途径	生境	危害属性	分布区类型
野胡萝卜 *Daucus carota*	伞形科 Umbelliferae	草本	欧洲	UI	草甸草原	分泌化感物质抑制其他植物生长	8
杯花菟丝子 *Cuscuta approximata*	旋花科 Convolvulaceae	草本	欧洲	UI	草甸草原	寄生于牧草植物	2
椭圆叶天芥菜 *Heliotropium ellipticum*	紫草科 Boraginaceae	草本	欧洲	UI	荒漠草原	草原杂草	2
曼陀罗 *Datura stramonium*	茄科 Solanaceae	草本	美洲	II	草甸草原	全株有毒	2
婆婆纳 *Veronica polita*	玄参科 Scrophulariaceae	草本	西亚	UI	山地草甸	分泌化感物质抑制其他植物生长	8-4
蓍 *Achillea millefolium*	菊科 Compositae	草本	欧洲	II	山地草甸	草原杂草	8
丝路蓟 *Cirsium arvense*	菊科 Compositae	草本	欧洲	UI	荒漠草原	危害草原牧草	8
翼蓟 *Cirsium vulgare*	菊科 Compositae	草本	欧洲	NI	低地草甸	危害草原牧草	8
小蓬草 *Erigeron canadensis*	菊科 Compositae	草本	美洲	NI	灌木荒漠	恶性杂草，分泌化感物质抑制其他植物生长	1
阿尔泰莴苣 *Lactuca serriola*	菊科 Compositae	草本	欧洲	NI	低地草甸	恶性杂草，全株有毒	10-3
苦苣菜 *Sonchus oleraceus*	菊科 Compositae	草本	欧洲	NI	山地草甸	分泌化感物质抑制其他植物生长	8
新疆千里光 *Senecio jacobaea*	菊科 Compositae	草本	欧洲	UI	草甸草原	危害草原牧草，全株有毒	1
药用蒲公英 *Taraxacum officinale*	菊科 Compositae	草本	欧洲	NI	草甸草原	其花粉为过敏源	8
刺苍耳 *Xanthium spinosum*	菊科 Compositae	草本	美洲	UI	荒漠草原	其果实具钩刺，随人或动物传播	1
野燕麦 *Avena fatua*	禾本科 Gramineae	草本	欧洲	UI	草甸草原	恶性杂草，根系发达，分蘖能力强	8
梯牧草 *Phleum pratense*	禾本科 Gramineae	草本	欧洲	II	草甸草原	使牧区出现细菌性萎蔫病	8-4

注：入侵途径II代表有意引入、UI代表无意引入、NI代表自然传入（依据何家庆《中国外来植物》和徐海根、强胜主编《中国外来入侵物种》）。

2. **外来入侵植物的入侵途径与危害评价**

外来植物的传入除了少数是靠自然传播外，很多都是人类有意或无意引入的。

博州南部山区26种外来入侵植物中，9种属于有意引入，占总种数的34.6%，其中大麻最初是作为资源植物引进的，曼陀罗是作为药用植物引进的，白花草木樨、梯牧草、红车轴草和白车轴草是作为牧草引进的，白花蝇子草和蓍是作为观赏植物引进的，反枝苋是作为蔬菜引进的。无意引入的物种有12种，占总种数的

46.2%，引入途径包括随带土苗木的引种、粮食蔬菜或其他货物及交通工具的携带等，它们通过人类和动物的活动无意带入，如婆婆纳、野胡萝卜、野燕麦等。外来入侵植物还可借助风力、水流、动物等自然传播动力从周边地区传入，这也是外来植物入侵的一个重要途径，即自然传入，共计有5种，占19.2%，如翼蓟、阿尔泰莴苣、小蓬草、苦苣菜和药用蒲公英等的种子具冠毛，可借助风力从周边地区自然传入。外来入侵植物的入侵途径有可能是相互交叉的，同一种入侵植物可能有一种以上的途径传入，而在时间上也可能是多次的输入，最终定植并得到迅猛发展。

外来入侵植物在一定程度上丰富了本地的生态系统组成，一些外来入侵植物也可以作为经济植物，产生一定的经济效益，如白车轴草是重要的蜜源植物。但在大多数情况下，外来入侵植物的侵入在带来正效益的同时，也给农业、林业、人类健康以及生态环境带来巨大的负面影响，造成一定的经济损失。当环境中光、温度、水分、土壤营养、空气、金属元素以及新栖息地群落生物多样性等外部条件适宜时，很多外来植物在新的生态系统中就可以自行繁衍，但多数种群维持在较低水平，并不会造成危害，但当那些外来植物具有很强的生态适应性、繁殖能力和传播能力时，它们就能迅速抵达新的领地，并快速扩散，最终造成生物灾害。它们通过压制或排挤本地土著种，形成单优势种群，危及土著种的生存环境，最终导致生物多样性的丧失。很多入侵植物还有一些适于传播和繁殖的结构特征，如种子体积小而轻、有翅或具黏附结构，可进行有性或无性繁殖等。博州南部山区外来入侵植物除个别有毒或分泌化感物质抑制其他植物生长外，多属于草原杂草，危害草原牧草，它们也多具备上述特征，对山地草原土层稀薄、干旱、含钙高的生境已经适应，而且繁殖能力强，能迅速扩散到其他地方。

3. 外来入侵植物防控对策和建议

随着生态经济的发展，外来植物入侵问题可能会日趋严重，防治任务也会更加艰巨，为此加强外来入侵植物防控管理是十分必要的。

第一，要加强对外来入侵植物的调查和评估，弄清外来入侵植物的种类、数量、分布、传播途径和危害性质，同时密切注意已扩散到博州南部山区的有害外来植物传播动态，并采取相应措施，阻止其入侵和蔓延。第二，要积极开展对外来入侵植物的防治研究，采用多种积极有效的方法（人工物理法、化学法和生物法等），对那些已经产生危害的种类进行控制，将其危害降到最低程度，同时恢复当地植被和物种的多样性。第三，要大力加强对外来植物的生物学研究，如外来入侵植物的生殖、遗传、变异、适应性、传播规律、毒理和化学成分，加强对外来入侵植物的影响预测，防患于未然。第四，要开展有害生物风险分析（PGA），鉴定及评价其侵入性和对本地生态系统及本地物种的影响，并对恶性入侵物种采取有效的防治措施，及时提出行之有效的防治方法。第五，要加强检疫，依靠农业、林业、卫生、环保、贸易、海关、检疫、科技等部门加强检测，防范外来入侵植物侵入，一旦发现恶性入侵物种，立即采取控制和根除。同时积极开展外来入侵植物利用的研究，积极开发，变害为宝。

参考文献

阿迪力·阿不都拉，艾尼瓦尔·吐米尔，张元明等. 新疆药用植物资源研究概况的初步探讨[J]. 新疆大学学报（自然科学版）. 2004，21（8）：55-57.

阿依加马力·克然木.西天山药用植物资源区系分析[D].新疆大学，2015.
崔乃然主编.新疆主要饲用植物志（第一册）[M].乌鲁木齐：新疆人民出版社，1990.
崔乃然主编.新疆主要饲用植物志（第二册）[M].乌鲁木齐：新疆科技卫生出版社，1994.
段小兵，努尔巴依·阿布都沙力克.新疆巴尔鲁克山自然保护区野生植物资源研究[J].安徽农业科学，2011，39（10）：5996-5999.
李国忠，王琦瑢.植物资源学[M].北京：中国农业出版社，2008.
杨淑萍，阎平，任姗姗，等.新疆北塔山地区药用植物资源及多样性分析[J].植物科学学报，2016，34（03）：371-380.
林辰壹.新疆葱属植物资源研究[D].新疆农业大学，2010.
刘胜祥.植物资源学[M].武汉：武汉出版社，1992.
刘兴义，张云玲.新疆草原植物图鉴——博乐卷[M].北京：中国林业出版社，2016.
米吉提·胡达拜尔地等.新疆蜜源植物及其利用[M].乌鲁木齐：新疆大学出版社，1995.
秦仁昌.新疆阿尔泰山的植物区系、植被类型和植物资源[J].科学通报，1957,（03）：114-115.
沈观冕.新疆经济植物及其利用[M].乌鲁木齐：新疆科学技术出版社，2012.
孙嘉磊，王海生，覃瑞，等.新疆博尔塔拉蒙古自治州常见民族药用植物资源[J].湖北林业科技，2018，47（01）：47-50.
吐尔逊阿依·艾拜布拉.新疆染料植物资源初步研究[D].新疆大学，2012.
王爱英，何春霞，杨金红.新疆奎屯地区野生植物资源调查[J].伊犁师范学院学报（自然科学版），2011（02）：34-38.
王凤.新疆塔额垦区野生香料植物资源调查及开发利用研究[D].西北农林科技大学，2009.
王健主编.新疆野生观赏植物[M].乌鲁木齐：新疆科学技术出版社，2012.
汪智军，靳开颜，古丽森.新疆枸杞属植物资源调查及其保育措施[J].北方园艺，2013,（03）：169-171.
魏江春，中国药用地衣[M]，北京：科学出版社，1982.
新疆生物土壤沙漠研究所编.新疆药用植物志（第一、二、三册）[M].新疆人民出版社，1977，1981，1984.
新疆维吾尔自治区国土整治农业规划局.新疆国土资源（第一分册）[M].乌鲁木齐：新疆人民出版社，1986.
新疆植物志编辑委员会.新疆植物志：第1，2，5，6卷[M].乌鲁木齐：新疆科技卫生出版社，1992，1994，1999，1996.
新疆植物志编辑委员会.新疆植物志：第3，4卷[M].乌鲁木齐：新疆科学技术出版社，2011，2004.
新疆植物志编辑委员会.新疆植物志简本[M].乌鲁木齐：新疆科学技术出版社，2014.
羊海军，崔大方，许正等.中国天山野果林种子植物组成及资源状况分析[J].植物资源与环境学报，2003，12（2）：39-45.
张高.新疆中天山野生种子植物区系及植被研究[D].新疆师范大学，2013.
张卫明.我国野生植物资源开发利用现状与发展[J].中国商办工业，1998,（10）：37-39.
赵国伟，谷林俊.新疆巴里坤县野生有毒植物资源调查研究[J].草食家畜，2018,（03）：54-59.

朱国强，廖菁，李晓瑾，等. 新疆紫草科药用植物资源及分布概述[J]. 中国现代中药，2013，15（04）：291-294.

庄伟伟，张元明. 生物结皮对荒漠草本植物群落结构的影响[J]. 干旱区研究，2017，34（06）：1338-1344.

何家庆. 中国外来植物[M]. 上海：上海科学技术出版社，2012.

李振宇，解焱主编. 中国外来入侵种[M]. 北京：中国林业出版社，2002.

马金双，李惠茹主编. 中国外来入侵植物名录[M]. 北京：高等教育出版社，2018.

徐海根，强胜主编. 中国外来入侵物种（全2册）[M]. 科学出版社，2018.

印丽萍主编. 中国进境植物检疫性有害生物—杂草卷[M]. 北京：中国农业出版社，2018.

附录1　新疆博州南部山区维管植物名录

蕨类植物门 Pteridophyta

[按秦仁昌（1987）分类系统]

P.5 木贼科 Equisetaceae

木贼属 *Equisetum* Linn.

问荆 *Equisetum arvense* Linn.

木贼 *Equisetum hyemale* Linn.

节节草 *Equisetum ramosissimum* Desf.

P.8 阴地蕨科 Botrychiaceae

阴地蕨属 *Botrychium* Sw.

扇羽阴地蕨 *Botrychium lunaria* (Linn.) Sw.

P.36 蹄盖蕨科 Athyriaceae

冷蕨属 *Cystopteris* Bernh.

冷蕨 *Cystopteris fragilis* (Linn.) Bernh.

P.39 铁角蕨科 Aspleniaceae

铁角蕨属 *Asplenium* Linn.

卵叶铁角蕨 *Asplenium rutamuraria* Linn.

叉叶铁角蕨 *Asplenium septentrionale* (Linn.) Hoffm.

铁角蕨 *Asplenium trichomanes* Linn.

P.45 鳞毛蕨科 Dryopteridaceae

鳞毛蕨属 *Dryopteris* Adans.

欧洲鳞毛蕨 *Dryopteris filix-mas* (Linn.) Schott

耳蕨属 *Polystichum* Roth.

中华耳蕨 *Polystichum sinense* Christ

P.56 水龙骨科 POLYPODIACEAE

瓦韦属 *Lepisorus* (J. Smith.) Ching

天山瓦韦 *Lepisorus albertii* (Rgl.) Ching

多足蕨属 *Polypodium* Linn.

欧亚多足蕨 *Polypodium vulgare* Linn.

裸子植物门 Gymnospermae

[按郑万钧（1978）分类系统]

G.4 松科 Pinaceae

云杉属 *Picea* Dietrich

雪岭云杉 *Picea schrenkiana* Fisch. *et* Mey.

G.6 柏科 Cupressaceae

刺柏属 *Juniperus* Linn.

欧亚圆柏 *Juniperus sabina* Linn.

西伯利亚刺柏 *Juniperus sibirica* Burgsd.

G.10 麻黄科 Ephedraceae

麻黄属 *Ephedra* Linn.

木贼麻黄 *Ephedra equisetina* Bunge

雌雄麻黄 *Ephedra fedtschenkoae* Pauls.

蓝枝麻黄 *Ephedra glauca* Regel

中麻黄 *Ephedra intermedia* Schrenk

窄膜麻黄 *Ephedra lomatolepis* Schrenk

单子麻黄 *Ephedramonosperma* Gmel. *ex* Mey.

膜果麻黄 *Ephedra przewalskii* Stapf

细子麻黄 *Ephedra regeliana* Florin

被子植物门 Angiospermae

[按恩格勒（1964）分类系统，个别科参照塔赫他间（1954，1980）分类系统]

双子叶植物纲 Dicotyledoneae

A7 杨柳科 Salicaceae

杨属 *Populus* Linn.

胡杨 *Populus euphratica* Oliv.

密叶杨 *Populus talassica* Kom.

欧洲山杨 *Populus tremula* Linn.

柳属 *Salix* Linn.

银柳 *Salix argyracea* E. L. Wolf.

蓝叶柳 *Salix capusii* Franch.

灰柳 *Salix cinerea* Linn.

伊犁柳 *Salix iliensis* Regel

米黄柳 *Salix michelsonii* Goerz *ex* Nas.

细穗柳 *Salix tenuijulis* Ledeb.

吐兰柳 *Salix turanica* Nas.

A8 桦木科 Betulaceae

桦木属 *Betula* Linn.

疣枝桦 *Betula pendula* Roth.

天山桦 *Betula tianschanica* Rupr.

A11 榆科 Ulmaceae

榆属 *Ulmus* Linn.

白榆 *Ulmus Pumila* Linn.

A13a 大麻科 Cannabaceae

大麻属 *Cannabis* Linn.

大麻 *Cannabis sativa* Linn.

葎草属 *Humulus* Linn.

啤酒花 *Humulus lupulus* Linn.

A14 荨麻科 Urticaceae

荨麻属 *Urtica* Linn.

焮麻 *Urtica cannabina* Linn.

异株荨麻 *Urtica dioica* Linn.

A20 檀香科 Santalaceae

百蕊草属 *Thesium* Linn.

多茎百蕊草 *Thesium multicaule* Ldb.

A25 蓼科 Polygonaceae

何首乌属 *Fallopia* Adans.

蔓首乌 *Fallopia convolvulus* (Linn.) A. Love

山蓼属 *Oxyria* Hill.

山蓼 *Oxyria digyna* (Linn.) Hill.

大黄属 *Rheum* Linn.

枝穗大黄 *Rheum rhizostachyum* Schrenk

天山大黄 *Rheum wittrockii* Lundstr.

酸模属 *Rumex* Linn.

酸模 *Rumex acetosa* Linn.

帕米尔酸模 *Rumex pamiricus* Rech. f.

欧酸模 *Rumex pseudonatronatus* (Borb.) Borb. *ex* Murb.

窄叶酸模 *Rumex stenophyllus* Ledeb.

木蓼属 *Atraphaxis* Linn.

拳木蓼 *Atraphaxis compacta* Ledeb.

灌木蓼 *Atraphaxis frutescens* (Linn.) Ewersm.

刺木蓼 *Atraphaxis spinosa* Linn.

长枝木蓼 *Atraphaxis virgata* (Rgl.) Krassn.

蓼属 *Polygonum* Linn.

高山蓼 *Polygonum alpinum* All.

两栖蓼 *Polygonum amphibium* Linn.

萹蓄 *Polygonum aviculare* Linn.

拳蓼 *Polygonum bistorta* Linn.

地皮蓼 *Polygonum cognatum* Meissn.

椭圆叶蓼 *Polygonum ellipticum* Willd. *ex* Spreng.

水蓼 *Polygonum hydropiper* Linn.

展枝蓼 *Polygonum patulum* M. B.

桃叶蓼 *Polygonum persicaria* Linn.

针叶蓼 *Polygonum polycnemoides* Jaub. *et* Spach

准噶尔蓼 *Polygonum songaricum* Schrenk

珠芽蓼 *Polygonum viviparum* Linn.

沙拐枣属 *Calligonum* Linn.

泡果沙拐枣 *Calligonum junceum* (Fisch. *et* Mey.) Litv.

A34 石竹科 Caryophyllaceae

刺叶属 *Acanthophyllum* C.A. Mey.

刺叶 *Acanthophyllum pungens* (Bge.) Bioss.

无心菜属 *Arenaria* Linn.

无心菜 *Arenaria serpyllifolia* Linn.

卷耳属 *Cerastium* Linn.

田野卷耳 *Cerastium arvense* Linn.

六齿卷耳 *Cerastium cerastoides* (Linn.) Britton

达乌里卷耳 *Cerastium davuricum* Fisch. *ex* Spreng.

镰状卷耳 *Cerastium falcatum* (Gren.) Bunge *ex* Fenzl.

紫草叶卷耳 *Cerastiumlithospermifolium* Fisch.

天山卷耳 *Cerastium tianschanicum* Schischk.

石竹属 *Dianthus* Linn.

中亚石竹 *Dianthus turkestanicus* Preobr.

高石竹 *Dianthus elatus* Ledeb.

长萼石竹 *Dianthus kuschakewiczii* Rgl. *et* Schmalh.

准噶尔石竹 *Dianthus soongoricus* Schischk.

縫裂石竹 *Dianthus orientalis* Adams

瞿麦 *Dianthus superbus* Linn.

大苞石竹 *Dianthus hoeltzeri* Winkl.

石头花属 *Gypsophila* Linn.

高石头花 *Gypsophila altissima* Linn.

头状石头花 *Gypsophila capituliflora* Rupr.

膜苞石头花 *Gypsophila cephalotes* (Schrenk) William

紫萼石头花 *Gypsophila patrinii* Ser.

钝叶石头花 *Gypsophila perfoliata* Linn.

绢毛石头花 *Gypsophila sericea* (Ser.) Krylov

米努草属 *Minuartia* Linn.

二花米努草 *Minuartia biflora* (Linn.) Schinz *et* Thell.

新疆米努草 *Minuartia kryloviana* Schischk.

小米努草 *Minuartia schischkinii* Adyl.

春米努草 *Minuartia verna* (Linn.) Hiern.

种阜草属 *Moehringia* Linn.

侧花种阜草 *Moehringia lateriflora* (Linn.) Fenzl

蝇子草属 *Silene* Linn.

斋桑蝇子草 *Silene alexandrae* B. Keller

女娄菜 *Silene aprica* Turcx. *ex* Fisch. *et* Mey.

暗色蝇子草 *Silene bungei* Bocquet

禾叶蝇子草 *Silene graminifolia* Otth.

喜马拉雅蝇子草 *Silene himalayensis* (Rohrb.) Majumdar

全缘蝇子草 *Silene holopetala* Bge.

白花蝇子草 *Silene latifolia* subsp. *alba* Poiret

喜岩蝇子草 *Silene lithophila* Kar. *et* Kir.

香蝇子草 *Silene odoratissima* Bge.

四裂蝇子草 *Silene quadriloba* Turcz. *ex* Kar. *et* Kir.

匍生蝇子草 *Silene repens* Patr.

天山蝇子草 *Silene tianschanica* Schischk.

狗筋麦瓶草 *Silene vulgaris* (Moench.) Garcke

繁缕属 *Stellaria* Linn.

阿拉套繁缕 *Stellaria alatavica* Popov

雀舌草 *Stellaria alsine* Grimm

繁缕*Stellaria media* (Linn.)Vill.

准噶尔繁缕*Stellaria soongorica* Roshev.

A34a 裸果木科Paronychiaceae

拟漆姑属*Spergularia* (Pers.) J. *et* C. Presl

二雄拟漆姑*Spergularia diandra* (Guss.) Heldr. *et* Sart.

A36 藜科Chenopodiaceae

滨藜属*Atriplex* Linn.

中亚滨藜*Atriplex centralasiatica* Iljin

箭苞滨藜*Atriplex dimorphostegia* Kar. *et* Kir.

滨藜*Atriplex patens* (Litv.) Iljin

鞑靼滨藜*Atriplex tatarica* Linn.

多节草属*Polycnemum* Linn.

多节草*Polycnemum arvense* Linn.

刺藜属*Dysphania* R. Br.

刺藜*Dysphania aristata* (Linn.) Mosyakin & Clemants

香藜*Dysphania botrys* (Linn.) Mosyakin & Clemants

藜属*Chenopodium* Linn.

藜*Chenopodium album* Linn.

尖头叶藜*Chenopodium acuminatum* Willd.

球花藜*Chenopodium foliosum* (Moench) Aschers.

灰绿藜*Chenopodium glaucum* Linn.

杂配藜*Chenopodium hybridum* Linn.

平卧藜*Chenopodium karoi* (Murr) Aellen

假木贼属*Anabasis* Linn.

无叶假木贼*Anabasis aphylla* Linn.

短枝假木贼*Anabasis brevifolia* C. A. Mey.

白垩假木贼*Anabasis cretacea* Pall.

高枝假木贼*Anabasis elatior* (C. A. Mey.) Schischk.

盐生假木贼*Anabasis salsa* (C. A. Mey.) Benth. *ex* Volkens

轴藜属*Axyris* Linn.

杂配轴藜*Axyris hybrida* Linn.

雾冰藜属*Bassia* All.

雾冰藜*Bassia dasyphylla* (Fisch. *et* Mey.) O. Bassia

钩刺雾冰藜*Bassia hyssopifolia* (Pall.) O. Kuntze

樟味藜属*Camphorosma* Linn.

樟味藜*Camphorosma monspeliaca* Linn.

角果藜属 *Ceratocarpus* Linn.

角果藜 *Ceratocarpus arenarius* Linn.

虫实属 *Corispermum* Linn.

倒披针叶虫实 *Corispermum lehmannianum* Bunge

对叶盐蓬属 *Girgensohnia* Bunge

对叶盐蓬 *Girgensohnia oppositiflora* (Pall.) Fenzl

盐蓬属 *Halimocnemis* C. A. Mey.

柔毛盐蓬 *Halimocnemis villosa* Kar. *et* Kir.

盐生草属 *Halogeton* C. A. Mey.

盐生草 *Halogeton glomeratus* (Bieb.) C. A. Mey.

西藏盐生草 *Halogeton glomeratus* var. *tibeticus* (Bunge) Grubov

盐节木属 *Halocnemum* Bieb.

盐节木 *Halocnemum strobilaceum* (Pall.) Bieb.

梭梭属 *Haloxylon* Bunge

梭梭 *Haloxylon ammodendron* (C. A. Mey.) Bunge

对节刺属 *Horaninovia* Fisch. *et* Mey.

对节刺 *Horaninovia ulicina* Fisch. *et* Mey.

戈壁藜属 *Iljinia* Korov.

戈壁藜 *Iljinia regelii* (Bunge) Korov.

盐爪爪属 *Kalidium* Miq.

尖叶盐爪爪 *Kalidium cuspidatum* (Ung.-Sternb.) Grub.

盐爪爪 *Kalidium foliatum* (Pall.) Moq.

棉藜属 *Kirilowia* Bunge.

棉藜 *Kirilowia eriantha* Bunge

地肤属 *Kochia* Roth

尖翅地肤 *Kochia odontoptera* Schrenk

木地肤 *Kochia prostrata* (Linn.) Schrad.

灰毛木地肤 *Kochia prostrata* var. *canescens* Moq.

地肤 *Kochia scoparia* (Linn.) Schrad.

伊朗地肤 *Kochia stellaris* Moquin-Tandon

驼绒藜属 *Krascheninnikovia* Gueldenst.

心叶驼绒藜 *Krascheninnikovia ewersmanniana* (Stschegl. *ex* Losinsk.) Grubov

驼绒藜 *Krascheninnikovia ceratoides* (L.) Gueldenst.

小蓬属 *Nanophyton* Less.

小蓬 *Nanophyton erinaceum* (Pall.) Bunge

猪毛菜属 *Salsola* Linn.

紫翅猪毛菜 *Salsola affinis* C. A. Mey.

木本猪毛菜*Salsola arbuscula* Pall.

白枝猪毛菜*Salsola arbusculiformis* Drob.

散枝猪毛菜*Salsola brachiata* Pall.

猪毛菜*Salsola collina* Pall.

费尔干猪毛菜*Salsola ferganica* Drob.

钝叶猪毛菜*Salsola heptapotamica* Iljin

松叶猪毛菜*Salsola laricifolia* Turcz. *ex* Litv.

钠猪毛菜*Salsola nitraria* Pall.

东方猪毛菜*Salsola orientalis* S. G. Gmel.

蔷薇猪毛菜*Salsola rosacea* Linn.

刺沙蓬*Salsola tragus* Linn.

合头草属*Sympegma* Bunge

合头草*Sympegma regelii* Bunge

碱蓬属*Suaeda* Forsk. *ex* Scop.

刺毛碱蓬*Suaeda acuminata* (C. A. Mey.) Moq.

高碱蓬*Suaeda altissima* (Linn.) Pall.

木碱蓬*Suaeda dendroides* (C.A. Mey.) Moq.

盘果碱蓬*Suaeda heterophylla* (Kar. *et* Kir.) Bge.

小叶碱蓬*Suaeda microphylla* Pall.

囊果碱蓬*Suaeda physophora* Pall.

纵翅碱蓬*Suaeda pterantha* (Kar. *et* Kir.) Bge.

A37 苋科 Amaranthaceae

苋属*Amaranthus* Linn.

反枝苋*Amaranthus retroflexus* Linn.

A62 毛茛科 Ranunculaceae

乌头属*Aconitum* Linn.

多根乌头*Aconitum karakolicum* Rapaics

白喉乌头*Aconitum leucostomum* Worosch.

林地乌头*Aconitum nemorum* Popov

圆叶乌头*Aconitum rotundifolium* Kar. *et* Kir.

侧金盏花属*Adonis* Linn.

小侧金盏花*Adonis aestivalis* subsp. *parviflora* (Fisch. *ex* DC.) N. Busch

银莲花属*Anemone* Linn.

伏毛银莲花*Anemone narcissiflora* subsp. *protracta* (Ulbr.) Ziman & Fedor.

长毛银莲花*Anemone narcissiflora* subsp. *crinita* (Juz.) Kitag.

大花银莲花*Anemone sylvestris* Linn.

耧斗菜属 *Aquilegia* Linn.

暗紫耧斗菜 *Aquilegia atrovinosa* M. Pop. *ex* Gamajun

大花耧斗菜 *Aquilegia glandulosa* Fisch. *et* Link.

长距耧斗菜 *Aquilegia longissima* A.Gray

水毛茛属 *Batrachium* S.F.Gray

歧裂水毛茛 *Batrachium divaricatum* (Schrank) Schur

美花草属 *Callianthemum* C. A. Mey.

厚叶美花草 *Callianthemum alatavicum* Freyn

角果毛茛属 *Ceratocephalus* Moench

角果毛茛 *Ceratocephalus testiculata* (Crantz) Roth

铁线莲属 *Clematis* Linn.

粉绿铁线莲 *Clematis glauca* Willd.

伊犁铁线莲 *Clematis iliensis* Y. S. Hou & W. H. Hou

东方铁线莲 *Clematis orientalis* Linn.

西伯利亚铁线莲 *Clematis sibirica* (Linn.) Mill.

准噶尔铁线莲 *Clematis songorica* Bunge

甘青铁线莲 *Clematis tangutica* (Maxim.) Korsh.

翠雀花属 *Delphinium* Linn.

长卵苞翠雀花 *Delphinium ellipticovatum* W. T. Wang

伊犁翠雀花 *Delphinium iliense* Huth

天山翠雀花 *Delphinium tianshanicum* W.T.Wang

温泉翠雀花 *Delphinium winklerianum* Huth

碱毛茛属 *Halerpestes* Green

水葫芦苗 *Halerpestes sarmentosa* (Adams) Kom.

扁果草属 *Isopyrum* Linn.

扁果草 *Isopyrum anemonoides* Kar. *et* Kir.

蓝堇草属 *Leptopyrum* Reichb.

蓝堇草 *Leptopyrum fumarioides* (Linn.) Reichb.

鸦跖花属 *Oxygraphis* Bunge

鸦跖花 *Oxygraphis glacialis* (Fisch.)Bunge

拟耧斗菜属 *Paraquilegia* Drumm. *et* Hutch.

乳突拟耧斗菜 *Paraquilegia anemonoides* (Willd.) Engl. *ex* Ulbr.

拟耧斗菜 *Paraquilegia microphylla* (Royle) J. R. Drumm. *et* Hutch.

白头翁属 *Pulsatilla* Adans.

蒙古白头翁 *Pulsatilla ambigua* (Turcz. *ex* Hayek) Juz.

钟萼白头翁 *Pulsatilla campanella* Fisch.

毛茛属 *Ranunculus* Linn.

鸟足毛茛 *Ranunculus brotherusii* Freyn

冷地毛茛 *Ranunculus gelidus* Kar. *et* Kir.

短喙毛茛 *Ranunculus meyerianus* Rupr.

裂叶毛茛 *Ranunculus pedatifidus* Sm.

宽翅毛茛 *Ranunculus platyspermus* Fisch.

天山毛茛 *Ranunculus popovii* Ovcz.

多根毛茛 *Ranunculus polyrhizos* Stephan *ex* Willd.

美丽毛茛 *Ranunculus pulchellus* C. A. Mey.

扁果毛茛 *Ranunculus regelianus* Ovcz.

红萼毛茛 *Ranunculus rubrocalyx* Rgl. *et* Kom.

石龙芮 *Ranunculus sceleratus* Linn.

新疆毛茛 *Ranunculus songoricus* Schrenk

毛托毛茛 *Ranunculus trautvetterianus* Rgl. *ex* Ovcz.

唐松草属 *Thalictrum* Linn.

高山唐松草 *Thalictrum alpinum* Linn.

黄唐松草 *Thalictrum flavum* Linn.

腺毛唐松草 *Thalictrum foetidum* Linn.

亚欧唐松草 *Thalictrum minus* Linn.

长梗亚欧唐松草 *Thalictrum minus* var. *kemense* Linn.

瓣蕊唐松草 *Thalictrum petaloideum* Linn.

箭头唐松草 *Thalictrum simplex* Linn.

金莲花属 *Trollius* Linn.

准噶尔金莲花 *Trollius dschungaricus* Regel.

淡紫金莲花 *Trollius lilacinus* Bunge

A63 小檗科 Berberidaceae

小檗属 *Berberis* Linn.

异果小檗 *Berberis heteropoda* Schrenk

全缘小檗 *Berberis interrima* Bunge

红果小檗 *Berberis nummularia* Bunge

A77 牡丹科 Paeoniaceae

芍药属 *Paeonia* Linn.

窄叶芍药 *Paeonia anomala* Linn.

A90 藤黄科 Guttiferae

金丝桃属 *Hypericum* Linn.

贯叶连翘 *Hypericum perforatum* Linn.

A95 罂粟科 Papav eraceae

白屈菜属 *Chelidonium* Linn.

白屈菜 *Chelidonium majus* Linn.

紫堇属 *Corydalis* Vent.

山紫堇 *Corydalis capnoides* (Linn.) Pers.

高山黄堇 *Corydalis gortschakovii* Schrenk

小株紫堇 *Corydalis inconspicua* Bunge *ex* Ledeb.

对叶元胡 *Corydalis ledebouriana* Kar. *et* Kir.

长距元胡 *Corydalis schanginii* (Pall.) B. Fedtsch.

天山黄堇 *Corydalis semenowii* Regel & Herder

秃疮花属 *Dicranostigma* Hook. f. *et* Thoms.

伊犁秃疮花 *Dicranostigma iliensis* C. Y. Wu *et* H. Chuang

烟堇属 *Fumaria* Linn.

烟堇 *Fumaria schleicheri* Soy-Wil.

短梗烟堇 *Fumaria vaillantii* Loisel.

海罂粟属 *Glaucium* Mill.

天山海罂粟 *Glaucium elegans* Fisch *et* Mey.

鳞果海罂粟 *Glaucium squamigerum* Kar. *et* Kir.

罂粟属 *Papaver* Linn.

灰毛罂粟 *Papaver canescens* A. Tolm.

托里罂粟 *Papaver litevinovii* Fedde. *et* Bornm.

野罂粟 *Papaver nudicaule* Linn.

A97 十字花科 Cruciferae

庭荠属 *Alyssum* Linn.

条叶庭荠 *Alyssum linifolium* Steph. *ex* Willd.

南芥属 *Arabis* Linn.

新疆南芥 *Arabis borealis* Andrz.

半灌木南芥 *Arabis fruticulosa* C. A. Mey.

垂果南芥 *Arabis pendula* Linn.

山芥属 *Barbarea* R. Br.

欧洲山芥 *Barbarea vulgaris* R. Br.

团扇荠属 *Berteroa* DC.

团扇荠 *Berteroa incana* (Linn.) DC.

亚麻荠属 *Camelina* Crantz

小果亚麻荠 *Camelina microcarpa* Andrz.

荠菜属 *Capsella* Medic.

荠菜*Capsella bursa*-pastoris (Linn.) Medic.

碎米荠属*Cardamine* Linn.

弹裂碎米荠*Cardamine impatiens* Linn.

群心菜属*Cardaria* Desv

毛果群心菜*Cardaria pubescens* (C. A. Mey.) Jarm.

球果群心菜*Lepidium chalepense* Linn.

离子芥属*Chorispora* R. Br.

高山离子芥*Chorispora bungeana* Fisch. *et* Mey.

西伯利亚离子芥*Chorispora sibirica* (Linn.) DC.

准噶尔离子芥*Chorispora songarica* Schrenk

离子芥*Chorispora tenella* (Pall.) DC.

线果芥属*Conringia* Adans.

线果芥*Conringia planisiliqua* Fisch. *et* Mey.

播娘蒿属*Descurainia* Webb. *et* Berth.

播娘蒿*Descurainia sophia* (Linn.) Webb. *ex* Prantl.

菘花旗杆属*Dontostemon* Andrz. *ex* Ledeb.

腺花旗杆*Dontostemon glandulosus* (Kar. & Kir.) O. E. Schulz

葶苈属*Draba* C. A. Mey.

阿尔泰葶苈*Draba altaica* (C. A. Mey.) Bge.

苞序葶苈*Draba ladyginii* Pohle

锥果葶苈*Draba lanceolata* Royle

天山葶苈*Draba melanopus* Komas.

葶苈*Draba nemorosa* Linn.

喜山葶苈*Draba oreades* Schrenk

小花葶苈*Draba parviflora* (Regel) O. E. Schulz

库页岛葶苈*Draba sachalinensis* Fr. Schmidt.

狭果葶苈*Draba stenocarpa* Hook. f. *et* Thoms.

西伯利亚葶苈*Draba sibirica* (Pall.) Thell.

伊宁葶苈*Draba stylaris* Gay *ex* E. Thorns.

糖芥属*Erysimum* Linn.

小花糖芥*Erysimum cheiranthoides* Linn.

蒙古糖芥*Erysimum flavum* (Georgi) Bobr.

山柳菊叶糖芥*Erysimum hieraciifolium* Linn.

星毛糖芥*Erysimum odoratum* Ehrh.

芝麻菜属*Eruca* Mill.

芝麻菜*Eruca vesicaria* subsp. *sativa* (Mill.) Thell.

鸟头荠属*Euclidium* R. Br.

乌头荠*Euclidium syriacum* (Linn.) R. Br.

山萮菜属*Eutrema* R. Br.

西北山萮菜*Eutrema edwardsii* R. Br.

密序山萮菜*Eutrema heterophyllum* (W.W.Sm.) H. Hara

全缘山萮菜*Eutrema integrifolium* (DC.) Bunge

四棱芥属*Goldbachia* DC.

四棱芥*Goldbachia laevigata* (M.B.) DC.

蓝属*Isatis* Linn.

三肋菘蓝*Isatis costata* C.A.Mey

独行菜属*Lepidium* Linn.

独行菜*Lepidium apetalum* Willd.

棕苞独行菜*Lepidium brachyotum* (Kar. & Kir.) Al-Shehbaz

全缘独行菜*Lepidium ferganense* Korsh.

宽叶独行菜*Lepidium latifolium* Linn.

钝叶独行菜*Lepidium obtusum* Basin.

抱茎独行菜*Lepidium perfoliatum* Linn.

柱毛独行菜*Lepidium ruderale* Linn.

脱喙荠属*Litwinowia* Woron.

脱喙荠*Litwinowia tenuissima* (Pall.) N. Busch

涩荠属*Malcolmia* R. Br.

涩荠*Malcolmia africana* (Linn.) R. Br.

卷果涩荠*Malcolmia scorpioides*（Bunge）Boiss.

紫罗兰属*Matthiola* R. Br.

香紫罗兰*Matthiola odoratissima* (Pall.) R. Br.

厚翅荠属*Pachypterygium* Bunge

厚翅荠*Pachypterygium multicaule* (Kar. *et* Kar.) Bunge

条果芥属*Parrya* R. Br.

灌丛条果芥*Parrya nudicaulis* (Linn.) Regel

蔊菜属*Rorippa* Scop.

欧亚蔊菜*Rorippa sylvestris* (Linn.) Bess.

大蒜芥属*Sisymbrium* Linn.

大蒜芥*Sisymbrium altissimum* Linn.

无毛大蒜芥*Sisymbrium brassiciforme* C. A. Mey.

多型大蒜芥*Sisymbrium polymorphum* (Murray) Roth.

芹叶荠属*Smelowskia* C. A. Mey.

藏芹叶荠*Smelowskia tibetica* (Thomson) Lipsky

棒果芥属*Sterigmostemum* B. Mieb.

黄花棒果芥 *Sterigmostemum sulfureum* (Banks *et* Soland.) Bornm.

沟子荠属 *Taphrospermum* C. A. Mey.

沟子荠 *Taphrospermum altaicum* C.A. Mey.

泉沟子荠 *Taphrospermum fontanum* (Maximowicz) Al-Shehbaz & G. Yang

舟果荠属 *Tauscheria* Fisch. *ex* DC.

舟果荠 *Tauscheria lasiocarpa* Fisch. *ex* DC.

四齿芥属 *Tetracme* Bunge

四齿芥 *Tetracme quadricornis* (Steph.) Bunge

弯角四齿芥 *Tetracme recurvata* Bunge

菥蓂属 *Thlaspi* Linn.

菥蓂 *Thlaspi arvense* Linn.

念珠芥属 *Torularia* (Coss.) Schulz

甘新念珠芥 *Neotorularia korolkowii* (Regel & Schmalhausen) Hedge & J. Leonard

旗杆芥属 *Turritis* Linn.

旗杆芥 *Turritis glabra* Linn.

阴山荠属 *Yinshania* Y. C. Ma *et* Y. Z. Zhao

锐棱阴山荠 *Yinshania acutangula* (O. E. Schulz) Y. H. Zhang

A105 景天科 Crassulaceae

八宝属 *Hylotelephium* H. Ohba.

圆叶八宝 *Hylotelephium ewersii* (Ledeb.) H. Ohba.

瓦松属 *Orostachys* (DC.) Fisch.

黄花瓦松 *Orostachys spinosa* (Linn.) Sweet

小苞瓦松 *Orostachys thyrsiflora* Fisch.

费菜属 *Phedimus* Raf.

杂交费菜 *Phedimus hybridus* (L.) 't Hart

合景天属 *Pseudosedum* (Boiss) Berger.

白花合景天 *Pseudosedum affine* (Schrenk) Berger.

合景天 *Pseudosedum lievenii* (Ldb.) Berger.

红景天属 *Rhodiola* Linn.

大红红景天 *Rhodiola coccinea* (Royle) Boriss.

长鳞红景天 *Rhodiola gelida* Schrenk

狭叶红景天 *Rhodiola kirilowii* (Regel) Maxim.

四裂红景天 *Rhodiola quadrifida* (Pall.) Fisch. *et* Mey.

红景天 *Rhodiola rosea* Linn.

瓦莲属 *Rosularia* (DC.) Stapf.

长叶瓦莲 *Rosularia alpestris* (Kar. *et* Kir.) A. Bor.

卵叶瓦莲*Rosularia platyphylla* (Schrenk) Berger.

小花瓦莲*Rosularia turkestanica* (Regel *et* Winkl.) Berger

A107 虎耳草科Saxifragaceae

金腰属*Chrysosplenium* Linn.

长梗金腰*Chrysosplenium axillare* Maxim.

裸茎金腰子*Chrysosplenium nudicaule* Bunge

梅花草属*Parnassia* Linn.

二叶梅花草*Parnassia bifolia* Nekras.

新疆梅花草*Parnassia laxmannii* Pall.

茶藨子属*Ribes* Linn.

臭茶藨*Ribes graveolens* Bunge

小叶茶藨*Ribes heterotrichum* C.A.Mey.

天山茶藨*Ribes meyeri* Maxim.

黑果茶藨*Ribes nigrum* Linn.

石生茶藨子*Ribes saxatile* Pall.

虎耳草属*Saxifraga* Tourn *ex* Linn.

零余虎耳草*Saxifraga cernua* Linn.

山羊臭虎耳草*Saxifraga hirculus* Linn.

球茎虎耳草*Saxifraga sibirica* Linn.

大花虎耳草*Saxifraga stenophylla* Royle.

A115 蔷薇科Rosaceae

羽衣草属*Alchemilla* Linn.

光柄羽衣草*Alchemilla krylovii* Juz.

西伯利亚羽衣草*Alchemilla sibirica* Zam.

天山羽衣草*Alchemilla tianschanica* Juz.

杏属*Armeniaca* Mill.

杏*Armeniaca vulgaris* Lam.

樱属*Cerasus* Mill.

天山樱桃*Cerasus tianshanica* Pojark.

地蔷薇属*Chamaerhodos* Bge.

地蔷薇*Chamaerhodos erecta* (Linn.) Bge.

沼委陵菜属*Comarum* Linn.

沼委陵菜*Comarum palustre* Linn.

西北沼委陵菜*Comarum salesovianum* (Steph.) Asch. *et* Graebn.

栒子属*Cotoneaster* B. Ehrhart

异花栒子*Cotoneaster allochrous* Pojark.

大果栒子 *Cotoneaster conspicuus* J. B. Comber *ex* C. Marquand

黑果栒子 *Cotoneaster melanocarpus* Lodd.

多花栒子 *Cotoneaster multiflorus* Bge.

梨果栒子 *Cotoneaster roborowskii* Pojark.

毛叶水栒子 *Cotoneaster submultiflorus* Popov

单花栒子 *Cotoneaster uniflorus* Bge.

山楂属 *Crataegus* Linn.

黄果山楂 *Crataegus chlorocarpa* Lenne *et* C. Koch

红果山楂 *Crataegus sanguinea* Pall.

仙女木属 *Dryas* Linn.

仙女木 *Dryas octopetala* Linn.

草莓属 *Fragaria* Linn.

森林草莓 *Fragaria vesca* Linn.

绿草莓 *Fragaria viridis* Weston

水杨梅属 *Geum* Linn.

水杨梅 *Geum aleppicum* Jacq.

稠李属 *Padus* Mill.

欧洲稠李 *Padus avium* Mill.

金露梅属 *Pentaphylloidcs* Ducham.

金露梅 *Potentilla fruticosa* Linn.

小叶金露梅 *Potentilla parvifolia* Fisch. *ex* Lehm.

委陵菜属 *Potentilla* Linn.

星毛委陵菜 *Potentilla acaulis* Linn.

窄裂委陵菜 *Potentilla angustiloba* Yu *et* Li

鹅绒委陵菜 *Potentilla anserina* Linn.

二裂委陵菜 *Potentilla bifurca* Linn.

黄花委陵菜 *Potentilla chrysantha* Trev.

大萼委陵菜 *Potentilla conferta* Bge.

荒漠委陵菜 *Potentilla desertorum* Bge.

脱绒委陵菜 *Potentilla evestita* Wolf

耐寒委陵菜 *Potentilla gelida* C. A. Mey.

腺毛委陵菜 *Potentilla longifolia* Willd. *ex* Schlecht.

多裂委陵菜 *Potentilla multifida* Linn.

显脉委陵菜 *Potentilla nervosa* Juz.

雪白委陵菜 *Potentilla nivea* Linn.

直立委陵菜 *Potentilla recta* Linn.

绢毛委陵菜 *Potentilla sericea* Linn.

准噶尔委陵菜 *Potentilla soongorica* Bge.

朝天委陵菜 *Potentilla supina* Linn.

密枝委陵菜 *Potentilla virgata* Lehm.

悬钩子属 *Rubus* Linn.

覆盆子 *Rubus idaeus* Linn.

库页岛悬钩子 *Rubus sachalinensis* Lévl.

蔷薇属 *Rosa* Linn.

刺蔷薇 *Rosa acicularis* Lindl.

腺齿蔷薇 *Rosa albertii* Regel

小檗叶蔷薇 *Rosa berberifolia* Pall.

落花蔷薇 *Rosa beggeriana* Schrenk

樟味蔷薇 *Rosa cinnamomea* Linn.

疏花蔷薇 *Rosa laxa* Retz.

宽刺蔷薇 *Rosa platyacantha* Schrenk

多刺蔷薇 *Rosa spinosissima* Linn.

地榆属 *Sanguisorba* Linn.

高山地榆 *Sanguisorba alpina* Bge.

地榆 *Sanguisorba officinalis* Linn.

山莓草属 *Sibbaldia* Linn.

十蕊山莓草 *Sibbaldia adpressa* Bge.

四蕊山莓草 *Sibbaldia tetrandra* Bge.

花楸属 *Sorbus* Linn.

天山花楸 *Sorbus tianschanica* Rupr.

绣线菊属 *Spiraea* Linn.

大叶绣线菊 *Spiraea chamaedryfolia* Linn.

金丝桃叶绣线菊 *Spiraea hypericifolia* Linn.

A119 豆科 Leguminosae

骆驼刺属 *Alhagi* Gagneb.

骆驼刺 *Alhagi sparsifolia* Shap.

黄耆属 *Astragalus* Linn.

阿克苏黄耆 *Astragalus aksuensis* Bunge

狐尾黄耆 *Astragalus alopecurus* Pall.

高山黄耆 *Astragalus alpinus* Linn.

木黄耆 *Astragalus arbuscula* Pall.

南黄耆 *Astragalus australis* (Linn.) Lam.

布河黄耆 *Astragalus buchtormensis* Pall.

托木尔黄耆 *Astragalus dsharkenticus* Popov

弯花黄耆 *Astragalus flexus* Fisch.

茸毛果黄耆 *Astragalus hebecarpus* Cheng f. *ex* S. B. Ho

七溪黄耆 *Astragalus heptapotamicus* Sumn.

边陲黄耆 *Astragalus hoantchy* subsp. *dshimensis* (Gontsch.) K. T. Fu

霍城黄耆 *Astragalus huochengensis* Podlech *et* L. R. Xu

天山黄耆 *Astragalus lepsensis* Bunge

岩生黄耆 *Astragalus lithophilus* Kar. *et* Kir.

长荚黄耆 *Astragalus macrolobus* M. Bieb.

富蕴黄耆 *Astragalus majevskianus* Kryl.

钝叶黄耆 *Astragalus obtusifoliolus* (S. B. Ho) Podlech *et* L. R. Xu

类中天山黄耆 *Astragalus persimilis* Podlech *et* L. R. Xu

毛叶黄耆 *Astragalus pallasii* Spreng.

喜石黄耆 *Astragalus petraeus* Kar. *et* Kir.

宽叶黄耆 *Astragalus platyphyllus* Kar. *et* Kir.

博乐黄耆 *Astragalus porphyreus* Podlech *et* L. R. Xu

西域黄耆 *Astragalus pseudoborodinii* S. B. Ho

卡通黄耆 *Astragalus schanginianus* Pall.

赛里木黄耆 *Astragalus sinkiangensis* Podlech *et* L. R. Xu

纹茎黄耆 *Astragalus sulcatus* Linn.

藏新黄耆 *Astragalus tibetanus* Benth. *ex* Bge.

路边黄耆 *Astragalus transecticola* Podlech *et* L. R. Xu

温泉黄耆 *Astragalus wenquanensis* S. B. Ho

锦鸡儿属 *Caragana* Fabr.

镰叶锦鸡儿 *Caragana aurantiaca* Koehne

黄刺条 *Caragana frutex* (Linn.) C. Koch

鬼箭锦鸡儿 *Caragana jubata* (Pall.) Poir.

白皮锦鸡儿 *Caragana leucophloea* Pojark.

狭叶锦鸡儿 *Caragana stenophylla* Pojark.

鹰嘴豆属 *Cicer* Linn.

小叶鹰嘴豆 *Cicer microphyllum* Royle *ex* Benth.

甘草属 *Glycyrrhiza* Linn.

粗毛甘草 *Glycyrrhiza aspera* Pall.

光果甘草 *Glycyrrhiza glabra* Linn.

甘草 *Glycyrrhiza uralensis* Fisch.

铃铛刺属 *Halimodendron* Fisch.

铃铛刺 *Halimodendron halodendron* (Pall.) Vass

岩黄耆属 *Hedysarum* Linn.

费尔干岩黄耆 *Hedysarum ferganense* Korsh.

华北岩黄耆 *Hedysarum gmelinii* Ledeb.

克氏岩黄耆 *Hedysarum krylovii* Sumn.

疏忽岩黄耆 *Hedysarum neglectum* Ledeb.

天山岩黄耆 *Hedysarum semenovii* Rgl. *et* Herd.

山黧豆属 *Lathyrus* Linn.

新疆山黧豆 *Lathyrus gmelinii* (Fisch.) Fritsch

大托叶山黧豆 *Lathyrus pisiformis* Linn.

牧地山黧豆 *Lathyrus pratensis* Linn.

玫红山黧豆 *Lathyrus tuberosus* Linn.

百脉根属 *Lotus* Linn.

细叶百脉根 *Lotus tenuis* Wald. *et* Kit. *ex* Willd.

苜蓿属 *Medicago* Linn.

野苜蓿 *Medicago falcata* Linn.

天蓝苜蓿 *Medicago lupulina* Linn.

小苜蓿 *Medicago minima* (Linn.) Grufb.

直果胡卢巴 *Medicago orthoceras* (Kar. *et* Kir.) Trautv.

阔荚苜蓿 *Medicago platycarpos* (Linn.) Trautv.

杂交苜蓿 *Medicago* × *varia* Martyn

草木樨属 *Melilotus* Miller

白花草木樨 *Melilotus albus* Medic *ex* Desr.

细齿草木樨 *Melilotus dentatus* (Waldst. *et* Kit.) Pers.

黄花草木樨 *Melilotus officinalis* (Linn.) Pall.

驴食草属 *Onobrychis* Mill.

美丽红豆草 *Onobrychis pulchella* Schrenk

顿河红豆草 *Onobrychis tanaitica* Spreng.

棘豆属 *Oxytropis* DC.

瓶状棘豆 *Oxytropis ampullata* (Pall.) Pers.

银棘豆 *Oxytropis argentata* (Pall.) Pers.

二裂棘豆 *Oxytropis biloba* Saposhn.

小丛生棘豆 *Oxytropis caespitosula* Gontsch. *ex* Vass. *et* B. Fedtsch.

灰棘豆 *Oxytropis cana* Bunge

雪地棘豆 *Oxytropis chionobia* Bunge

雪叶棘豆 *Oxytropis chionophylla* Schrenk

霍城棘豆 *Oxytropis chorgossica* Vass.

尖喙棘豆 *Oxytropis cuspidata* Bunge

急弯棘豆 *Oxytropis deflexa* (Pall.) DC.

色花棘豆 *Oxytropis dichroantha* Schrenk

镰荚棘豆 *Oxytropis falcata* Bunge

硬毛棘豆 *Oxytropis fetissovii* Bunge

小花棘豆 *Oxytropis glabra* (Lam.) DC.

球花棘豆 *Oxytropis globiflora* Bunge

短硬毛棘豆 *Oxytropis hirsutiuscula* Freyn

温泉棘豆 *Oxytropis hystrix* Schrenk

铺地棘豆 *Oxytropis humifusa* Kar. *et* Kir.

密花棘豆 *Oxytropis imbricata* Kom.

拉普兰棘豆 *Oxytropis lapponica* (Wahlenb.) J. Gay

萨拉套棘豆 *Oxytropis meinshausenii* C.A.Mey.

米尔克棘豆 *Oxytropis merkensis* Bunge

小球棘豆 *Oxytropis microsphaera* Bunge

淡黄棘豆 *Oxytropis ochroleuca* Bunge

宽瓣棘豆 *Oxytropis platysema* Schrenk

长柄棘豆 *Oxytropis podoloba* Kar. *et* Kir.

庞氏棘豆 *Oxytropis poncinsii* Franch.

萨坎德棘豆 *Oxytropis sarkandensis* Vass.

胀果棘豆 *Oxytropis stracheyana* Bunge

槐属 *Sophora* Linn.

苦豆子 *Sophora alopecuroides* Linn.

苦马豆属 *Sphaerophysa* DC.

苦马豆 *Sphaerophysa salsula* (Pall.) DC.

野决明属 *Thermopsis* R. Br.

高山野决明 *Thermopsis alpina* (Pall.) Ledeb.

车轴草属 *Trifolium* Linn.

草莓车轴草 *Trifolium fragiferum* Linn.

野火球 *Trifolium lupinaster* Linn.

红车轴草 *Trifolium pratense* Linn.

白车轴草 *Trifolium repens* Linn.

胡卢巴属 *Trigonella* Linn.

弯果胡卢巴 *Trigonella arcuata* C. A. Mey.

网脉胡卢巴 *Trigonella cancellata* Desf.

野豌豆属 *Vicia* Linn.

新疆野豌豆 *Vicia costata* Ledeb.

广布野豌豆 *Vicia cracca* Linn.

细叶野豌豆 *Vicia tenuifolia* Roth.

四籽野豌豆 *Vicia tetrasperma* (Linn.) Schreber

A125 牻牛儿苗科 Geraniaceae

熏倒牛属 *Biebersteinia* Steph. *ex* Fisch.

高山熏倒牛 *Biebersteinia odora* Steph.

牻牛儿苗属 *Erodium* L'Herit.

芹叶牻牛儿苗 *Erodium cicutarium* (Linn.) L'Her.

尖喙牻牛儿苗 *Erodium oxyrrhynchum* M.Bieb.

牻牛儿苗 *Erodium stephanianum* Willd.

老鹳草属 *Geranium* Linn.

白花老鹳草 *Geranium albiflorum* Ledeb.

丘陵老鹳草 *Geranium collinum* Steph.

球根老鹳草 *Geranium linearilobum* Candolle

草原老鹳草 *Geranium pratense* Linn.

直立老鹳草 *Geranium rectum* Trautv.

石生老鹳草 *Geranium saxatile* Kar. *et* Kir.

鼠掌老鹳草 *Geranium sibiricum* Linn.

A127 蒺藜科 Zygophyllaceae

蒺藜属 *Tribulus* Linn.

蒺藜 *Tribulus terrestris* Linn.

霸王属（驼蹄瓣属）*Zygophyllum* Linn.

细茎霸王 *Zygophyllum brachypterum* Kar. *et* Kir.

霸王 *Zygophyllum fabago* Linn.

列曼霸王 *Zygophyllum lehmannianum* Bunge

粗茎霸王 *Zygophyllum loczyi* Kanitz.

大翅霸王 *Zygophyllum macropterum* C. A. Mey.

翅果霸王 *Zygophyllum pterocarpum* Bunge

石生霸王 *Zygophyllum rosowii* Bunge

宽叶石生霸王 *Zygophyllum rosowii* var. *latifolium* (Schrenk) Popov

A127a 白刺科 Nitrariaceae

白刺属 *Nitraria* Linn.

大白刺 *Nitraria roborowskii* Kom.

西伯利亚白刺 *Nitraria sibirica* Pall.

唐古特白刺 *Nitraria tangutorum* Bobr.

白刺 *Nitraria schoberi* Linn.

A127b 骆驼蓬科 Peganaceae

骆驼蓬属 *Peganum* Linn.

骆驼蓬 *Peganum harmala* Linn.

A128 亚麻科 Linaceae

亚麻属 *Linum* Linn.

宿根亚麻 *Linum perenne* Linn.

A130 大戟科 Euphorbiaceae

大戟属 *Euphorbia* Linn.

阿拉套大戟 *Euphorbia alatavica* Boiss.

乳浆大戟 *Euphorbia esula* Linn.

地锦 *Euphorbia humifusa* Willd.

长根大戟 *Euphorbia pachyrrhiza* Kar. *et* Kir.

准噶尔大戟 *Euphorbia soongarica* Boiss.

A143 远志科 Polygalaceae

远志属 *Polygala* Linn.

新疆远志 *Polygala hybrida* DC.

A153 凤仙花科 Balsaminaceae

凤仙花属 *Impatiens* Linn.

短距凤仙花 *Impatiens brachycentra* Kar. *et* Kir.

小花凤仙花 *Impatiens parviflora* DC.

A168 鼠李科 Rhamnaceae

鼠李属 *Rhamnus* Linn.

新疆鼠李 *Rhamnus songorica* Gontsch.

A173 锦葵科 Malvaceae

锦葵属 *Malva* Linn.

圆叶锦葵 *Malva pusilla* Smith

野葵 *Malva verticillata* Linn.

蜀葵属 *Althaea* Linn.

药蜀葵 *Althaea officinalis* Linn.

A181 瑞香科 Thymelaeaceae

欧瑞香属 *Thymelaea* Mill.

欧瑞香 *Thymelaea passerina* (Linn.) Coss. *et* Germ.

A182 胡颓子科 Elaeagnaceael

沙棘属 *Hippophae* Linn.

蒙古沙棘 *Hippophae rhamnoides* subsp. *mongolica* Rousi

A185 堇菜科 Violaceae

堇菜属 *Viola* Linn.

阿尔泰堇菜 *Viola altaica* Ker-Gawl.

双花堇菜 *Viola biflora* Linn.

球果堇菜 *Viola collina* Bess.

裂叶堇菜 *Viola dissecta* Ledeb.

西藏堇菜 *Viola kunawarensis* Royle

大距堇菜 *Viola macroceras* Bge. *ex* Ledeb.

石生堇菜 *Viola rupestris* F. W. Schmidt.

A192 半日花科 Cistaceae

半日花属 *Helianthemum* Mill.

半日花 *Helianthemum songaricum* Schrenk

A196 柽柳科 Tamaricaceae

琵琶柴属 *Reaumuria* Linn.

琵琶柴 *Reaumuria soongarica* (Pall.) Maxim.

柽柳属 *Tamarix* Linn.

长穗柽柳 *Tamarix elongata* Ledeb.

盐地柽柳 *Tamarix karelinii* Bunge

短穗柽柳 *Tamarix laxa* Willd.

细穗柽柳 *Tamarix leptostachya* Bunge

多枝柽柳 *Tamarix ramosissima* Ledeb.

水柏枝属 *Myricaria* Desv

鳞序水柏枝 *Myricaria squamosa* Desv.

宽苞水柏枝 *Myricaria bracteata* Royle

A198 山柑科 Capparidaceae

山柑属 *Capparis* Tourn. *ex* Linn.

刺山柑 *Capparis spinosa* Linn.

A204 千屈菜科 Lythraceae

千屈菜属 *Lythrum* Linn.

千屈菜 *Lythrum salicaria* Linn.

A215 柳叶菜科 Onagraceae

柳兰属 *Chamerion* (Raf.) Raf. *ex* Holub

柳兰 *Chamerion angustifolium* (L.) Holub

宽叶柳兰 *Chamerion latifolium* (L.) Holub

柳叶菜属 *Epilobium* Linn.

圆柱柳叶菜 *Epilobium cylindricum* D. Don.

柳叶菜 *Epilobium hirsutum* Linn.

细籽柳叶菜 *Epilobium minutiflorum* Hausskn.

沼生柳叶菜 *Epilobium palustre* Linn.

A219 杉叶藻科 Hippuridaceae

杉叶藻属 *Hippuris* Linn.

杉叶藻 *Hippuris vulgaris* Linn.

A220 锁阳科 Cynomoriaceae

锁阳属 *Cynomorium* Linn.

锁阳 *Cynomorium songaricum* Rupr.

A227 伞形科 Umbelliferae

羊角芹属 *Aegopodium* Linn.

克什米尔羊角芹 *Aegopodium kashmiricum* (R. R. Stewart *ex* Dunn）M. Pimen.

塔什克羊角芹 *Aegopodium tadshikorum* Schischk.

峨参属 *Anthriscus* Hoffm.

刺果峨参 *Anthriscus sylvestris* subsp. *nemorosa* (M.Bieb.) Koso-Pol.

古当归属 *Archangelica* Hoffm.

短茎古当归 *Archangelica brevicaulis* (Rupr.) Rchb.

柴胡属 *Bupleurum* Linn.

金黄柴胡 *Bupleurum aureum* Fisch. *ex* Hoffm.

天山柴胡 *Bupleurum thianschanicum* Freyn

葛缕子属 *Carum* Linn.

葛缕子 *Carum carvi* Linn.

暗红葛缕子 *Carum atrosanguineum* Kar. *et* Kir.

毒芹属 *Cicuta* Linn.

毒芹 *Cicuta virosa* Linn.

胡萝卜属 *Daucus* Linn.

野胡萝卜 *Daucus carota* Linn.

阿魏属 *Ferula* Linn.

山地阿魏 *Ferula akitschkensis* B. Fedtsen *ex* K.-Pol.

灰色阿魏*Ferula canescens* (Ledeb.) Ledeb.

多伞阿魏*Ferula feruloides* (Steud.) Korov.

准噶尔阿魏*Ferula songarica* Pall. *ex* Spreng.

独活属*Heracleum* Linn.

兴安独活*Heracleum dissectum* Ledeb.

岩风属*Libanotis* Haller *ex* Zinn

狼山岩风*Libanotis abolinii* (Korov.) Korov.

岩风*Libanotis buchtormensis* (Fisch.) DC.

伊犁岩风*Libanotis iliensis* (Lipsky) Korov.

坚挺岩风*Libanotis schrenkiana* C. A. Mey. *ex* Schischk.

藁本属*Ligusticum* Linn.

短尖藁本*Ligusticum mucronatum* (Schrenk) Leute

棱子芹属*Pleurospermum* Hoffm.

畸形棱子芹*Pleurospermum anomalum* B. Fedtsch

红花棱子芹*Pleurospermum roseum* (Korov.) K. M. Shen

单茎棱子芹*Pleurospermum simplex* (Rupr.) Benth. *et* Hook. f. *ex* Drude

双球芹属*Schrenkia* Fisch. *et* Mey.

双球芹*Schrenkia vaginata* (Ledeb.) Fisch. *et* Mey.

苞裂芹属*Schulzia* Spreng.

白花苞裂芹*Schulzia albiflora* (Kar. *et* Kir.) M. Pop.

大瓣芹属*Semenovia* Rgl. *et* Herd.

大瓣芹*Semenovia transiliensis* Regel *et* Herd.

西风芹属*Seseli* Linn.

微毛西风芹*Seseli asperulum* (Trautv.) Schischk.

西归芹属*Seselopsis* Schischk.

西归芹*Seselopsis tianschanica* Schischk.

泽芹属*Sium* Linn.

欧泽芹*Sium latifolium* Linn.

狭腔芹属*Stenocoelium* Ledeb.

狭腔芹*Stenocoelium popovii* V. M. Vinogr. & Fedor.

毛果狭腔芹*Stenocoelium trichocarpum* Schrenk

A230 鹿蹄草科Pyrolaceae

鹿蹄草属*Pyrola* Linn.

短柱鹿蹄草*Pyrola minor* Linn.

圆叶鹿蹄草*Pyrola rotundifolia* Linn.

独立花属*Moneses* Salisb. *ex* S. F. Gray.

独立花 *Moneses uniflora* (Linn.) A. Gray.

单侧花属 *Orthilia* Rafin.

单侧花 *Orthilia secunda* (Linn.) House.

圆叶单侧花 *Orthilia obtusata* (Turcz.) Hara.

A236 报春花科 Primulaceae

点地梅属 *Androsace* Linn.

东北点地梅 *Androsace filiformis* Retz.

旱生点地梅 *Androsace lehmanniana* Spreng.

大苞点地梅 *Androsace maxima* Linn.

绢毛点地梅 *Androsace nortonii* Ludlow

天山点地梅 *Androsace ovczinnikovii* Schischk.

北点地梅 *Androsace septentrionalis* Linn.

假报春属 *Cortusa* Linn.

假报春 *Cortusa matthioli* Linn.

海乳草属 *Glaux* Linn.

海乳草 *Glaux maritima* Linn.

金钟花属 *Kaufmannia* Regel

金钟花 *Kaufmannia semenovii* (Herd.) Regel

珍珠菜属 *Lysimachia* Linn.

毛黄连花 *Lysimachia vulgaris* Linn.

报春花属 *Primula* Linn.

寒地报春 *Primula algida* Adam.

准噶尔报春 *Primula nivalis* var. *farinosa* Schrenk

天山报春 *Primula nutans* Georgi.

大萼报春 *Primula veris* subsp. *macrocalyx* (Bunge) Ludi

A237 白花丹科 Plumbaginaceae

彩花属 *Acantholimon* Boiss.

刺叶彩花 *Acantholimon alatavicum* Bunge

驼舌草属 *Goniolimon* Boils.

疏花驼舌草 *Goniolimon callicomum* (C. A. Mey.) Boils.

团花驼舌草 *Goniolimon eximium* (Schrenk) Boiss.

驼舌草 *Goniolimon speciosum* (Linn.) Boils.

伊犁花属 *Ikonnikovia* Lincz.

伊犁花 *Ikonnikovia kaufmanniana* (Regel) Lincz.

补血草属 *Limonium* Mill.

簇枝补血草 *Limonium chrysocomum* (Kar. *et* Kir.) Kuntze

大簇补血草*Limonium chrysocomum* subsp. *semenovii* (Herder) Kamelin

细簇补血草*Limonium chrysocomum* var. *chrysocephalum* (Regel) Peng

矮簇补血草*Limonium chrysocomum* var. *sedoides* (Regel) Peng.

珊瑚补血草*Limonium coralloides* (Tausch) Lincz.

精河补血草*Limonium leptolobum* (Regel) Kuntze

繁枝补血草*Limonium myrianthum* (Schrenk)Kuntze

木本补血草*Limonium suffruticosum* (Linn.) Kuntze

鸡娃草属*Plumbagella* Spach

鸡娃草*Plumbagella micrantha* (Ledeb.)Spach.

A248 龙胆科 Gentianaceae

喉毛花属*Comastoma* (Wettst.) Toyokuni

柔弱喉毛花*Comastoma tenellum* (Rottb.) Toyokuni

龙胆属*Gentiana* (Tourn.) Linn.

斜升秦艽*Gentiana decumbens* Linn. f.

天山龙胆*Gentiana tianschanica* Rupr.

新疆秦艽*Gentiana walujewii* Regel *et* Schmalh.

秦艽*Gentiana macrophylla* Pall.

集花龙胆*Gentiana olivieri* Griseb.

准噶尔龙胆*Gentiana dschungarica* Regel

高山龙胆*Gentiana algida* Pall.

单花龙胆*Gentiana subuniflora* Marq.

垂花龙胆*Gentiana nutans* Bunge

水生龙胆*Gentiana aquatica* Linn.

蓝白龙胆*Gentiana leucomelaena* Maxim.

河边龙胆*Gentiana riparia* Kar. *et* Kir.

假龙胆属*Gentianella* Moench.

新疆假龙胆*Gentianella turkestanorum* (Gand.) Holub.

扁蕾属*Gentianopsis* Ma

扁蕾*Gentianopsis barbata* (Froel.) Ma

獐牙菜属*Swertia* Linn.

短筒獐牙菜*Swertia connata* Schrenk

膜边獐牙菜*Swertia marginata* Schrenk

A250 夹竹桃科 Apocynaceae

罗布麻属*Apocynum* Linn.

罗布麻*Apocynum venetum* Linn.

A251 萝藦科 Asclepiadaceae

鹅绒藤属 *Cynanchum* Linn.

戟叶鹅绒藤 *Cynanchum acutum* subsp. *sibiricum* (Willd.) Rech. f.

A252 茜草科 Rubiaceae

拉拉藤属 *Galium* Linn.

北方拉拉藤 *Galium boreale* Linn.

宽叶拉拉藤 *Galium boreale* var. *latifolium* Turcz.

单花拉拉藤 *Galium exile* Hook. f.

蔓生拉拉藤 *Galium humifusum* M. Bieb.

喀喇套拉拉藤 *Galium karataviense* (Pavlov) Pobed.

萨吾尔拉拉藤 *Galium saurense* Litw.

拉拉藤 *Galium spurium* Linn.

纤细拉拉藤 *Galium tenuissimum* M. Bieb.

中亚拉拉藤 *Galium turkestanicum* Pobed.

蓬子菜 *Galium verum* Linn.

毛蓬子菜 *Galium verum* var. *tomentosum* (Nakai) Nakai.

茜草属 *Rubia* Linn.

沙生茜草 *Rubia deserticola* Pojark.

长叶茜草 *Rubia dolichophylla* Schrenk

四叶茜草 *Rubia schugnanica* B. Fedtsch. *ex* Pojark.

A253 花荵科 Polemoniaceae

花荵属 *Polemonium* Linn.

花荵 *Polemonium caeruleum* Linn.

A255 旋花科 Convolvulaceae

打碗花属 *Calystegia* R. Br.

篱打碗花 *Calystegia sepium* (Linn.) R. Br.

旋花属 *Convolvulus* Linn.

田旋花 *Convolvulus arvensis* Linn.

鹰爪柴 *Convolvulus gortschakovii* Schrenk

刺旋花 *Convolvulus tragacanthoides* Turcz.

菟丝子属 *Cuscuta* Linn.

杯花菟丝子 *Cuscuta approximata* Bab.

单柱菟丝子 *Cuscuta monogyna* Vahl.

A257 紫草科Boraginaceae

牛舌草属*Anchusa* Linn.

牛舌草*Anchusa ovata* Lehm.

软紫草属*Arnebia* Forsk.

黄花软紫草*Arnebia guttata* Bge.

硬萼软紫草*Arnebia decumbens* (Vent.) Coss. *et* Kral.

软紫草*Arnebia euchroma* (Royle) Johnst.

糙草属*Asperugo* Linn.

糙草*Asperugo procumbens* Linn.

琉璃草属*Cynoglossum* Linn.

药用琉璃草*Cynoglossum officinale* Linn.

绿花琉璃草*Cynoglossum viridiflorum* Pall. *ex* Lehm.

齿缘草属*Eritrichium* Schrad.

长毛齿缘草*Eritrichium villosum* (Ldb.) Bge.

腹脐草属*Gastrocotyle* Bunge

腹脐草*Gastrocotyle hispida* (Forsk) Bge.

假鹤虱属*Hackelia* Opiz.

反折假鹤虱*Hackelia deflexum* (Wahlenb.) Lian *et* J. Q. Wang

天芥菜属*Heliotropium* Linn.

椭圆叶天芥菜*Heliotropium ellipticum* Ledeb.

鹤虱属*Lappula* V. Wolf.

石果鹤虱*Lappula spinocarpos* (Forsk.) Aschers. *ex* Kuntze

短刺鹤虱*Lappula brachycentra* (Ledeb.) Gurke.

蓝刺鹤虱*Lappula consanguinea* (Fisch. *et* Mey.) Gerke.

劲直鹤虱*Lappula stricta* (Ledeb.) Gurke in Engler & Drantl

狭果鹤虱*Lappula semiglabra* (Ledeb.) Gurke

卵果鹤虱*Lappula patula* (Lehm.) Aschers. *ex* Gurke

卵盘鹤虱*Lappula redowskii* (Hornem.) Greene

小果鹤虱*Lappula microcarpa* (Ledeb.) Gurke

异刺鹤虱*Lappula heteracantha* (Ledeb.) Gurke

膜翅鹤虱*Lappula marginata* (M. B.) Gürke

天山鹤虱*Lappula tianschanica* M. Pop. *et* Zak.

长柱琉璃草属*Lindelofia* Lehm.

长柱琉璃草*Lindelofia stylosa* (Kar. *et* Kir) Brand.

紫草属*Lithospermum* Linn.

小花紫草*Lithospermum officinale* Linn.

勿忘草属 *Myosotis* Linn.

亚洲勿忘草 *Myosotis asiatica* (Vestergr.) Schischk. & Serg.

湿地勿忘草 *Myosotis caespitosa* Schultz.

勿忘草 *Myosotis alpestris* F. W. Schmidt.

假狼紫草属 *Nonea* Medic.

假狼紫草 *Nonea caspica* (Willd.) G. Don.

滇紫草属 *Onosma* Linn.

过敏滇紫草 *Onosma irritans* Popov *ex* Pavlov

昭苏滇紫草 *Onosma echioides* Linn.

李果鹤虱属 *Rochelia* Reichb.

光果李果鹤虱 *Rochelia leiocarpa* Ledeb.

长蕊琉璃草属 *Solenanthus* Ledeb.

长蕊琉璃草 *Solenanthus circinnatus* Ledeb.

附地菜属 *Trigonotis* Stev.

附地菜 *Trigonotis peduncularis* (Trev.) Benth. *ex* Baker *et* Moore

A261 唇形科 Labiatae

新风轮属 *Calamintha* Mill.

新风轮 *Calamintha debilis* (Bunge) Benth.

青兰属 *Dracocephalum* Linn.

羽叶青兰 *Dracocephalum bipinnatum* Rupr.

异叶青兰 *Dracocephalum heterophyllum* Benth.

全缘叶青兰 *Dracocephalum integrifolium* Bunge

白花全缘叶青兰 *Dracocephalum integrifolium* var. *album* G. J. Liu

垂花青兰 *Dracocephalum nutans* Linn.

光青兰 *Dracocephalum imberbe* Bunge

大花青兰 *Dracocephalum grandiflorum* Linn.

铺地青兰 *Dracocephalum origanoides* Steph. *et* Willd.

宽齿青兰 *Dracocephalum paulsenii* Briq.

香薷属 *Elsholtzia* Willd.

密花香薷 *Elsholtzia densa* Benth.

沙穗属 *Eremostachys* Bunge

喀拉套沙穗 *Eremostachys karatavica* N. Pavl

长蕊青兰属 *Fedtschenkiella* Kudr.

长蕊青兰 *Fedtschenkiella stamineum* Kar. *et* Kir.

活血丹属 *Glechoma* Linn.

欧活血丹 *Glechoma hederacea* Linn.

兔唇花属 *Lagochilus* Bge.

二刺叶兔唇花 *Lagochilus diacanthophyllus* (PalLagochilus) Benth.

毛节兔唇花 *Lagochilus lanatonodus* C. Y. Wu *et* Hsuan

阔刺兔唇花 *Lagochilus platyacanthus* Rupr.

夏至草属 *Lagopsis* Bge. *ex* Benth.

毛穗夏至草 *Lagopsis eriostachys* (Benth.) Ik. -Gal. *ex* Knorr.

夏至草 *Lagopsis supina* (Steph.) Ik. -Gal. *ex* Knorr.

野芝麻属 *Lamium* Linn.

短柄野芝麻 *Lamium album* Linn.

益母草属 *Leonurus* Linn.

中亚益母草 *Leonurus turkestanicus* V. Krecz. *et* Kupr.

欧夏至草属 *Marrubium* Linn.

欧夏至草 *Marrubium vulgare* Linn.

薄荷属 *Mentha* Linn.

薄荷 *Mentha canadensis* Linn.

荆芥属 *Nepeta* Linn.

小裂叶荆芥 *Nepeta annua* Pallas

牛至属 *Origanum* Linn.

牛至 *Origanum vulgare* Linn.

糙苏属 *Phlomis* Linn.

块根糙苏 *Phlomis tuberosa* Linn.

草原糙苏 *Phlomis pratensis* Kar. *et* Kir.

山地糙苏 *Phlomis oreophila* Kar. *et* Kir.

夏枯草属 *Prunella* Linn.

夏枯草 *Prunella vulgaris* Linn.

鼠尾草属 *Salvia* Linn.

新疆鼠尾草 *Salvia deserta* Schang.

黄芩属 *Scutellaria* Linn.

盔状黄芩 *Scutellaria galericulata* Linn.

宽苞黄芩 *Scutellaria sieversii* Bunge

深裂叶黄芩 *Scutellaria przewalskii* Juz.

假水苏属 *Stachyopsis* M. Pop. *et* Vved.

假水苏 *Stachyopsis oblongata* (Schrenk) Popov. *et* Vved.

水苏属 *Stachys* Linn.

沼生水苏 *Stachys palustris* Linn.

百里香属 *Thymus* Linn.

异株百里香 *Thymus marschallianus* Willd.

拟百里香 *Thymus proximus* Serg.

新塔花属 *Ziziphora* Linn.

小新塔花 *Ziziphora tenuior* Linn.

芳香新塔花 *Ziziphora clinopodioides* Lam.

A263 茄科 Solanaceae

曼陀罗属 *Datura* L.

曼陀罗 *Datura stramonium* Linn.

天仙子属 *Hyoscyamus* Linn.

天仙子 *Hyoscyamus niger* Linn.

中亚天仙子 *Hyoscyamus pusillus* Linn.

枸杞属 *Lycium* Linn.

新疆枸杞 *Lycium dasystemum* Pojarkova

黑果枸杞 *Lycium ruthenicum* Murr.

茄属 *Solanum* Linn.

光白英 *Solanum kitagawae* Schonb. -Tem.

龙葵 *Solanum nigrum* Linn.

红果龙葵 *Solanum villosum* Miller

A266 玄参科 Scrophulariaceae

野胡麻属 *Dodartia* Linn.

野胡麻 *Dodartia orientalis* Linn.

小米草属 *Euphrasia* Linn.

短腺小米草 *Euphrasia regelii* Wettst.

兔耳草属 *Lagotis* J. Uaertn

亚中兔耳草 *Lagotis integrifolia* (Willd.) Schischk. *ex* Vikulova.

方茎草属 *Leptorhabdos* Schrenk

方茎草 *Leptorhabdos parviflora* Benth.

柳穿鱼属 *Linaria* Mill.

紫花柳穿鱼 *Linaria bungei* Kuprian.

疗齿草属 *Odontites* Ludwig.

疗齿草 *Odontites vulgaris* Moenc

马先蒿属 *Pedicularis* Linn.

欧氏马先蒿 *Pedicularis oederi* Vahl.

准噶尔马先蒿 *Pedicularis songarica* Schrenk

拟鼻花马先蒿 *Pedicularis rhinanthoides* Schrenk *ex* Fisch. *et* Mey.

碎米蕨叶马先蒿 *Pedicularis cheilanthifolia* Schrenk

秀丽马先蒿 *Pedicularis venusta* Schangan. *ex* Bge.

长根马先蒿 *Pedicularis dolichorrhiza* Schrenk

兔尾苗属 *Pseudolysimachion* (W. D. J. Koch) Opiz

穗花兔尾苗 *Pseudolysimachion spicatum* (Linn.) Opiz

鼻花属 *Rhinanthus* Linn.

鼻花 *Rhinanthus glaber* Lam.

玄参属 *Scrophularia* Linn.

新疆玄参 *Scrophularia heucheriiflora* Schrenk *ex* Fisch. *et* Mey.

砾玄参 *Scrophularia incisa* Weinm.

羽裂玄参 *Scrophularia kiriloviana* Schischk.

翅茎玄参 *Scrophularia umbrosa* Dum.

毛蕊花属 *Verbascum* Linn.

东方毛蕊花 *Verbascum chaixii* subsp. *orientale* (Schott *ex* Roem. & Schult.) Hayek

紫毛蕊花 *Verbascum phoeniceum* Linn.

毛蕊花 *Verbascum thapsus* Linn.

婆婆纳属 *Veronica* Linn.

有柄水苦荬 *Veronica beccabunga* Linn.

二裂婆婆纳 *Veronica biloba* Linn.

长果婆婆纳 *Veronica ciliata* Fisch.

尖果水苦荬 *Veronica oxycarpa* Boiss.

婆婆纳 *Veronica polita* Fries

侏倭婆婆纳 *Veronica pusilla* Kotschy & Boiss.

小婆婆纳 *Veronica serpyllifolia* Linn.

水苦荬 *Veronica undulata* Wall.

A275 列当科 Orobanchaceae

肉苁蓉属 *Cistanche* Hoffmg. *et* Link.

肉苁蓉 *Cistanche deserticola* Ma

盐生肉苁蓉 *Cistanche salsa* (C.A.Mey.) G.Beck.

列当属 *Orobanche* Linn.

美丽列当 *Orobanche amoena* C. A. Mey.

弯管列当 *Orobanche cernua* Loefling

A279 车前科 Plantaginaceae

车前属 *Plantago* Linn.

绒毛车前 *Plantago arachnoidea* Schrenk

车前 *Plantago asiatica* Linn.

柯尔车前 *Plantago cornuti* Gouan.

平车前 *Plantago depressa* Willd.

披针叶车前 *Plantago lanceolata* Linn.

条叶车前 *Plantago lessingii* Fisch. *et* Mey.

大车前 *Plantago major* Linn.

盐生车前 *Plantago maritima* subsp. *ciliata* Printz

小车前 *Plantago minuta* Pall.

A280 忍冬科 Caprifoliaceae

忍冬属 *Lonicera* Linn.

阿特曼忍冬 *Lonicera altmanni* Regel

刚毛忍冬 *Lonicera hispida* Pall. *ex* Roem. *et* Schult.

矮小忍冬 *Lonicera humilis* Kar. *et* Kir.

小叶忍冬 *Lonicera microphylla* Willd. *ex* Roem. *et* Schult.

奥尔忍冬 *Lonicera olgae Regel et* Schmalh.

细花忍冬 *Lonicera stenantha* Pojark.

鞑靼忍冬 *Lonicera tatarica* Linn.

华西忍冬 *Lonicera webbiana* Wall. *ex* DC.

A282 败酱科 Valerianaceae

败酱属 *Patrinia* Juss.

中败酱 *Patrinia intermedia* (Horn.) Roem. *et* Schult

缬草属 *Valeriana* Linn.

新疆缬草 *Valeriana fedtschenkoi* Coincy.

缬草 *Valeriana officinalis* Linn.

中亚缬草 *Valeriana turkestanica* Sumn.

A283 川续断科 Dipsacaceae

蓝盆花属 *Scabiosa* Linn.

黄盆花 *Scabiosa ochroleuca* Linn.

准噶尔蓝盆花 *Scabiosa soongorica* Schrenk

A284 桔梗科 Campanulaceae

沙参属 *Adenophora* Fisch.

喜马拉雅沙参 *Adenophora himalayana* Feer.

天山沙参 *Adenophora lamarckii* Fisch.

新疆沙参 *Adenophora liliifolia* (Linn.) Bess.

风铃草属 *Campanula* Linn.

聚花风铃草 *Campanula glomerata* Linn.

西伯利亚风铃草 *Campanula sibirica* Linn.

长柄风铃草 *Campanula stevenii* subsp. *wolgensis* (Smirnov) Fed.

新疆风铃草 *Campanula stevenii* subsp. *albertii* (Trautv.) Victorov

党参属 *Codonopsis* Wall.

新疆党参 *Codonopsis clematidea* (Schrenk) C. B. Clarke

A291 菊科 Compositae

蓍属 *Achillea* Linn.

亚洲蓍 *Achillea asiatica* Serg.

蓍 *Achillea millefolium* Linn.

丝叶蓍 *Achillea setacea* Waldst. *et* Kit .

亚菊属 *Ajania* Poljak.

新疆亚菊 *Ajania fastigiata* (C. Winkl.) Poljak

翅膜菊属 *Alfredia* Cass.

厚叶翅膜菊 *Alfredia nivea* Kar. *et* Kir.

薄叶翅膜菊 *Alfredia acantholepis* Kar. *et* Kir.

牛蒡属 *Arctium* Linn.

牛蒡 *Arctium lappa* Linn.

毛头牛蒡 *Arctium tomentosum* Mill.

蒿属 *Artemisia* Linn.

中亚苦蒿 *Artemisia absinthium* Linn.

黄花蒿 *Artemisia annua* Linn.

银蒿 *Artemisia austriaca* Jacq.

龙蒿 *Artemisia dracunculus* Linn.

宽裂龙蒿 *Artemisia dracunculus* var. *turkestanica* Krasch.

白叶蒿 *Artemisia leucophylla* (Turcz. *ex* Bess.) C. B. Clarke

大花蒿 *Artemisia macrocephala* Jacq. *ex* Bess.

褐苞蒿 *Artemisia phaeolepis* Krasch.

岩蒿 *Artemisia rupestris* Linn.

香叶蒿 *Artemisia rutifolia* Steph. *ex* Spreng.

猪毛蒿 *Artemisia scoparia* Waldst. *et* Kit.

大籽蒿 *Artemisia sieversiana* Ehrhart. *ex* Willd.

北艾 *Artemisia vulgaris* L.

假苦菜属 *Askellia* W. A. Weber

弯茎假苦菜 *Askellia flexuosa* (Ledebour) W. A. Weber

紫菀属 *Aster* Linn.

高山紫菀 *Aster alpinus* Linn.

阿尔泰狗娃花 *Aster altaicus* Willd.

灰白阿尔泰狗娃花*Aster altaicus* var. *canescens* (Ness) Serg.

萎软紫菀*Aster flaccidus* Bge.

鬼针草属*Bidens* Linn.

柳叶鬼针草*Bidens cernua* Linn.

狼把草*Bidens tripartita* Linn.

小甘菊属*Cancrinia* Kar. *et* Kir.

黄头小甘菊*Cancrinia chrysocephala* Kar. *et* Kir.

小甘菊*Cancrinia discoidea* (Ledeb.) Poljak.

飞廉属*Carduus* Linn.

飞廉*Carduus nutans* Linn.

疆矢车菊属*Centaurea* L.

琉苞菊*Centaurea pulchella* Ledeb.

岩参属*Cicerbita* Wallr.

岩参*Cicerbita azurea* (Ledeb.) Beauv.

蓟属*Cirsium* Mill.

天山蓟*Cirsium alberti* Rgl .*et* Schmalh.

丝路蓟*Cirsium arvense* (Linn.) Scop.

莲座蓟*Cirsium esculentum* (Sievers) C. A. Mey.

赛里木蓟*Cirsium sairamense* (Cirsium Winkl.) O. *et* B. Fedtsch.

新疆蓟*Cirsium semenowii* Regel

附片蓟*Cirsium sieversii* (Fisch. *et* Mey.) Petrak

翼蓟*Cirsium vulgare* (Savi) Ten.

还阳参属*Crepis* Linn.

金黄还阳参*Crepis chrysantha* (Ledeb.) Turcz.

多茎还阳参*Crepis multicaulis* Ledeb.

假还阳参属*Crepidiastrum* Nakai

异叶黄鹌菜*Crepidiastrum diversifolium* (Ledeb. *ex* Spreng.) J. W. Zhang & N. Kilian

多榔菊属*Doronicum* Linn.

天山多榔菊*Doronicum tianshanicum* Z. X. An

蓝刺头属*Echinops* Linn.

丝毛蓝刺头*Echinops nanus* Bunge

天山蓝刺头*Echinops tjanschanicus* Bobr.

飞蓬属*Erigeron* Linn.

飞蓬*Erigeron acris* Linn.

长茎飞蓬*Erigeron acris* subsp. *politus* (Fr.) H.Lindb.

橙舌飞蓬*Erigeron aurantiacus* Regel

小蓬草*Erigeron canadensis* Linn.

棉苞飞蓬 *Erigeron eriocalyx* (Ldb.)Vierh.

西疆飞蓬 *Erigeron krylovii* Serg.

假泽山飞蓬 *Erigeron pseudoseravschanicus* Botsch.

革叶飞蓬 *Erigeron schmalhausenii* M. Pop.

絮菊属 *Filago* Linn.

絮菊 *Filago arvensis* Linn.

匙叶絮菊 *Filago spathulata* Presl.

乳菀属 *Galatella* Cass.

乳菀 *Galatella punctata* (K. *et* W.) Nees

山柳菊属 *Hieracium* Linn.

高山柳菊 *Hieracium korshinskyi* Zahn.

旋覆花属 *Inula* Linn.

欧亚旋覆花 *Inula britannica* var. *angustifolia* Beck.

里海旋覆花 *Inula caspica* Blume

旋覆花 *Inula japonica* Thunb.

总状土木香 *Inula racemosa* Hook. f.

羊眼花 *Inula rhizocephala* Schrenk

麻花头属 *Klasea* Cass.

无茎麻花头 *Klasea lyratifolia* (Schrenk *ex* Fischer & C. A. Meyer) L. Martins

薄叶麻花头 *Klasea marginata* (Tausch) Kitag.

莴苣属 *Lactuca* Linn.

阿尔泰莴苣 *Lactuca serriola* Linn.

蒙山莴苣 *Lactuca tatarica* (Linn.) C.A. Mey.

飘带莴苣 *Lactuca undulata* Ledeb.

火绒草属 *Leontopodium* R. Br.

山野火绒草 *Leontopodium campestre* (Ledeb.) Hand.-Mazz.

火绒草 *Leontopodium leontopodioides* (Willd.) Beauv.

黄白火绒草 *Leontopodium ochroleucum* Beauv.

橐吾属 *Ligularia* Cass.

异叶橐吾 *Ligularia heterophylla* Rupr.

天叶橐吾 *Ligularia macrophylla* (Ledeb.) DC.

天山橐吾 *Ligularia narynensis* (C. Winkl.) O. *et* B. Fedtsch.

高山橐吾 *Ligularia schischkinii* N. I. Rubtz.

准噶尔橐吾 *Ligularia songarica* (Fisch.) Ling

西域橐吾 *Ligularia thomsonii* (C. B. Clarke) Pojark.

藏短星菊属 *Neobrachyactis* Brouillet

西疆短星菊 *Neobrachyactis roylei* (Candolle) Brouillet

黄矢车菊属 *Rhaponticoides* Vaill.

欧亚矢车菊 *Rhaponticoides ruthenica* (Lam.) M. V. Agab. & Greuter

漏芦属 *Rhaponticum* Vaill.

顶羽菊 *Rhaponticum repens* (L.) Hidalgo

岩菀属 *Rhinactinidia* Novopokr.

岩菀 *Rhinactinidia limoniifolia* (Less.) Novopokr. *ex* Botsch.

灰叶匹菊属 *Richteria* Kar. & Kir.

灰叶匹菊 *Richteria pyrethroides* Kar. *et* Kir.

风毛菊属 *Saussurea* DC.

灰白风毛菊 *Saussurea cana* Ledeb.

伊犁风毛菊 *Saussurea canescens* C. Winkl.

优雅风毛菊 *Saussurea elegans* Ledeb.

鼠麹雪兔子 *Saussurea gnaphalodes* (Royle) Sch.-Bip.

雪莲 *Saussurea involucrata* (Kar. *et* Kir.) Sch.-Bip.

裂叶风毛菊 *Saussurea laciniata* Ledeb.

白叶风毛菊 *Saussurea leucophylla* Schrenk

小尖风毛菊 *Saussurea mucronulata* Lipsch.

赛里木风毛菊 *Saussurea salemannii* C. Winkl.

盐地风毛菊 *Saussurea salsa* (Pall.) Spreng.

污花风毛菊 *Saussurea sordida* Kar. *et* Kir.

鸦葱属 *Scorzonera* Linn.

鸦葱 *Scorzonera austriaca* Willd.

北疆鸦葱 *Scorzonera iliensis* Krasch.

基枝鸦葱 *Scorzonera pubescens* DC.

细叶鸦葱 *Scorzonera pusilla* Pall.

小鸦葱 *Scorzonera subacaulis* (Rgl.) Lipsch.

千里光属 *Senecio* Linn.

新疆千里光 *Senecio jacobaea* Linn.

林荫千里光 *Senecio nemorensis* Linn.

北千里光 *Senecio dubitabilis* Jaffer *et* Y. L. Chen

细梗千里光 *Senecio krascheninnikovii* Schischk.

天山千里光 *Senecio thianshanicus* Regel *et* Schmalh.

绢蒿属 *Seriphidium* (Besser *ex* Lessing) Fourreau

博乐绢蒿 *Seriphidium borotalense* (Poljak.) Ling *et* Y. R. Ling

新疆绢蒿 *Seriphidium kaschgaricum* (Krasch.) Poljak.

西北绢蒿 *Seriphidium nitrosum* (Weber *ex* Stechm.) Poljak.

白茎绢蒿 *Seriphidium terrae-albae* (Krasch.) Poljak.

一枝黄花属 *Solidago* Linn.

毛果一枝黄花 *Solidago virgaurea* Linn.

苦苣菜属 *Sonchus* Linn.

苦苣菜 *Sonchus oleraceus* Linn.

苣荬菜 *Sonchus wightianus* DC.

疆菊属 *Syreitschikovia* Pavl.

疆菊 *Syreitschikovia tenuifolia* (Bong.) Pavlov

窄苞蒲公英 *Taraxacum bessarabicum* (Hornem.) Hand.-Mazz.

堆叶蒲公英 *Taraxacum compactum* Schischk.

多裂蒲公英 *Taraxacum dissectum* (Ledeb.) Ledeb.

橡胶草 *Taraxacum koksaghyz* Rodin

紫花蒲公英 *Taraxacum lilacinum* Krassn. *ex* Schischk.

长锥蒲公英 *Taraxacum longipyramidatum* Schischk.

药用蒲公英 *Taraxacum officinale* F. H. Wigg.

天山蒲公英 *Taraxacum tianschanicum* Pavl.

狗舌草属 *Tephroseris* (Reichenb.) Reichenb.

草原狗舌草 *Tephroseris praticola* (Schischk. *et* Serg.) Holub

婆罗门参属 *Tragopogon* Linn.

头状婆罗门参 *Tragopogon capitatus* S. Nikit.

长茎婆罗门参 *Tragopogon elongatus* S. Nikit.

中亚婆罗门参 *Tragopogon kasachstanicus* S. Nikit.

草原婆罗门参 *Tragopogon pratensis* Linn.

红花婆罗门参 *Tragopogon ruber* S. G. Gmel.

准噶尔婆罗门参 *Tragopogon songoricus* S. Nikit.

三肋果属 *Tripleurospermum* Sch. Bip.

褐苞三肋果 *Tripleurospermum ambiguum* (Ledeb.) Franch. *et* Sav.

款冬属 *Tussilago* Linn.

款冬 *Tussilago farfara* Linn.

苍耳属 *Xanthium* Linn.

苍耳 *Xanthium sibiricum* Patrin *ex* Widder

刺苍耳 *Xanthium spinosum* Linn.

单子叶植物纲 Monocotyledoneae

A297 水麦冬科 Juncaginaceae

水麦冬属 *Triglochin* Linn.

海韭菜 *Triglochin maritima* Linn.

水麦冬 *Trig*[illegible]*hin palustris* Linn.

A298 眼子菜科[illegible]otamogetonaceae

眼子菜属 *Po*[illegible]*mogeton* Linn.

蓖齿眼子菜[illegible]*tamogeton pectinata* Linn.

鞘叶眼子菜[illegible]*tamogeton vaginatus* Turcz.

角果藻属 *Za*[illegible]*ichellia* Linn.

角果藻 *Zann*[illegible]*ellia palustris* Linn.

A302 百合科 L[illegible]aceae

葱属 *Allium*

蓝苞葱 *Alliu*[illegible]*atrosanguineum* Kar. *et* Kir.

疏生韭 *Alliu*[illegible]*caespitosum* Siev *ex* Bong. *et* Mey.

棱叶韭 *Alliu*[illegible]*caeruleum* Pall.

石生韭 *Alliu*[illegible]*aricoides* Regel

镰叶韭 *Alliu*[illegible]*arolinianum* DC.

头花韭 *Alliu*[illegible]*lomeratum* Prokh.

北疆韭 *Alliu*[illegible]*ymenorhizum* Ledeb.

草地韭 *Alliu*[illegible]*aschianum* Regel

滩地韭 *Alliu*[illegible]*reoprasum* Schrenk

小山蒜 *Alliu*[illegible]*allasii* Murr.

石坡葱 *Alliu*[illegible]*etraeum* Kar. *et* Kir.

宽苞韭 *Alliu*[illegible]*latyspathum* Schrenk

碱韭 *Allium* [illegible]*rhizum* Turcz *ex* Regel

长喙韭 *Alliu*[illegible]*axatile* M. Bieb.

类北葱 *Alliu*[illegible]*choenoprasoides* Regel

北葱 *Allium* [illegible]*enoprasum* Linn.

管丝韭 *Alliu*[illegible]*emenovii* Regel

丝叶韭 *Alliu*[illegible]*etifolium* Schrenk

坛丝韭 *Alliu*[illegible]*eschniakowii* Regel

天门冬属 *As*[illegible]*agus* Linn.

新疆天门冬[illegible]*aragus neglectus* Kar. *et* Kir.

独尾草属 *Er*[illegible]*rus* M. Bieb.

阿尔泰独尾[illegible]*remurus altaicus* (Pall.) Stev.

粗柄独尾草[illegible]*murus inderiensis* (M. Bieb.) Regel

异翅独尾草[illegible]*murus anisopterus* (Kar. *et* Kir.) Regel

贝母属 *Friti*[illegible]*a* Linn.

伊贝母 *Friti*[illegible]*a pallidiflora* Schrenk

新疆贝母 *Fritillaria walujewii* Regel

顶冰花属 *Gagea* Salisb.

毛梗顶冰花 *Gagea albertii* Regel

镰叶顶冰花 *Gagea fedtschenkoana* Pasch.

林生顶冰花 *Gagea filiformis* (Ledeb.) Kunth *et* Kirilov

钝瓣顶冰花 *Gagea fragifera* (Villars) E. Bayer & G. Lopez

草原顶冰花 *Gagea stepposa* L. Z. Shue

细弱顶冰花 *Gagea tenera* Pasch.

洼瓣花属 *Lloydia* Salisb.

洼瓣花 *Lloydia serotina* (Linn.) Rchb.

黄精属 *Polygonatum* Mill.

新疆玉竹 *Polygonatum roseum* (Lecieb.) Kunth.

郁金香属 *Tulipa* Linn.

异叶郁金香 *Tulipa heterophylla* (Regel) Baker

伊犁郁金香 *Tulipa iliensis* Regel

垂蕾郁金香 *Tulipa patens* Agardh. *et* Schult.

准噶尔郁金香 *Tulipa schrenkii* Regel

赛里木湖郁金香 *Tulipa thianschanica* var. *sailimuensis* X. Wei *et* D. Y. Tan

单花郁金香 *Tulipa uniflora* (Linn.) Boss.

A308a 鸢尾蒜科 Ixioliriaceae

鸢尾蒜属 *Ixiolirion* (Filch.) Herb.

鸢尾蒜 *Ixiolirion tataricum* (Pall.) Herb.

准噶尔鸢尾蒜 *Ixiolirion songaricum* P. Yan

A314 鸢尾科 Iridaceae

番红花属 *Crocus* Linn.

白番红花 *Crocus alatavicus* Repel *et* Sem.

鸢尾属 *Iris* Linn.

中亚鸢尾 *Iris bloudowii* Ledeb.

弯叶鸢尾 *Iris curvifolia* Y. T. Zhao

喜盐鸢尾 *Iris halophila* Pall.

天山鸢尾 *Iris loczyi* Kanitz

紫苞鸢尾 *Iris ruthenica* Ker-Gawl.

短筒紫苞鸢尾 *Iris ruthenica* var. *brevituba* Maxim.

膜苞鸢尾 *Iris scariosa* Willd. *et* Link.

准噶尔鸢尾 *Iris songarica* Schrenk *ex* Fisch. *et* C. A. Mey.

细叶鸢尾 *Iris tenuifolia* Pall.

A319 灯心草科 Juncaceae

灯心草属 *Juncus* Linn.

棱叶灯心草 *Juncus articulatus* Linn.

小灯心草 *Juncus bufonius* Linn.

团花灯心草 *Juncus gerardii* Lois.

三苞灯心草 *Juncus triglumis* Linn.

中亚灯心草 *Juncus turkestanicus* V. Krecz. *et* Gontsch.

地杨梅属 *Luzula* DC.

低头地杨梅 *Luzula spicata* (Linn.) DC.

西伯利亚地杨梅 *Luzula multiflora* subsp. *sibirica* V. I. Krecz.

锈地杨梅 *Luzula pallescens* Swartz

A330 禾本科 Gramininae

芨芨草属 *Achnatherum* Beauv.

小芨芨草 *Achnatherum caragana* (Trin.) Nevski

芨芨草 *Achnatherum splendens* (Trin.) Nevski

獐毛属 *Aeluropus* Trin.

毛叶獐毛 *Aeluropus pilosus* (X. L. Yang) S. L. Chen *et* X. L. Yang

小獐毛 *Aeluropus pungens* (M. Bieb) C. Koch

冰草属 *Agropyron* Uaertner

冰草 *Agropyron cristatum* (Linn.) Gaertn.

剪股颖属 *Agrostis* Linn.

巨序剪股颖 *Agrostis gigantea* Roth

看麦娘属 *Alopecurus* Linn.

看麦娘 *Alopecurus aequalis* Sobol.

苇状看麦娘 *Alopecurus arundinaceus* Poir.

大看麦娘 *Alopecurus pratensis* Linn.

黄花茅属 *Anthoxanthum* Linn.

光稃香草 *Anthoxanthum glabrum* (Trinius) Veldkamp

茅香 *Anthoxanthum nitens* (Weber) Y. Schouten & Veldkamp

高山黄花茅 *Anthoxanthum odoratum* subsp. *alpinum* (A. *et* D.Love) B. Jones *et* Meld.

三芒草属 *Aristida* Linn.

三芒草 *Aristida adscensionis* Linn.

燕麦属 *Avena* Linn.

野燕麦 *Avena fatua* Linn.

孔颖草属 *Bothriochloa* Kuntze

白羊草 *Bothriochloa ischaemum* (Linn.)Keng

雀麦属 *Bromus* Linn.

雀麦 *Bromus japonicus* Thunb. *ex* Murr.

无芒雀麦 *Bromus inermis* Leyss.

拂子茅属 *Calamagrostis* Adans.

拂子茅 *Calamagrostis epigeios* (Linn.) Roth.

大拂子茅 *Calamagrostis macrolepis* Litv.

沿沟草属 *Catabrosa* Beauv.

沿沟草 *Catabrosa aquatica* (Linn.) Beauv.

虎尾草属 *Chloris* Sw.

虎尾草 *Chloris virgata* Sw.

隐子草属 *Cleistogenes* Keng

无芒隐子草 *Cleistogenes songorica* (Rashev.) Ohwi.

狗牙根属 *Cynodon* Rich.

狗牙根 *Cynodon dactylon* (Linn.)Pers.

鸭茅属 *Dactylis* Linn.

鸭茅 *Dactylis glomerata* Linn.

发草属 *Deschampsia* Beauv.

穗发草 *Deschampsia koelerioides* Regel

披碱草属 *Elymus* Linn.

曲芒异芒草 *Elymus abolinii* var. *divaricans* (Nevski) Tzvel.

阿拉善鹅观草 *Elymus alashanicus* (Keng) S. L. Chen

芒颖鹅观草 *Elymus aristiglumis* (Keng& S. L. Chen) S. L. Chen

垂穗鹅观草 *Elymus burchan*-buddae (Nevski) Tzvelev

圆柱披碱草 *Elymus dahuricus* var. *cylindricus* Franchet

岷山鹅观草 *Elymus durus* (Keng) S. L. Chen

直穗鹅观草 *Elymus gmelinii* (Ledeb.) Tzvel.

偏穗鹅观草 *Elymus komarovii* (Nevski) Tzvel.

狭颖鹅观草 *Elymus mutabilis* (Drob.) Tzvel.

扭轴鹅观草 *Elymus schrenkianus* (Fisch. *et* Mey.) Tzvel.

老芒麦 *Elymus sibiricus* Linn.

云山鹅观草 *Elymus tschimganicus* (Drob.) Tzvel.

偃麦草属 *Elytrigia* Desv.

偃麦草 *Elytrigia repens* (Linn.) Nevski

画眉草属 *Eragrostis* Wolf

戈壁画眉草 *Eragrostis collina* Trin.

小画眉草 *Eragrostis minor* Host

旱麦草属 *Eremopyrum* (Ledeb.) Jaub. *et* Spach

东方旱麦草 *Eremopyrum orientale* (Linn.) Jaub. *et* Spach

羊茅属 *Festuca* Linn.

短药羊茅 *Festuca brachyphylla* Schult. *et* Schult. f.

草甸羊茅 *Festuca pratensis* Huds.

紫羊茅 *Festuca rubra* Linn.

毛稃羊茅 *Festuca rubra* subsp. *arctica* (Hack.) Govor.

矮羊茅 *Festuca coelestis* (St. -Yves) V. Krecz. *et* Bobr.

寒生羊茅 *Festuca kryloviana* Reverd.

羊茅 *Festuca ovina* Linn.

瑞士羊茅 *Festuca valesiaca* Schleich *ex* Gaud.

沟叶羊茅 *Festuca valesiaca* subsp. *sulcata* (Hack.) Schinz *et* R. Keller.

假羊茅 *Festuca valesiaca* subsp. *pseudovina* (Hack.) Hegi

异燕麦属 *Helictotrichon* Bess.

阿尔泰异燕麦 *Helictotrichon altaicum* Tzvel.

奢异燕麦 *Helictotrichon hookeri* subsp. *schellianum* (Hack.) Tzvel.

蒙古异燕麦 *Helictotrichon mongolicum* (Roschev.) Henr.

毛轴异燕麦 *Helictotrichon pubescens* (Huds.) Pilger

大麦属 *Hordeum* Linn.

布顿大麦草 *Hordeum bogdanii* Wilensky

短芒大麦草 *Hordeum brevisubulatum* (Trin.) Link

聂威大麦草 *Hordeum brevisubulatum* subsp. *nevskianum* (Bowd.) Tzvel.

溚(dá)草属 *Koeleria* Pers.

芒溚草 *Koeleria litvinowii* Domin

溚草 *Koeleria macrantha* (Ledeb.) Schult.

赖草属 *Leymus* Hochst.

窄颖赖草 *Leymus angustus* (Trin.) Pilger

羊草 *Leymus chinensis* (Trin.) Tzvel

大药赖草 *Leymus karelinii* (Turcz.) Tzvel.

毛穗赖草 *Leymus paboanus* (Claus) Pilger

天山赖草 *Leymus tianschanicus* (Drob.) Tzvel.

臭草属 *Melica* Linn.

高臭草 *Melica altissima* Linn.

德兰臭草 *Melica transsilvanica* Schur

梯牧草属 *Phleum* Linn.

高山梯牧草 *Phleum alpinum* Linn.

假梯牧草 *Phleum phleoides* (Linn.) Karst.

梯牧草 *Phleum pratense* Linn.

芦苇属 *Phragmites* Adans.

芦苇 *Phragmites australis* (Cav.) Trin. *ex* Steud.

落芒草属 *Piptatherum* Beauv.

新疆落芒草 *Piptatherum songaricum* (Trin. & Rupr.) Roshev.

早熟禾属 *Poa* Linn.

雪地早熟禾 *Poa albertii* subsp. *kunlunensis* (N. R. Cui) Olonova & G. Zhu

高山早熟禾 *Poa alpina* Linn.

渐尖早熟禾 *Poa attenuata* Trin.

花丽早熟禾 *Poa calliopsis* Litv. *ex* Ovcz.

阿尔泰早熟禾 *Poa glauca* subsp. *altaica* (Trinius) Olonova & G. Zhu

疏穗早熟禾 *Poa lipskyi* Roshev.

大药早熟禾 *Poa macroanthera* D. F. Cui

林地早熟禾 *Poa nemoralis* Linn.

疏穗林地早熟禾 *Poa nemoralis* var. *parca* N. R. Cui

泽地早熟禾 *Poa palustris* Linn.

草地早熟禾 *Poa pratensis* Linn.

细叶早熟禾 *Poa pratensis* subsp. *angustifolia* (Linn.) Lej.

粉绿早熟禾 *Poa pratensis* subsp. *pruinosa* (Korotky) Dickore

仰卧早熟禾 *Poa supina* Schrad.

新疆早熟禾 *Poa versicolor* subsp. *relaxa* (Ovcz.) Tzvel.

低山早熟禾 *Poa versicolor* subsp. *stepposa* (Krylov) Tzvelev

乌苏里早熟禾 *Poa urssulensis* Trin.

棒头草属 *Polypogon* Desf.

裂颖棒头草 *Polypogon maritimus* Willd.

新麦草属 *Psathyrostachys* Nevski

新麦草 *Psathyrostachys juncea* (Fisch.) Nevski

紫药新麦草 *Psathyrostachys juncea* var. *hyalantha* (Ruprecht) S. L. Chen

单花新麦草 *Psathyrostachys kronenburgii* (Hack.) Nevski

假鹅观草属 *Pseudoroegneria* (Nevski) Á. Löve

假鹅观草 *Pseudoroegneria cognata* (Hackel) A. Love

碱茅属 *Puccinellia* Parl.

碱茅 *Puccinellia distans* (Linn.) Parl.

齿稃草属 *Schismus* Beauv.

齿稃草 *Schismus arabicus* Nees

狗尾草属 *Setaria* Beauv.

金色狗尾草 *Setaria pumila* (Poir.) Roem. & Schult.

狗尾草 *Setaria viridis* (Linn.) Beauv.

针茅属 *Stipa* Linn.

针茅 *Stipa capillata* Linn.

镰芒针茅 *Stipa caucasica* Schmalh.

沙生针茅 *Stipa caucasica* subsp. *glareosa* (P. A. Smirnov) Tzvelev

长羽针茅 *Stipa kirghisorum* P.Smirn.

东方针茅 *Stipa orientalis* Trin.

疏花针茅 *Stipa penicillata* Hand. -Mazz.

狭穗针茅 *Stipa regeliana* Hack.

瑞氏针茅 *Stipa richteriana* Kar. *et* Kir.

新疆针茅 *Stipa sareptana* Beck.

西北针茅 *Stipa sareptana* var. *krylovii* (Roshev.) P. C. Kuo *et* Y.H.Sun

天山针茅 *Stipa tianschanica* Roshev.

戈壁针茅 *Stipa tianschanica* var. *gobica* (Roshev.) P. C. Kuo *et* Y.H.Sun

红针茅 *Stipa zalesskii* Wilensky

A338 莎草科 Cyperaceae

扁穗草属 *Blysmus* Panz.

扁穗草 *Blysmus compressus* (Linn.) Panz.

三棱草属 *Bolboschoenus* (Asch.) Palla

扁秆荆三棱 *Bolboschoenus planiculmis* (F. Schmidt) T. V. Egorova

苔草属 *Carex* Linn.

白鳞苔草 *Carex alba* Scop

大桥苔草 *Carex atrata* subsp. *aterrima* (Hoppe) S. Y. Liang

暗褐苔草 *Carex atrofusca* Schkukr

细秆苔草 *Carex capillaris* Linn.

八脉苔草 *Carex diluta* M. Bieb.

寸草 *Carex duriuscula* C. A. Mey.

细叶薹草 *Carex duriuscula* subsp. *stenophylloides* (V. I. Kreczetowicz) S. Yun Liang & Y. C. Tang

箭叶苔草 *Carex ensifolia* Turcz. *ex* Bess.

红嘴薹草 *Carex haematostoma* Nees

华北苔草 *Carex hancockiana* Maxim.

绿囊苔草 *Carex hypochlora* Freyn

草原苔草 *Carex liparocarpos* Gaudin

黑花苔草 *Carex melanantha* Carex A. Mey.

黑鳞苔草 *Carex melanocephala* Turcz.

粗糙苔草 *Carex minutiscabra* Kuk. *ex* V. Krecz.

北苔草 *Carex obtusata* Liljebl.

圆囊苔草*Carex orbicularis* Boott.

柄状苔草*Carex pediformis* C. A. Mey.

细果苔草*Carex stenocarpa* Turcz. *ex* V. Krecz.

准噶尔苔草*Carex songorica* Kar. *et* Kir.

山羊苔草*Carex titovii* V. Krecz.

假莎草*Carex pseudocyperus* Linn.

短柱苔草*Carex turkestanica* Regel

莎草属*Cyperus* Linn.

异型莎草*Cyperus difformis* Linn.

褐穗莎草Cyperusfuscus Linn.

水莎草*Cyperus serotinus* Rottb.

荸荠属*Eleocharis* R. Br.

具刚毛荸荠*Eleocharis valleculosa* var. *setosa* Ohwi

蒿草属*Kobresia* Willd.

线叶蒿草*Kobresia capillifolia* (Decne.) C. B. Clarke

扁莎草属*Pycreus* Beauv.

红鳞扁莎*Pycreus sanguinolentus* (Vahl) Nees

水葱属*Schoenoplectus* (Rchb.) Palla

三棱水葱*Schoenoplectus triqueter* (Linn.) Palla

A344 兰科Orchidaceae

珊瑚兰属*Corallorhiza* Gagnebin

珊瑚兰*Corallorhiza trifida* Chat.

掌裂兰属*Dactylorhiza* Neck. *ex* Nevski

掌裂兰*Dactylorhiza hatagirea* (D. Don) Soó

紫点掌裂兰*Dactylorhiza incarnata* subsp. *cruenta* (O. F. Muller) P. D. Sell

凹舌掌裂兰*Dactylorhiza viridis* (Linn.) R.M. Bateman, Pridgeon & M.W. Chase

火烧兰属*Epipactis* Zinn

小花火烧兰*Epipactis helleborine* (Linn.) Crantz

斑叶兰属*Goodyera* R. Br.

小斑叶兰*Goodyera repens* (Linn.) R. Br.

鸟巢兰属*Neottia* Guett.

高山鸟巢兰*Neottia listeroides* Lindl.

附录2　新疆博州南部山区苔藓植物名录

[按照贾渝、何思（2013）分类系统排列]

苔类植物门 Marchantiophyta

蛇苔科 Conocephalaceae

蛇苔 *Conocephalum conicum* (L.) Dum.

地钱科 Marchantiaceae

粗裂地钱 *Marchantia paleacea* Bertol.

拟地钱 *Marchantia stoloniscyphula* (Cao *et* Zhang) Piippo

挺叶苔科 Anastrophyllaceae

阔叶细裂瓣苔 *Barbilophozia lycopodioides*（Wallr.）Loesk.

大萼苔科 Cephaloziaceae

曲枝大萼苔 *Cephalozia catenulate* (Hue.) Lindb.

裂叶苔科Lophoziaceae

圆叶裂叶苔 *Lophozia wenzelii* (Nees.) Steph.

多角胞三瓣苔 *Tritomaria exsectiformis* (Breidl.) Loesk.

指叶苔科 Lepidoziaceae

指叶苔 *Lepidozia reptans* (L.) Dum.

羽苔科 Plagiochilaceae

秦岭羽苔 *Plagiochila biondiana* C. Massal.

齿萼苔科 Lophocoleaceae

芽胞裂萼苔 *Chiloscyphus minor* (Nees) Engel. *et* Schust.

藓类植物门 Bryophyta

金发藓科 Polytrichaceae

厚栉拟金发藓 *Polytrichastrum emodi* G. Sm.

大帽藓科 Encalyptaceae

剑叶大帽藓 *Encalypta spathulata* C. Muell.

西藏大帽藓 *Encalypta tibetana* Mitt.

葫芦藓科 Funariaceae

葫芦藓 *Funaria hygromertrica* Hedw.

小口葫芦藓 *Funaria microstoma* Bruch *ex* Schimp.

缩叶藓科 Ptychomitriaceae

齿边缩叶藓 *Ptychomitrium dentatum* (Mitt.) A. Jaeg.

狭叶缩叶藓 *Ptychomitrium linearifolium* Reim.

中华缩叶藓 *Ptychomitrium sinense* (Mitt.) Jaeg.

紫萼藓科 Grimmiaceae

粗瘤紫萼藓 *Grimmia mammosa* Gao et Cao

高山紫萼藓 *Grimmia montana* Bruch. & Schimp.

垫丛紫萼藓 *Grimmia pulvinata* (Hedw.) Sm.

厚壁紫萼藓 *Grimmia reflexidens* C. Muell.

圆蒴连轴藓 *Schistidium apocarpum* (Hedw.) Bruch et Schimp.

溪岸连轴藓 *Schistidium rivulare* (Brid.) Podp.

牛毛藓科 Ditrichaceae

对叶藓 *Distichium capillaceum* (Hedw.) B.S.G.

曲尾藓科 Dicranaceae

曲尾藓 *Dicranum scoparium* Hedw.

曲背藓 *Oncophorus wahlenbergii* Brid

丛藓科 Pottiaceae

扭叶丛本藓 *Anoectangium stracheyanum* Mitt.

卷叶丛本藓 *Anoectangium thomsonii* Mitt.

小扭口藓 *Barbula indica* (Hook.) Spreng.

红叶藓 *Bryoerythrophyllum recurvirostrum* (Hedw.) Chen

厚肋流苏藓 *Crossidium crassinervium* (De Not.) Jur.

长尖对齿藓 *Didymodon ditrichoides* (Broth.) Li & He

黑对齿藓 *Didymodon nitrescens* (Mitt.) Saito

短叶对齿藓 *Didymodon tectorus* (Müll. Hal.) Saito

侧立大丛藓 *Molendoa schliephackei* (Limpr.) Zander

山赤藓 *Syntrichia ruralis* (Hedw.) F. Weber & D. Mohr.

反纽藓 *Timmiella anomala* (Bruch & Schimp.) Limpr.

折叶纽藓 *Tortella fragilis* (Hook. *et* Wils.) Limpr.

长尖纽藓 *Tortella tortuosa* (Hedw.) Limpr.

无疣墙藓 *Tortula mucronifolia* Schwaegr.

皱叶毛口藓 *Trichostomum crispulum* Bruch.

平叶毛石藓 *Trichostomum planifolium* (Dix.) Zander

小口小石藓 *Weissia brachycarpa* (Nees & Hornsch.) Jur.

珠藓科 Bartramiaceae

东亚泽藓 *Philonotis turneriana* (Schwägr.) Mitt.

粗尖泽藓 *Philonotis yezoana* Besch & Card.

真藓科 Bryaceae

真藓 *Bryum argenteum* Hedw.

丛生真藓 *Bryum caespiticium* Hedw.

细叶真藓 *Bryum capillare* Hedw.

双色真藓 *Bryum dichotomum* Hedw.

宽叶真藓 *Bryum funkii* Schwägr.

刺叶真藓 *Bryum lonchocaulon* C. Muell.

黄色真藓 *Bryum pallescens Schleich. ex* Schwägr.

拟三列真藓 *Bryum pseudotriquetrum* (Hedw.) Gaertn.

尖叶平蒴藓 *Plagiobryum demissum* (Hook.) Lindb.

提灯藓科 Mniaceae

异叶提灯藓 *Mnium heterophyllum* (Hook.) Schwägr.

平肋提灯藓 *Mnium laevinerve* Card.

长叶提灯藓 *Mnium lycopodioides* Schwägr.

具缘提灯藓 *Mnium marginatum* (With.) P. Beauv.

刺叶提灯藓 *Mnium spinosum* (Voit.) Schwägr.

尖叶匐灯藓 *Plagiomnium acutum* (Lindb.) T. Kop.

多蒴匐灯藓 *Plagiomnium medium* (B.S.G.) T. Kop.

钝叶匐灯藓*Plagiomnium rostratum* (Schrad.) T. Kop.

泛生丝瓜藓 *Pohlia cruda* (Hedw.) Lindb.

小丝瓜藓 *Pohlia crudoides* (Sull. *et* Lesq.) Broth.

长蒴丝瓜藓 *Pohlia elongata* Hedw.

黄丝瓜藓*Pohlia nutans* (Hedw.) Lindb.

疣灯藓 Trachycystis microphylla (Dozy & Molk.) Lindb.

棉藓科 Plagiotheciaceae

棉藓 *Plagiothecium denticulatum* (Hedw.) Bruch & Schimp.

柳叶藓科 Amblystegiaceae

柳叶藓 *Amblystegium serpens* (Hedw.) Bruch & Schimp.

细湿藓稀齿变种 *Campylium hispidulum* var. *sommerfeltii* (Myrin) Lindb.

镰刀藓 *Drepanocladus aduncus* (Hedw.) Warnst.

大叶镰刀藓 *Drepanocladus cossonii* (Schimp.) Loeske

湿柳藓 *Hygroamblystegium tenax* (Hedw.) Jenn.

湿原藓科 Calliergonaceae

三洋藓 *Sanionia uncinatus* (Hedw.) Loeske

薄罗藓科 Leskeaceae

细枝藓 *Lindbergia brachyptera* (Mitt.) Kindb.

中华细枝藓 *Lindbergia sinensis* (Müll. Hal.) Broth.

假细罗藓科 Pseudoleskeellaceae

假细罗藓 *Pseudoleskeella catenulate* (Brid. *ex* Schrad.) Kindb.

羽藓科 Thuidiaceae

山羽藓 *Abietinella abietina* (Hedw.) Fleisch.

青藓科 Brachytheciaceae

多褶青藓 *Brachythecium buchananii* (Hook.) Jaeg.

赤根青藓 *Brachythecium erythrorrhizon* Brusch & Schimp.

褶叶青藓 *Brachythecium salebrosum*（F. Weber& D. Mohr）Brush & Schimp.

密枝燕尾藓 *Bryhnia serricuspis* (Müll. Hal.) Y.F. Wang

匙叶毛尖藓 *Cirriphyllum cirrosum* (Schwägr.) Grout

美喙藓 *Eurhynchium pulchellum* (Hedw.) Jenn.

短枝褶藓 Okamuraea brachydictyon (Card.) Nog.

光柄细喙藓 *Rhynchostegiella laeviseta* Broth.

灰藓科 Hypnaceae

卷叶灰藓 *Hypnum revolutum* (Mitt.) Lindb.

毛梳藓 *Ptilium crista-castrensis* (Hedw.) De Not.

金灰藓科 Pylaisiaceae

弯叶金灰藓 *Pylaisiella falcata* Schimp.

金灰藓 *Pylaisiella polyantha* (Hedw.) Bruch & Schimp.

塔藓科 Hylocomiaceae

大拟垂枝藓 *Rhytidiadelphus triquetus* (Hedw.) Warnst

绢藓科 Entodontaceae

厚角绢藓 *Entodon concinus* (De Not.) Par.

附录3　新疆博州南部山区地衣名录

[按科属拉丁名字母顺序]

微孢衣科 Acarosporaceae

灰微孢衣 *Acarospora peliscypha* Th. Fr.

聚盘微孢衣 *Acarospora glypholecioides* Magn.

戈壁金卵石衣 *Pleopsidium gobiensis* Magn.

网盘衣属1种 *Sarcogyne* sp.

亚洲多孢衣 *Sporastatia asiatica* Magn.

糙聚盘衣 *Glypholecia scabra* (Pers.) Muell. Arg.

柄盘衣科 Anamylopsoraceae

阿尔泰柄盘衣 *Anamylopsora altaica* Ahat, A. Abbas, S.Y. Guo & Tumur

黄烛衣科 Candelariaceae

同色黄烛衣 *Candelaria concolor* (Dicls.) B. Stein

帆黄茶渍 *Candelariella antennaria* Räsänen

金黄茶渍 *Candellariella aurella* (Hoffm.) Zahlbr.

珊瑚黄茶渍 *Candelariella coralliza* (Nyl.) Magnusson

油黄茶渍 *Candelariella oleifera* Magn.

粉衣科 Caliciaceae

鳞饼衣 *Dimeleana oreina* (Ach.) Norman

石蕊科 Cladoniaceae

条斑鳞茶渍 *Squamarina lentigera* (Weber)Poelt

喇叭粉石蕊 *Cladonia chlorophaea* (Flk. *ex* Sommerf.) Spreng.

枪石蕊 *Cladonia coniocraea* (Flk.) Spreng.

分枝石蕊 *Cladonia furcata* (Huds.) Schrad

矮石蕊 *Cladonia humilis* (With.) Laundon

莲座石蕊 *Cladonia pocillum* (Ach.) Rich.

喇叭石蕊 *Cladonia pyxidata* (L.) Hoffm.

胶衣科 Collemataceae

土星猫耳衣 *Leptogium saturninum* (Dicks.) Nyl.

文字衣科 Graphidaceae

藓生双缘衣 *Diploschistes muscorum* (Scop.) R. Sant.

鳞型衣科 Gypsoplacaceae

大叶鳞型衣 *Gypsoplaca macrophylla* (Zahlbr.) Timdal

霜降衣科 Icmadophilaceae

雪地茶 *Thamnolia subuliformis* (Ehrh.) W.Culb.

茶渍科 Lecanoraceae

碎茶渍 *Lecanora argopholis* (Ach.) Ach.

坚盘茶渍 Lecanora cenisia Ach.

散布茶渍 *Lecanora* dispersa (Pers.) Röhl.

小茶渍 *Lecanora hagenii* Ach.

墙茶渍 *Lecanora muralis* (Schreb.) Rabenh.

多形茶渍 *Lecanora polytropa* (Ehrh.) Rabh.

红脐鳞衣 *Rhizoplaca chrysoleuca* (Smith) Zopf

垫脐鳞衣 *Rhizoplaca melanophthalma* (Ram.) Leuck. *et* Poelt

盾脐鳞衣 *Rhizoplaca peltata* (Ram.) Leuck. *et* Poelt

异脐鳞衣 *Rhizoplaca subdiscrepans* (Nyl.) R.Sant.

网衣科 Lecideaceae

裸网衣 *Lecidea ecrustacea* (Anzi *ex* Arnold) Arnold Verh.

脱落网衣 *Lecidea elabens* Fr.

西部网衣 *Lecidea plebeja* Nyl.

斑纹网衣 *Lecidea tessellata* Flk.

异极衣科 Lichinaceae

黑色幼芽状盘衣 *Lichinella nigritella* (Lettau) P. Moreno & Ege

巨孢衣科 Megasporaceae

粉盘平茶渍 *Aspicilia alphaplaca* (Wahlenb.) Poelt *et* Lauck.

包氏平茶渍 *Aspicilia bohlinii* (Magn.) Wei

荒漠平茶渍 *Aspicilia desertorum* (Krempelh.) Mereschk.

彩斑平茶渍 *Aspicilia exuberans* (Magn.) Wei

小灌木平茶渍 *Aspicilia fruticulosa* (Eversm.) Flag.

霍夫曼平茶渍 *Aspicilia hoffmanii* (Ach.) Flag.

窝点平茶渍 *Aspicilia lacunosa* Mereschk.

粉瓣茶衣 *Lobothallia alphoplaca* (Wahlenb.) Hafellner

原辐瓣茶衣 *Lobothallia praeradiosa* (Nyl.) Hafellner

肉疣衣科 Ochrolechiaceae

酒石肉疣衣 *Ochrolechia tartarea* (L.) Massal

梅衣科 Parmeliaceae

刺小孢发 *Bryoria confusa* (Awas.) Brodo&Hawksw

小管地指衣 *Dactylina madreporiformis* (Ach.) Tuck.

裸扁枝衣 *Evernia esorediosa* (Muell. Arg.) Du Rietz

毡褐梅 *Melanelia panniformis* (Nyl.) Essl.

荒漠黄梅 *Xanthoparmelia desertorum* (Elenkin) Hale

杜瑞氏黄梅 *Xanthoparmelia durietzii* Hale

地黄梅 *Xanthoparmelia geesterani* (Hale) Hale

淡腹黄梅 *Xanthoparmelia mexicana* (Gyelnik) Hale

地卷科 Peltigeraceae

犬地卷 *Peltigera canina* (L.)Willd.

裂边地卷 *Peltigera degenii* Gyeln.

双孢散盘衣 *Solorina bispora* Nyl.

凹散盘衣 *Solorina saccata* (L.) Ach.

绵散盘衣 *Solorina spongiosa* (Ach.) Anza.

蜈蚣衣科 Physciaceae

密集黑蜈蚣衣 *Phaeophyscia constipata* (Norrl. et Nyl.) Moberg

暗裂芽黑蜈蚣衣 *Phaeophyscia sciastra* (Ach.) Moberg

蓝灰蜈蚣衣 *Physcia caesia* (Hoffm.) Hampe

哈氏蜈蚣衣 *Physcia halei* J.W. Thomson

蜈蚣衣 *Physcia stellaris* (L.) Nyl.

长缘毛蜈蚣衣 *Physcia tenella* (Scop.) DC.

黄髓大孢衣 *Physconia enteroxantha* (Nyl.) Poelt

饼干衣 *Rinodina sophodes* (Ach.) Massal.

饼干衣属1种 *Rinodina* sp.

鳞网衣科 Psoraceae

红鳞网衣 *Psora decipiens* (Ehrh.)Hoffm.

树花科 Ramalinaceae

白泡鳞衣 *Toninia candida* (Weber) Th. Fr

暗色泡鳞衣 *Toninia tristis* (Th.Fr.) Th.Fr.

地图衣科 Rhizocarpaceae

双孢灰地图衣 *Rhizocarpon disporum* (Hepp) Muell.Arg.

绿黑地图衣 *Rhizocarpon viridiatrum* (Wulf.) Koerb.

黄枝衣科 Teloschistaceae

莲座美衣 *Calogaya decipience* (Arnold) Arup, Frödén & Søchting

新疆美衣 *Calogaya xinjiangis* H. Shahidin

缠结茸枝衣 *Seirophora contortupplicata* (Ach.) Frödén

丽石黄衣 *Xanthoria elegans* (Link).Th. Fr.

石耳科 Umbilicariaceae

淡肤根石耳 *Umbilicaria virginis* Schaer.

瓶口衣科 Verrucariaceae

皮果衣 *Dermatocarpon miniatum* (L.) Mann.

重瓣皮果衣 *Dermatocarpon miniatum* (L.) Mann. var. *complicatum* (Leight.) Th. Fr.

短绒皮果衣 *Dermatocarpon vellereum* Zsch.

中华石果衣原变种 *Endocarpon sinense* var. *sinense* Magn.

垫盾链衣 *Thyrea confusa* Henssen

附录4　新疆博州南部山区大型真菌名录

[按真菌字典（1995）分类系统]

子囊菌门 Asocomycota

平盘菌科 Discinaceae Benedix

赭鹿花菌 *Gyromitra infula* (Schaeff.) Quél. ***

新疆鹿花菌 *Gyromitra xinjiangensis* J.Z. Cao, L. Fan & B. Liu***

羊肚菌科 Morchellaceae Rchb.

羊肚菌 *Morchella esculenta* (L.) Pers. *

担子菌门 Basidiomycota

蘑菇科 Agaricaceae Chevall.

橙黄蘑菇 *Agaricus augustus* Fr. *

四孢蘑菇 *Agaricus campestris* L.*/**

科迪勒拉蘑菇 *Agaricuscordillerensis Kerrigan*（新记录种）

海岸蘑菇 *Agaricus litoralis* (Wakef. & A. Pearson) Pilát *

黄斑蘑菇 *Agaricus xanthodermus* Genev. **

夏季灰球 *Bovista aestivalis* (Bonord.) Demoulin *

大秃马勃 *Calvatia gigantea* (Batsch) Lloyd */**

细环柄菇 *Lepiota clypeolaria* (Bull.) P. Kumm. ***

白马勃（参照种）*Lycoperdon* cf. *niveum* Kreisel

网纹马勃 *Lycoperdon perlatum* Pers. */**

梨形马勃 *Lycoperdon pyriforme* Schaeff. */**

烟白齿菌科 Bankeraceae Donk

翘鳞肉齿菌 *Sarcodon imbricatus* (L.) P. Karst. */**

牛肝菌科 Boletaceae Chevall.

叶腹菌 *Chamonixia caespitosa* Rolland

---

* 表示可食用，** 表示可药用，*** 表示有毒。

丝膜菌科 Cortinariaceae R. Heim

Cortinarius caesiocanescens M. M. Moser

Cortinarius cf. *caninus* (Fr.) Fr.

Cortinarius cf. *picoides* Soop

Cortinarius helobius Romagn.

春丝膜菌 *Cortinarius vernus* H. Lindstr. & Melot

地星科 Geastraceae Corda

黑头毛地星 *Geastrum melanocephalum* (Czern.) V. J. Staněk

篦齿地星 *Geastrum pectinatum* Pers.

尖顶地星 *Geastrum triplex* Jungh. **

钉菇科 Gomphaceae Donk

冷杉枝瑚菌 *Ramaria abietina* (Pers.) Quél. *

蜡伞科 Hygrophoraceae Lotsy

金脐菇 *Chrysomphalina chrysophylla* (Fr.) Clémençon（新记录种）

层腹菌科 Hymenogastraceae Vittad.

桤生火菇 *Flammula alnicola* (Fr.) P. Kumm. *

纹缘盔孢伞 *Galerina marginata* (Batsch) Kühner ***

裸伞 *Gymnopilus penetrans* (Fr.) Murrill***

相邻滑毒伞 *Hebeloma affine* A.H. Sm., V.S. Evenson & Mitchel ***

Hebeloma mesophaeum (Pers.) Quél.***

滑毒伞 *Hebeloma quercetorum* Quadr. ***

齿环裸盖菇 *Psilocybe coronilla* (Bull.) Noordel. ***

丝盖伞科 Inocybaceae Jülich

靴耳属1种 *Crepidotus* sp.

Inocybe aeruginascens Babos

灰丝盖伞 *Inocybe griseovelata* Kühner

丝盖伞 *Inocybe rimosa* (Bull.) P. Kumm.**/***

Mallocybe leucoblema (Kühner) Matheny & Esteve-Rav.

球根丝盖伞 *Pseudosperma bulbosissimum* (Kühner) Matheny & Esteve-Rav.

离褶伞科 Lyophyllaceae Jülich

香杏丽蘑 *Calocybe gambosa* (Fr.) Singer */**

Tephrocybe sp.（待定新种）

小皮伞科 Marasmiaceae Roze *ex* Kühner

宽褶奥德蘑 *Megacollybia platyphylla* (Pers.) Kotl. & Pouzar

小菇科 Mycenaceae Overeem

血红小菇 *Mycena haematopus* (Pers.) P. Kumm. **/***

洁小菇 *Mycena pura* (Pers.) P. Kumm.**/***

光柄菇科 Pluteaceae Kotl. & Pouzar

褐色光柄菇 *Pluteus brunneidiscus* Murrill

灰光柄菇 *Pluteus cervinus* (Schaeff.) P. Kumm.*

狮黄光柄菇 *Pluteus leoninus* (Schaeff.) P. Kumm.*

罗梅尔光柄菇 *Pluteus romellii* (Britzelm.) Sacc.

多孔菌科 Polyporaceae Fr. *ex* Corda

红缘拟层孔菌 *Fomitopsis pinicola* (Sw.) P. Karst. **

漏斗香菇 *Lentinus arcularius* (Batsch) Fr. **

毛栓菌 *Trametes hirsuta* (Wulfen) Lloyd **

小脆柄菇科 PsathyrellaceaeVilgalys, Moncalvo & Redhead

晶粒小鬼伞 *Coprinellus micaceus* (Bull.) Vilgalys, *et* al. **/***

白黄小脆柄菇 *Psathyrella candolleana* (Fr.) Maire **/***

粉小脆柄菇 *Psathyrella prona* (Fr.) Gillet

球盖菇科 Strophariaceae Singer & A.H. Sm.

Deconica coprophila (Bull.) P. Karst.

光盖菇 *Deconica pseudobullacea* (Petch) Ram.-Cruz & Guzmán

库恩菇属1种 *Kuehneromyces* sp.

半棘球盖菇 *Protostropharia semiglobata* (Batsch) Redhead, *et* al. */***

红菇科 Russulaceae Lotsy

云杉乳菇 *Lactarius deterrimus* Gröger

乳菇属1种 *Lactarius* sp.

台湾红菇 *Russula formosa* Kučera */**/***

厌味红菇 *Russula nauseosa* (Pers.) Fr.

四川红菇 *Russula sichuanensis* G. J. Li & H. A. Wen

红菇属1种 *Russula* sp. 1

红菇属2种 *Russula* sp. 2

紫褐红菇 *Russula vinosobrunneola* G. J. Li & R. L. Zhao

口蘑科 Tricholomataceae R. Heim *ex* Pouzar

白桩菇 *Aspropaxillus candidus* (Bres.) M. M. Moser

杯伞属1种 *Clitocybe* sp.

碱紫漏斗伞 *Infundibulicybe alkaliviolascens* (Bellù) Bellù

紫丁香蘑 *Lepista nuda* (Bull.) Cooke */**

花脸香蘑 *Lepista sordid* (Schumach.) Singer

云杉白桩菇 *Leucopaxillus cerealis* (Lasch) Singer

Leucopaxillus laterarius (Peck) Singer & A.H. Sm.

短柄铦囊蘑 *Melanoleuca brevipes* (Bull.) Pat. *

铦囊蘑 *Melanoleuca cognata* (Fr.) Konrad & Maubl. * （新记录种）

钟形铦囊蘑 *Melanoleuca exscissa* (Fr.) Singer *

条柄铦囊蘑 *Melanoleuca grammopodia* (Bull.) Murrill

铦囊蘑1种 *Melanoleuca* sp.

黏脐菇 *Myxomphalia maura* (Fr.) Hora (新记录种)

Paralepista sp. (疑似新种)

芹色口蘑 *Tricholoma* cf. *apium* Jul. Schäff.

棕灰口蘑 *Tricholoma terreum* (Schaeff.) P. Kumm.*

赭红拟口蘑 *Tricholomopsis flammula* Métrod *ex* Holec

科地位未明 Incertae sedis

锐顶斑褶菇 *Panaeolus acuminatus* (P. Kumm.) Quél. ***

附录5　新疆博州南部山区动物名录

［总计338种，其中鸟类263种，哺乳类44种，爬行类15种，鱼类13种，两栖类3种。名录中鸟类按郑作新（1994）和郑光美（2011）系统、哺乳类按蒋志刚等（2015）系统，爬行类按时磊等（2002）系统、鱼类按郭焱等（2012）系统排列］

硬骨鱼纲 Osteichthyes

鲑形目 Salmoniformes（1科3种）

鲑科 Salmonidae

虹鳟 *Oncorhynchus mykiss*（引进物种）

高白鲑 *Coregonus peled*（引进物种）

贝加尔凹目白鲑 *Coregonus migratorius*（引进物种）

鲤形目 Cypriniformes（2科10种）

鲤科 Cyprinidae

草鱼 *Ctenopharyngodon idellus*（引进物种）

鲤鱼 *Cyprinus carpio*（引进物种）

准噶尔雅罗鱼 *Leuciscus merzbacheri*

新疆裸重唇鱼 *Gymnodiptychus dybowskii*

鲫 *Carassius auratus*（引进物种）

鲢 *Hypophthalmichthys molitrix*（引进物种）

鳅科 Cobitidae

小眼须鳅 *Barbatula microphthalma*

新疆高原鳅 *Triplophysa strauchii*

斯氏高原鳅 *Triplophysa stoliczkae*

小体高原鳅 *Triplophysa minuta*

两栖纲 Amphibia

无尾目 Anura（2科3种）

蟾蜍科 Bufonidae

塔里木蟾蜍（北疆亚种）*Bufo pewzowi strauehi*

蛙科 Ranidae

中亚侧褶蛙（湖蛙）*Pelophylax terentievi*

中亚林蛙 *Rana asiatica*

爬行纲 Reptilia

有鳞目 Squamata（2科8种）

壁虎科 Gekkonidae

西域沙虎 *Teratoscincus przewalskii*

旱地沙蜥 *Phrynocephalus helioscopus*

灰中趾虎 *Mediodactylus russowii*

变色沙蜥 *Phrynocephalus versicolor*

奇台沙蜥 *Phrynocephalus grumgrzimailoi*

蜥蜴科 Lacertidae

快步麻蜥 *Eremias velox*

敏麻蜥 *Eremias arguta*

捷蜥蜴 *Lacerta agilis*

蛇目 Serpentiformes（3科7种）

蟒科 Boidae

东方沙蟒 *Eryx tataricus*（新疆二级）

游蛇科 Colubridae

花脊游蛇 *Coluber ravergieri*（新疆二级）

花条蛇 *Psammophis lineolatus*

白条锦蛇 *Elaphe dione*

棋斑游蛇 *Natrix tessellate*（新疆二级）

蝰蛇科 Viperidae

草原蝰（东方蝰）*Vipera ursini renardi* (Vipera renardi)

中介蝮（天山蝮）*Agkistrodon intermedius*

鸟纲 Aves

䴙䴘目 Podicipediformes（1科4种）

䴙䴘科 Podicipedidae

小䴙䴘 *Podiceps ruficollis*

黑颈䴙䴘 *Podiceps nigricollis*（新疆一级）

角䴙䴘 *Podiceps auritus*（国家Ⅱ级）

凤头䴙䴘 *Podiceps nigricollis*

鹈形目 Pelecaniformes（2科4种）

鹈鹕科 Pelecanidae

白鹈鹕 *Pelecanus onocrotalus*（国家Ⅱ级）

卷羽鹈鹕 *Pelecanus crispus*（国家Ⅱ级）

鸬鹚科 Phalacrocoracidiae

普通鸬鹚 *Phalacrocorax carbo*

侏鸬鹚 *Phalacrocorax pygmeus*（中国新记录）

鹳形目 Podicipediforms（3科6种）

鹳科 Ciconiidae

黑鹳 *Ciconia nigra*（国家Ⅰ级）

鹭科 Ardeidae

苍鹭 *Ardea cinerea*（新疆一级）

大白鹭 *Ardea alba*（新疆一级）

小苇鳽 *Ixobrychus minutus*（国家Ⅱ级）

大麻鳽 *Botaurus stellaris*（新疆一级）

鹮科 Threskiorothidae

白琵鹭 *Platalea leucorodia*（国家Ⅱ级）

雁形目 Anseriformes（1科22种）

鸭科 Anatidae

疣鼻天鹅 *Cygnus olor*（国家Ⅱ级）

大天鹅 *Cygnus cygnus*（国家Ⅱ级）

鸿雁 *Anser cygnoides*（新疆一级）

豆雁 *Anser fabalis*

灰雁 *Anser anser*

斑头雁 *Anser indicus*

赤麻鸭 *Tadorna ferruginea*

翘鼻麻鸭 *Tadorna tadorna*（新疆二级）

针尾鸭 *Anas acuta*（新疆二级）

绿翅鸭 *Anas crecca*

绿头鸭 *Anas platyrhynchos*

赤膀鸭 *Anas strepera*（新疆二级）

赤颈鸭 *Anas penelope*

白眉鸭 *Anas querquedula*

琵嘴鸭 *Anas clypeata*

赤嘴潜鸭 *Netta rufina*

红头潜鸭 *Aythya ferina*

白眼潜鸭 *Aythya nyroca*（新疆二级）

凤头潜鸭 *Aythya fuligula*

鹊鸭 *Bucephala clangula*

白头硬尾鸭 *Oxyura leucocephala*（新疆一级）

普通秋沙鸭 *Mergus merganser*

鹰形目 Accipitriformes（2科19种）

鹗科 Pandionidae

鹗 *Pandion haliaetus*（国家Ⅱ级）

鹰科 Accipitridae

黑耳鸢 *Milvus migrans*（国家Ⅱ级）

苍鹰 *Accipiter gentilis*（国家Ⅱ级）

褐耳鹰 *Accipiter badius*（国家Ⅱ级）

雀鹰 *Accipiter nisus*（国家Ⅱ级）

棕尾鵟 *Buteo rufinus*（国家Ⅱ级）

大鵟 *Buteo hemilasius*（国家Ⅱ级）

普通鵟 *Buteo buteo*（国家Ⅱ级）

毛脚鵟 *Buteo lagopus*（国家Ⅱ级）

金雕 *Aquila chrysaetos*（国家Ⅰ级）

白肩雕 *Aquila heliaca*（国家Ⅰ级）

草原雕 *Aquila nipalensis*　（国家Ⅱ级）

靴隼雕 *Hieraaetus pennatus*（国家Ⅱ级）

白尾海雕 *Haliaeetus albicilla*（国家Ⅰ级）

秃鹫*Aegypius monachus*（国家Ⅱ级）

高山兀鹫*Gyps himalayensis*（国家Ⅱ级）

胡兀鹫*Gypaetus barbatus*（国家Ⅰ级）

白尾鹞*Circus cyaneus*（国家Ⅱ级）

白头鹞*Circus aeruginosus*（国家Ⅱ级）

隼形目 Falconiformes（1科6种）

隼科 Falconidae

猎隼*Falco cherrug*（国家Ⅱ级）

游隼*Falco peregrinus*（国家Ⅱ级）

燕隼*Falco subbuteo*（国家Ⅱ级）

灰背隼*Falco columbarius*（国家Ⅱ级）

黄爪隼*Falco naumanni*（国家Ⅱ级）

红隼*Falco tinnunculus*（国家Ⅱ级）

鸡形目 Galliformes（2科5种）

松鸡科 Tetraonidae

黑琴鸡*Lyrurus tetrix*（国家Ⅱ级）

雉科 Phasianidae

暗腹雪鸡*Tetraogallus himalayensis*（国家Ⅱ级）

石鸡*Alectoris chukar*

鹌鹑*Coturnix coturnix*

环颈雉*Phasianus colchicus*（新疆二级）

鹤形目 Gruiformes（3科7种）

鹤科 Gruidae

灰鹤*Grus grus*（国家Ⅱ级）

蓑羽鹤*Anthropoides virgo*（国家Ⅱ级）

秧鸡科 Rallidae

普通秧鸡*Rallus aquaticus*

黑水鸡*Gallinula chloropus*

骨顶鸡*Fulica atra*

鸨科 Otididae

大鸨*Otis tarda*（国家Ⅰ级）

波斑鸨*Chlamydotis macqueenii*（国家Ⅰ级）

鸻形目 Charadriiformes（7科30种）

蛎鹬科 Haematopodidae

蛎鹬 *Haematopus ostralegus*

鹮嘴鹬科 Ibidorhynchidae

鹮嘴鹬 *Ibidorhyncha struthersii*

反嘴鹬科 Recurvirostridea

黑翅长脚鹬 *Himantopus himantopus*

反嘴鹬 *Recurvirostra avosetta*

石鸻科 Burhinidae

欧石鸻 *Burhinus oedicnemus*（新疆一级）

燕鸻科 Glareolidae

领燕鸻 *Glareola pratincola*（新疆一级）

鸻科 Charadriidae

凤头麦鸡 *Vanellus vanellus*

金斑鸻 *Pluvialis fulva*

金眶鸻 *Charadrius dubius*

环颈鸻 *Charadrius alexandrinus*

蒙古沙鸻 *Charadrius mongolus*

铁嘴沙鸻 *Charadrius leschenaultii*

鹬科 Scolopacidae

丘鹬 *Scolopax rusticola*

扇尾沙锥 *Gallinago gallinago*

黑尾塍鹬 *Limosa limosa*

中杓鹬 *Numenius phaeopus*

白腰杓鹬 *Numenius arquata*

鹤鹬 *Tringa erythropus*

红脚鹬 *Tringa totanus*

青脚鹬 *Tringa nebularia*

白腰草鹬 *Tringa ochropus*

林鹬 *Tringa glareola*

矶鹬 *Actitis hypoleucos*

翘嘴鹬 *Xenus cinereus*

青脚滨鹬 *Calidris temminckii*

黑腹滨鹬 *Calidris alpina*

弯嘴滨鹬 *Calidris ferruginea*

流苏鹬 *Philomachus pugnax*

鸥形目 Lariformes（2科12种）

鸥科 Laridae

黄脚银鸥 *Larus cachinnans*

渔鸥 *Larus ichthyaetus*

红嘴鸥 *Larus ridibundus*

遗鸥 *Larus relictus*（国家Ⅰ级）

小鸥 *Larus minutus*（国家Ⅱ级）

燕鸥科 Sternidae

鸥嘴噪鸥 *Gelochelidon nilotica*

红嘴巨燕鸥 *Hydroprogne caspia*

普通燕鸥 *Sterna hirundo*

白额燕鸥 *Sterna albifrons*

白翅浮鸥 *Chlidonias leucopterus*

须浮鸥 *Chlidonias hybrida*

黑浮鸥 *Chlidonias niger*（国家Ⅱ级）

沙鸡目 Pterocliformes（1科2种）

沙鸡科 Pteroclidae

毛腿沙鸡 *Syrrhaptes paradoxus*

黑腹沙鸡 *Pterocles orientalis*（国家Ⅱ级）

鸽形目 Columebiformes（1科7种）

鸠鸽科 Columbidae

原鸽 *Columba livia*

岩鸽 *Columba rupestris*

欧鸽 *Columba oenas*（新疆一级）

斑尾林鸽 *Columba palumbus*（国家Ⅱ级）

欧斑鸠 *Streptopelia turtur*

山斑鸠 *Streptopelia orientalis*

灰斑鸠 *Streptopelia decaocto*

鹃形目 Cuculiformes（1科1种）

杜鹃科 Cuculidae

大杜鹃 *Cuculus canorus*

鸮形目 Strigiformes（1科7种）

鸱鸮科 Strigidae

红角鸮 *Otus scops*（国家Ⅱ级）

雕鸮 *Bubo bubo*（国家Ⅱ级）

雪鸮 *Bubo scandiacus*（国家Ⅱ级）

猛鸮 *Surnia ulula*（国家Ⅱ级）

纵纹腹小鸮 *Athene noctua*（国家Ⅱ级）

长耳鸮 *Asio otus*（国家Ⅱ级）

短耳鸮 *Asio flammeus*（国家Ⅱ级）

夜鹰目 Caprimulgiformes（1科1种）

夜鹰科 Caprimulgidae

欧夜鹰 *Caprimulgus europaeus*

雨燕目 Apodiformes（1科1种）

雨燕科 Apodidiae

普通楼燕 *Apus apus*

佛法僧目 Coraciiformes（3科3种）

翠鸟科 Alcedinidae

普通翠鸟 *Alcedo atthis*

蜂虎科 Meropidae

黄喉蜂虎 *Merops apiaste*（新疆二级）

佛法僧科 Coraciidae

蓝胸佛法僧 *Coracias garrulus*（新疆二级）

戴胜目 Upupifopmes（1科1种）

戴胜科 Upupidae

戴胜 *Upupa epops*

䴕形目 Piciformes（1 科 4 种）

啄木鸟科 Picidae

蚁䴕*Jynx torquilla*

大斑啄木鸟*Dendrocopos major*

白翅啄木鸟*Dendrocopos leucopterus*

三趾啄木鸟*Picoides tridactylus*

雀形目 Passeriformes（21 科 124 种）

百灵科 Alaudidae

亚洲短趾百灵*Calandrella cheleensis*

凤头百灵*Galerida cristata*

云雀*Alauda arvensis*

角百灵*Eremophila alpestris*

燕科 Hirundinidae

崖沙燕*Riparia riparia*

岩燕*Hirundo rupestris*

家燕*Hirundo rustica*

毛脚燕*Delichon urbicum*

鹡鸰科 Motacillidae

白鹡鸰*Motacilla alba*

黄鹡鸰*Motacilla flava*

黄头鹡鸰*Motacilla citreola*

灰鹡鸰*Motacilla cinerea*

田鹨*Anthus richardi*

平原鹨*Anthus campestris*

林鹨*Anthus trivialis*

粉红胸鹨*Anthus roseatus*

水鹨*Anthus spinoletta*

伯劳科 Laniidae

荒漠伯劳*Lanius isabellinus*

灰伯劳*Lanius excubitor*

黑额伯劳*Lanius minor*

黄鹂科 Oriolidea

金黄鹂*Oriolus oriolus*

椋鸟科 Sturnidae

家八哥 *Acridotheres tristis*（入侵物种）

粉红椋鸟 *Sturnus roseus*

紫翅椋鸟 *Sturnus vulgaris*

鸦科 Corvidae

喜鹊 *Pica pica*

星鸦 *Nucifraga caryocatactes*

红嘴山鸦 *Pyrrhocorax pyrrhocorax*

黄嘴山鸦 *Pyrrhocorax graculus*

寒鸦 *Corvus monedula*

秃鼻乌鸦 *Corvus frugilegus*

小嘴乌鸦 *Corvus corone*

渡鸦 *Corvus corax*

冠小嘴乌鸦 *Corvus cornix*

河乌科 Cinclidae

河乌 *Cinclus cinclus*

鹪鹩科 Troglodytidae

鹪鹩 *Troglodytes troglodytes*

岩鹨科 Prunellidea

褐岩鹨 *Prunella fulvescens*

领岩鹨 *Prunella collaris*

黑喉岩鹨 *Prunella atrogularis*

高原岩鹨 *Prunella himalayana*

鸫科 Turdidae

赤颈鸫 *Turdus ruficollis*

黑喉鸫 *Turdus atrogularis*

乌鸫 Turdus merula

田鸫 *Turdus piaris*

槲鸫 *Turdus viscivorus*

白背矶鸫 *Monticola saxatilis*

欧亚鸲（知更鸟）*Erithacus rubecula*（东扩物种）

蓝点颏（蓝喉歌鸲）*Luscinia svecica*

新疆歌鸲 *Luscinia megarhynchos*

黑胸歌鸲 *Luscinia pectoralis*

赭红尾鸲 *Phoenicurus ochruros*

红背红尾鸲 *Phoenicurus erythronotus*

蓝头红尾鸲 *Phoenicurus caeruleocephala*

红腹红尾鸲 *Phoenicurus erythrogaster*

红胁蓝尾鸲 *Tarsiger cyanurus*

黑喉石䳭 *Saxicola maurus*

白顶䳭 *Oenanthe hispanica*

穗䳭 *Oenanthe oenanthe*

沙䳭 *Oenanthe isabellina*

漠䳭 *Oenanthe deserti*

鹟科 **Muscipidae**

斑鹟 *Muscicapa striata*

鸦雀科 **Paradoxornithidae**

文须雀 *Panurus biarmicus*

莺科 **Sylviidae**

靴篱莺 *Hippolais caligata*

宽尾树莺 *Cettia cetti*

小蝗莺 *Locustella certhiola*

鸲蝗莺 *Locustella luscinioides*

稻田苇莺 *Acrocephalus agricola*

大苇莺 *Acrocephalus arundinaceus*

花彩雀莺 *Leptopoecile sophiae*

叽咋柳莺 *Phylloscopus collybita*

灰柳莺 *Phylloscopus griseolus*

淡眉柳莺 *Phylloscopus humei*

暗绿柳莺 *Phylloscopus trochiloides*

荒漠林莺（漠莺）*Sylvia nana*

灰（白喉）林莺 *Sylvia communis*

白喉林莺 *Sylvia curruca*

沙白喉林莺 *Sylvia minula*

横斑林莺 *Sylvia nisoria*

戴菊科 **Regulidae**

戴菊 *Regulus regulus*

攀雀科 Remizidae

白冠攀雀 *Remiz coronatus*

山雀科 Paridae

银喉长尾山雀 *Aegithalos caudatus*

褐头山雀 *Parus montanus*

煤山雀 *Parus ater*

大山雀 *Parus major*

西域山雀 *Parus bokharensis*

灰蓝山雀 *Parus cyanus*

鳾科 Tichodromadidae

红翅旋壁雀 *Tichodroma muraria*

旋木雀科 Certhiidae

旋木雀 *Certhia familiaris*

雀科 Paridae

家麻雀 *Passer domesticus*

黑顶麻雀 *Passer ammodendri*

树麻雀 *Passer montanus*

石雀 *Petronia petronia*

白斑翅雪雀 *Montifringillla nivalis*

燕雀科 Fringillidae

燕雀 *Fringilla montifringilla*

苍头燕雀 *Fringilla coelebs*

欧金翅雀 *Carduelis chloris*（东扩物种）

红额金翅雀 *Carduelis carduelis*

黄嘴朱顶雀 *Carduelis flavirostris*

赤胸朱顶雀 *Carduelis cannabina*

黄雀 *Carduelis spinus*

普通朱雀 *Carpodacus erythrinus*

红腰朱雀 *Carpodacus rhodochlamys*

大朱雀 *Carpodacus rubicilla*

红交嘴雀 *Loxia curvirostra*

金额丝雀 *Serinus pusillus*

高山岭雀 *Leucosticte brandti*

林岭雀*Leucosticte nemoricola*

巨嘴沙雀*Rhodospiza obsoleta*

蒙古沙雀（漠雀）*Rhodopechys mongolica*

长尾雀*Uragus sibiricus*

锡嘴雀*Coccothraustes coccothraustes*

白斑翅拟蜡嘴雀*Mycerobas melanozanthos*

鹀科 Emberizidae

黍鹀*Miliaria calandra*

黄鹀*Emberiza citrinella*

白头鹀*Emberiza leucocephalos*

小鹀*Emberiza pusilla*

戈氏岩鹀*Emberiza godlewskii*

灰眉岩鹀*Emberiza cia*

三道眉草鹀*Emberiza cioides*

灰颈鹀*Emberiza buchanani*

田鹀*Emberiza rustica*

褐头鹀*Emberiza bruniceps*

苇鹀*Emberiza pallasi*

芦鹀*Emberiza schoeniclus*

哺乳纲 Mammalia

食虫目 Insevtivora（2科4种）

猬科 Erinaceidae

大耳猬*Hemiechinus auritus*

鼩鼱科 Soricidae

天山鼩鼱*Sorex asper*

白腹麝鼩*Crocidura leucodon*

小麝鼩*Crocidura suaveolens*

翼手目 Chiroptera（1科2种）

蝙蝠科 Vespertilionidae

山蝠*Nyctalus noctula*

棕蝠*Eptesicus serotinus*

食肉目Carnivora（4科10种）

犬科Caninidae

狼*Canis lupus*

赤狐*Vulpes vulpes*（新疆一级）

熊科Ursidae

棕熊*Ursus arctos*（国家Ⅱ级）

鼬科Mustelidae

石貂*Martes foina*（国家Ⅱ级）

艾鼬*Mustela eversmanii*（新疆二级）

白鼬*Mustela erminea*（新疆一级）

虎鼬*Vormela peregusna*（新疆一级）

狗獾*Meles meles*

猫科Felidae

雪豹*Uncia uncia*（国家Ⅰ级）

猞猁*Lynx lynx*（国家Ⅱ级）

偶蹄目Artiodactyla（3科6种）

猪科Suidae

野猪*Sus scrofa*

鹿科Cervidae

马鹿*Cervus elaphus*（国家Ⅱ级）

狍*Capreolus capreolus*（新疆一级）

牛科Bovidae

盘羊*Ovis ammon*（国家Ⅱ级）

北山羊*Capra sibirica (ibex)*（国家Ⅰ级）

鹅喉羚*Gazella subgutturosa*（国家Ⅱ级）

兔形目Lagomorpha（2科2种）

兔科Leporidae

草兔*Lepus capensis*

鼠兔科Ochotonidae

伊犁鼠兔*Ochotona iliensis*

啮齿目 Rodintia（5科20种）

睡鼠科 Gliridae

林睡鼠 *Dryomys nitedula*

松鼠科 Sciuridae

松鼠 *Sciurus vulgaris*

灰旱獭（草原旱獭）*Marmota baibacina*

长尾黄鼠 *Spermophilus undulatus*

仓鼠科 Cricetidae

灰仓鼠 *Cricetulus migratorius*

子午沙鼠 *Meriones meridianus*

大沙鼠 *Rhombomys opimus*

麝鼠 *Ondatra zibethica*（入侵物种）

鼹形田鼠 *Ellobius talpinus*

草原兔尾鼠 *Lagurus lagurus*

狭颅田鼠 *Microtus gregalis*

根田鼠 *Microtus oeconomus*

普通田鼠 *Microtus arvalis*

伊犁田鼠 *Microtus ilaeus*

跳鼠科 Dipodidae

小五趾跳鼠 *Allactaga elater*

五趾跳鼠 *Allactaga sibirica*

三趾跳鼠 *Dipus sagitta*

鼠科 Muridae

褐家鼠 *Rattus norvegicus*（入侵物种）

小家鼠 *Mus musculus*

小林姬鼠 *Apodemus sylvatic*

附录6　新疆博州南部山区昆虫名录

［12目60科250种，2个未定种未列出。名录依据Gullan & Cranston（2005）昆虫分类系统排列］

蜉蝣目 Ephemeroptera（1种）

蜻蜓目 Odonata（2科2种）

蜓科 Aeschnidae

琉璃蜓 *Aeshna nigroflava* Martin

蜻科 Libellulidae

方氏赤蜻 *Sympetrum fonscolombei* (Selys)

直翅目 Orthoptera（3科7种）

螽斯科 Tettigoniidae

平背螽 *Isopsera* sp.

绿螽 *Tettigonia viridissima* (Linnaeus)

懒螽 *Zichya* sp.

蟋蟀科 Gryllidae

草原黑蟋 *Gryllus desertus* Pallas

斑腿蝗科 Catantopidae

朱腿痂蝗 *Bryodema gebleri gebleri* (Fischer von Waldheim)

意大利蝗 *Calliptamus italicus* (Linnaeus)

蓝翅瘤蝗 *Dericorys tibialis* (Pallas)

革翅目 Dermaptera（1科1种）

球螋科 Forficulidae

sp.

半翅目 Hemiptera（7科10种）

象蜡蝉科 Dictyopharidae

欧洲象蜡蝉 *Dictyophara europaea* (Linnaeus)

蝉科 Cicadidae

赭斑蝉 *Cicadatra querula* (Pallas)

叶蝉科 Cicadellidae

大青叶蝉 *Tettigella viridis* (Linnaeus)

黾蝽科 Gerridae

水黾 *Gerris paludum* (Fabricius)

蝽科 Pentatomidae

斑须蝽 *Dolycoris baccarum* (Linnaeus)

菜蝽 *Eurydema dominulus* (Scopoli)

蓝菜蝽 *Eurydema oleracea* (Linnaeus)

赤条蝽 *Graphosoma rubrolineata* (Westwood)

缘蝽科 Coreidae

原缘蝽 *Coreus marginatus* (Linnaeus)

盲蝽科 Miridae

苜蓿盲蝽 *Adelphocoris lineolatus* (Goeze)

脉翅目 Neuroptera（3科5种）

草蛉科 Chrysopidae

丽草蛉 *Nineta vittata* (Wesmael)

sp. 1

sp. 2

螳蛉科 Mantispidae

东螳蛉 *Orientispa* sp.

蝶角蛉科 Ascalaphidae

素完眼蝶角蛉 *Idricerus sogdianus* McLachlan

蛇蛉目 Raphidioptera（1科1种）

蛇蛉科 Raphidiidae

戈壁黄痣蛇蛉 *Xanthostigma gobicola* Aspöck & Aspöck

鞘翅目 Coleoptera（17科68种）

步甲科 Carabidae

大头步甲 *Broseus cephalotes samistrialus* Dej.

暗步甲 *Amara* sp.

荒漠暗步甲 *Amara deserta* (Krynicki)

锥须步甲 *Bembidion* sp.

金星步甲 *Calosoma auropunctatum* (Herbst)

斜斑虎甲 *Cicindela granulata* Gebler

星斑虎甲 *Cylindera kaleea* (Bates)

心步甲 *Nebria* sp.

毛梦步甲 *Ophonus rufipes* (De Geer)

牙甲科 Hydrophilidae

金龟形牙甲 *Sphaeridium scarabaeoides* (Linnaeus)

豉甲科 Gyrinidae

里海豉甲 *Gyrinus caspius* Ménétriés

阎甲科 Histeridae

黑阎虫 *Saprinus semipunctatus* (Scriba)

埋葬甲科 Silphidae

裸干葬甲 *Aclypea calva* (Reitter)

滨尸葬甲 *Necrodes littoralis* (Linnaeus)

暗葬甲 *Silpha obscura* Linnaeus

隐翅虫科 Staphylinidae

毒隐翅虫 *Paederus* sp.

金龟科 Scarabaeidae

中亚切根鳃金龟 *Amphimallon solstitiale* (Linnaeus)

粪堆蜉金龟 *Aphodius fimetarius* (Linnaeus)

锄蜉金龟 *Aphodius fossor* (Linnaeus)

直蜉金龟 *Aphodius rectus* Motschulsky

鼠穴蜉金龟 *Aphodius rotundangulus* Reitter

金匠花金龟 *Cetonia aurata* (Linnaeus)

土尔克斯坦花金龟 *Cetonia turkestanica* Kraatz

压迹粪金龟 *Geotrupes impressus* Gebler

粗糙弯边蜣螂 *Gymnopleurus flagellatus* (Fabricius)

小驼嗡蜣螂 *Onthophagus gibbulus* (Pallas)

黑缘嗡蜣螂 *Onthophagus marginalis* Gebler

公牛嗡蜣螂 *Onthophagus taurus* (Schreber)

葡萄根蛀犀金龟 *Oryctes nasicornis* (Linnaeus)

达乌尔蜉金龟 *Phaeaphodius dauricus* (Harold)

白星花金龟 *Protaetia brevitarsis* (Lewis)

束带斑金龟 *Trichius fasciatus* (Linnaeus)

芫菁科 Meloidae

红头豆芫菁 *Epicauta erythrocephala* (Pallas)

蓝色短翅芫菁 *Meloe violaceus* Marsham

天蓝斑芫菁 *Mylabris coerulescens* Gebler

中间斑芫菁 *Mylabris intermedia* Fischer von Waldheim

单纹斑芫菁 *Mylabris monozona* Wellman

蚁形斑芫菁 *Mylabris quadvisignata* Fischer von Waldheim

四点斑芫菁 *Mylabris quadripunctata* (Linnaeus)

天牛科 Cerambycidae

绿眼花天牛 *Acmaeops smaragdula* (Fabricius)

筒天牛 *Oberea* sp.

黄斑棍腿天牛 *Phymatodes hauseri* (Pic)

吉丁虫科 Buperestidae

细纹吉丁虫 *Anthaxia* sp.

天花吉丁 *Julodis variolaris* (Pallas)

叩甲科 Elateridae

米兰亮叩甲 *Selatosonus melancholieus* (Fabricius)

拟步甲科 Tenebrionidae

奇异东鳖甲 *Anatolica paradoxa* Reitter

细长琵琶甲 *Blaps oblonga* Kraatz

琵琶甲 *Blaps* sp.

中华龙甲 *Leptodes chinensis* Kaszab

中华刺甲 *Oodescelis chinensis* Kaszab

沙土甲 *Opatrum sabulosum* (Linnaeus)

类沙土甲 *Opatrum subaratum* Faldermann

卵形凹胫甲 *Platyscelis ovata* Ballion

侧琵甲 *Prosodes* sp.

斑氏杯鳖甲 *Scythis banghaasi* (Reitter)

亚洲鳖甲 *Tentyria asiatica* Skopin

花萤科 Cantharidae

花萤 *Cantharis oculata* Gebler

瓢虫科 Coccinellidae

甜菜瓢虫 *Bulea lichatschovi* (Hummel)

七星瓢虫 *Coccinella septempunctata* Linnaeus

十一星瓢虫 *Coccinella undecimpunctata* Linnaeus

异色瓢虫 *Harmonia axyridis* (Pallas)

十三星瓢虫 *Hippodamia tredecimpunctata* Linnaeus

多异瓢虫 *Hippodamia variegate* (Goeze)

方斑瓢虫 *Propylea quatuordecimpunctata* (Linnaeus)

二十二星瓢虫 *Psyllobora vigintiduopunctata* (Linnaeus)

叶甲科 Chrysomelidae

扁蓄齿胫叶甲 *Gastrophysa polygoni* (Linnaeus)

钳颚卷象科 Attlabidae

杨卷叶象 *Byctiseus populi* (Linnaeus)

象甲科 Curculionidae

短毛草象 *Chloebius psittacinus* Boheman

双翅目 Diptera（2科8种）

蚜蝇科 Syrphidae

黑带蚜蝇 *Episyrphus balteatus* (De Geer)

短腹管蚜蝇 *Eristalis arbustorum* (Linnaeus)

灰带管食蚜蝇 *Eristalis cerealis* Fabricius

长尾管蚜蝇 *Eristalis tenax* Linnaeus (Linnaeus)

羽芒宽盾蚜蝇 *Phytomia zonata* (Fabricius)

黄颜食蚜蝇 *Syrphus ribesii* (Linnaeus)

熊蜂蚜蝇 *Volucelia bombylans* (Linnaeus)

大蚊科 Tipulidae

sp.

毛翅目 Trichoptera（1种）

鳞翅目 Lepidoptera（15科129种）

蛱蝶科 Nymphalidae

荨麻蛱蝶 *Aglais urticae* Linnaeus

银斑豹蛱蝶 *Argynnis aglaja* (Linnaeus)

潘豹蛱蝶 *Argynnis pandora* Denis & Schiffermüller

绿豹蛱蝶 *Argynnis paphia* Linnaeus

艾鲁珍蛱蝶 *Clossiana erubescens* (Staudinger)

珠蛱蝶 *Issoria lathonia* Linnaeus

大网蛱蝶 *Melitaea scotosia* Butler

蜜蛱蝶 *Mellicta* sp.

单环蛱蝶 *Neptis rivularis* Scopoli

朱蛱蝶 *Nymphalis xanthomelas* (Esper)

铂蛱蝶 *Proclossiana eunomia* Esper

小红蛱蝶 *Vanessa cardui* (Linnaeus)

绢蝶科 Parnassiidae

阿波罗绢蝶 *Parnassius apollo* (Linnaeus)

天山绢蝶 *Parnassius tianschanicus* Oberthür

粉蝶科 Pieridae

红襟粉蝶 *Anthocharis cardamines* (Linnaeus)

绢粉蝶 *Aporia crataegi* (Linnaeus)

中亚绢粉蝶 *Aporia leucodice* (Eversmann)

斑缘豆粉蝶 *Colias erate* (Esper)

莫氏小粉蝶 *Leptidea morsei* Fenton

欧洲粉蝶 *Pieris brassicae* (Linnaeus)

黑纹粉蝶 *Pieris melete* Ménétriès

暗脉菜粉蝶 *Pieris napi* (Linnaeus)

菜粉蝶 *Pieris rapae* (Linnaeus)

云粉蝶 *Pontia daplidice* (Linnaeus)

眼蝶科 Satyridae

暗色珍眼蝶 *Coenonympha mahometana* Alphéraky

绿斑珍眼蝶 *Coenonympha sunbecca* Eversmann

西宝红眼蝶*Erebia sibo* Elwes

图兰红眼蝶*Erebia turanica* Erschoff

西方云眼蝶*Hyponephele dysdora* (Lederer)

黄衬云眼蝶*Hyponephele lupina* (O. Costa)

黄褐酒眼蝶*Oeneis hora* Grum-Grshimailo

弄蝶科 Hesperiidae

北方花弄蝶*Pyrgus alveus* Hübner

星点弄蝶*Syrichtus tessellum* Hübner

灰蝶科 Lycaenidae

华夏爱灰蝶*Aricia chinensis* (Murray)

普枯灰蝶*Cupido prosecusa* Erschoff

酷灰蝶*Cyaniris semiargus* Rottemburg

埃灰蝶*Eumedonia eumedon* Esper

红珠灰蝶*Lycaeides argyrognomon* Bergsträsser

胡麻霾灰蝶*Maculinea teleia* Bergsträsser

白斑新灰蝶*Neolycaena tengstroemi* (Erschoff)

新灰蝶*Neolycaena* sp.

豆灰蝶*Plebejus argus* Linnaeus

眼灰蝶*Polyommatus* sp.1

眼灰蝶*Polyommatus* sp.2

草螟科 Crambidae

华丽野螟*Agathodes ostentalis* (Geyer)

纵卷叶野螟*Cnaphalocrocis* sp.

桃多斑野螟*Conogethes punctiferalis* (Guenée)

黄基缨斑野螟*Endocrossis flavibasalis* (Moore)

夏枯草线须野螟*Eurrhypara hortulata* (Linnaeus)

暗纹薄翅野螟*Evergestis frumetalis* (Linnaeus)

褐衣薄翅野螟*Evergestis lichenalis* Hampson

珀薄翅野螟*Evergestis politalis* (Denis & Schiffermüller)

刺薄翅野螟*Evergestis spiniferalis* (Staudinger)

黄脊丝角野螟*Filodes fulvidorsalis* (Geyer)

四斑绢野螟*Glyphodes quadrimaculalis* (Bremer & Grey)

棕带绢丝野螟*Glyphodes stolalis* Guenée

黑点蚀叶野螟 *Lamprosema commixta* (Butler)

锥额野螟 *Loxostege clathralis* (Hübner)

网锥额野螟 *Loxostege sticticalis* (Linnaeus)

豆荚野螟 *Maruca vitrata* (Fabricius)

欧洲玉米螟 *Ostrina nubilalis* (Hübner)

褐缘绿野螟 *Parotis marginata* (Hampson)

褐小野螟 *Pyrausta cespitalis* (Denis & Schiffermüller)

红缘红带野螟 *Pyrausta sanguinalis* (Linnaeus)

黄斑紫翅野螟 *Rehimena phrynealis* (Walker)

斑野螟 *Rhimphalea* sp.

八斑蓝黑野螟 *Rhagoba octomaculalis* (Moore)

尖双突野螟 *Sitochroa verticalis* (Linnaeus)

缨突野螟 *Udea* sp.

黑翅黑点野螟 *Vittabotys nigrescens* (Moore)

田草螟 *Agriphila deliella* (Hübner)

忧田草螟 *Agriphila tristella* ([Denis & Schiffermüller])

松目草螟 *Catoptria piella* (Linnaeus)

柱金草螟 *Chrysoteuchia culmella* (Linnaeus)

银光草螟 *Crambus perlellus* (Scopoli)

丽草螟 *Euchromius gozmanyi* Bleszynski

灰茎草螟 *Pediasia persella* (Toll)

银纹黄翅草螟 *Xanthocrambus argentarius* (Staudinger)

螟蛾科 Pyralidae

二点织螟 *Aphomia zelleri* (Joannis)

鳞斑螟 *Asalebria florella* (Mann)

梢斑螟 *Dioryctria simplicella* Heinemann

线夜斑螟 *Nyctegretis lineana* (Scopoli)

豆锯角斑螟 *Pima boisduvaliella* (Guenée)

斑螟 *Sciota* sp.

斑螟 *Zophodia grossulariella* (Hübner)

天蛾科 Sphingidae

深色白眉天蛾 *Celerio gallii* (Rottemburg)

疆闪红天蛾 *Pergesa porcellus* sinkiangensis Chu & Wang

尺蛾科 Geometridae

霜尺蛾 *Alcis bastelbergeri* (Hirschke)

淡黄巾尺蛾 *Cidaria fulvata* distinctata Staudinger

迪青尺蛾 *Dyschloropsis impararia* (Guenée)

球果尺蛾 *Eupithecia* sp.

狭幽尺蛾 *Gnophos nimbata* Alphéraky

姬尺蛾 *Idaea* sp.

黑岛尺蛾 *Melanthia* sp.

狭斑黄尺蛾 *Opisthograptis luteolata* (Linnaeus)

驼尺蛾 *Pelurga comitata* (Linnaeus)

狭斑丸尺蛾 *Plutodes flavescens* Butler

岩尺蛾 *Scopula ornata* (Scopoli)

岩尺蛾 *Scopula* sp.

白点二线尺蛾 *Thetidia smaragdaria* (Fabricius)

双流潢尺蛾 *Xantnorhoe biriviata* (Borkhausen)

灯蛾科 Arctiidae

豹灯蛾 *Arctia caja* (Linnaeus)

点灯蛾 *Diacrisia irene* Butler

排点灯蛾 *Diacrisia sannio* (Linnaeus)

黄灯蛾 *Rhyparia purpurata* (Linnaeus)

舟蛾科 Notodontidae

黑带二尾舟蛾 *Cerura felina* (Butler)

夜蛾科 Noctuidae

警纹地夜蛾 *Agrotis exclamationis* (Linnaeus)

黄地老虎 *Agrotis segetum* (Denis & Schiffermüller)

灰歹夜蛾 *Diarsia canescens* (Butler)

灰褐歹夜蛾 *Dictyestra dissecta* (Walker)

赫妃夜蛾 *Drasteria herzi* (Alphéraky)

元妃夜蛾 *Drasteria obscurata* (Staudinger)

谐夜蛾 *Emmelia trabealis* (Scopoli)

齿恭夜蛾 *Euclidia dentata* (Staudinger)

基剑切夜蛾 *Euxoa basigramma* (Staudinger)

亚切夜蛾*Euxoa conspicua* (Hübner)

寒切夜蛾*Euxoa sibirica* (Boisduval）

粘夜蛾*Leucania* sp.

灰夜蛾*Polia nebulosa* (Hufnagel)

宽胫夜蛾*Schinia scutosa* (Goeze)

八字地老虎*Xestia c-nigrum* (Linnaeus)

枯叶蛾科 Lasiocampidae

苹果大枯叶蛾*Gastropacha quercifolia* (Linnaeus)

暗双带幕枯叶蛾*Malacosoma castrensis* castrensis (Linnaeus)

浅双带幕枯叶蛾*Malacosoma castrensis* kirghisica (Staudinger)

幕枯叶蛾*Malacosoma* sp.1

幕枯叶蛾*Malacosoma* sp.2

毒蛾科 Lymantridae

茸毒蛾*Dasychira* sp.

缀黄毒蛾*Euproctis karghalica* (Moore)

柳毒蛾*Leucoma salicis* (Linnaeus)

膜翅目 Hymenoptera（9科19种）

蜾蠃科 Eumenidae

断带黄斑蜾蠃*Katamenes sesquicinctus* (Lichtenstein)

分舌蜂科 Colletidae

达维分舌蜂*Colletes daviesanus* Smith

黄色分舌蜂*Colletes hylaeiformis* Eversmann

木蜂科 Xylocopidae

黑木蜂*Xylocopa violacea* (Linnaeus)

蜜蜂科 Apidae

极地熊蜂*Bombus articns* (Kirby)

熊蜂*Bombus* sp.

斑背熊蜂*Bombus laesus* Morawitz

天山熊蜂*Bombus tianshanicus* Panfilov

马蜂科 Polistidae

角马蜂 *Polistes chinensis* (Fabricius)

条蜂科 Anthophoridae

准盾斑蜂 *Paracrocisa* sp.

盾斑蜂 *Thyreus ramosus* (Lepeletier)

泥蜂科 Sphecidae

沙泥蜂 *Ammophila sabulosa* (Linnaeus)

黄唇节腹泥蜂 *Gerceris flavilabris* (Fabricius)

沙地节腹泥蜂 *Gerceris sabulosa* (Panzer)

切叶蜂科 Megachilidae

黄带尖腹蜂 *Coelioxys rufescens* Lepeletier & Serville

蚁科 Formicidae

广布弓背蚁 *Camponotus herculeanus* (Linnaeus)

日本弓背蚁 *Camponotus japonicus* Mary

弓背蚁 *Camponotus* sp.

红林蚁 *Formica fufa* Linnaeus

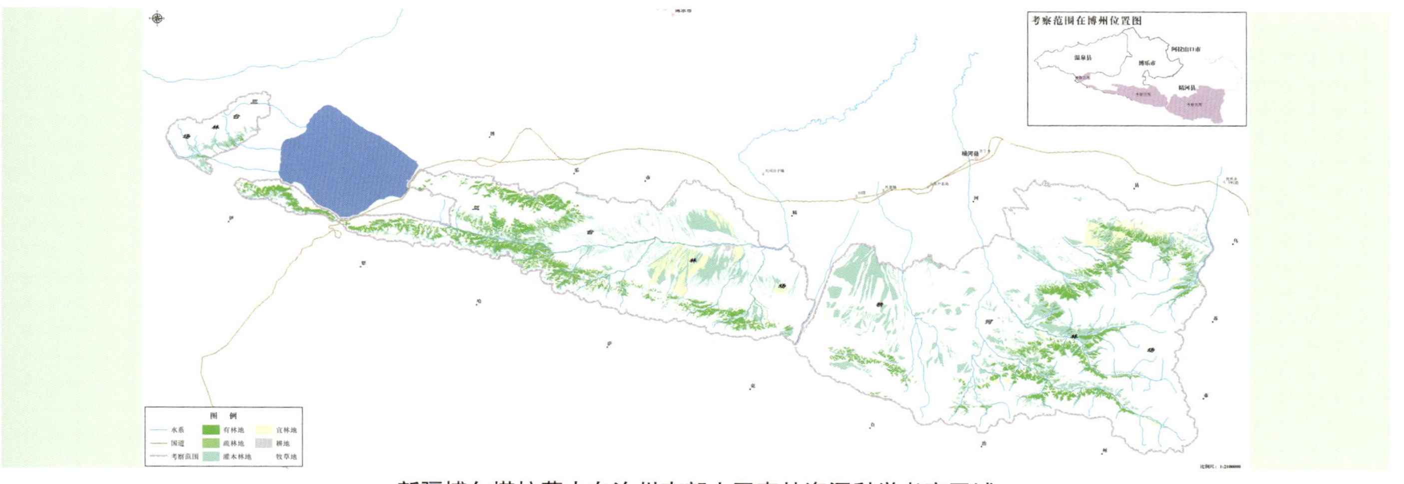

新疆博尔塔拉蒙古自治州南部山区森林资源科学考察区域

天山北坡（三台林区）

低山三级夷平面（四台）与山地丘陵（精河林区）

山前戈壁风蚀地貌（精河林区）

雅丹风蚀地貌（三台林区乔西卡勒）

山体崩塌堆积地貌

山体坡面侵蚀（精河林区）与坡地重力落石（三台林区）

雅丹地貌（精河林区）

阿合峡河谷（精河林区冬都精）

冬都精河及上游形成的堰塞湖（精河林区）

梯级垂直山体（精河林区巴音那木）

小海子湿地（精河林区）

山地森林与草甸

前山与中山带峡谷（精河林区）

高山冰蚀与夷平面地貌（精河林区）

高山冰缘带及流石滩（精河林区）

（一）寒温性针叶林（植被型）

1. 山地常绿针叶林（植被亚型）

雪岭云杉群系（Form. *Picea schrenkiana*）

雪岭云杉群系（Form. *Picea schrenkiana*）

雪岭云杉与欧洲山杨组成的针阔混交林

2. 山地落叶阔叶林（植被亚型）

欧洲山杨群系（Form. ***Populus tremula***）

天山桦群系（Form. ***Betula tianschanica***）

伊犁柳群系（Form. ***Salix iliensis***）

3. 河谷落叶阔叶林（植被亚型）

密叶杨群系（Form. *Populus talassica*）

（三）灌丛（植被型）

4. 常绿针叶灌丛（植被亚型）

欧亚圆柏群系（Form. *Juniperus sabina*）

西伯利亚刺柏群系（Form. *Juniperus sibirica*）

5. 落叶阔叶灌丛（植被亚型）

鬼箭锦鸡儿群系（*Caragana jubata*）

多刺蔷薇群系（Form. *Rosa spinosissima*）

金丝桃叶绣线菊群系（Form. *Spiraea hypericifolia*）

金露梅群系（Form. *Pentaphylloidcs fruticosa*）

镰叶锦鸡儿群系（Form. *Caragana aurantiaca*）

白皮锦鸡儿群系（Form. *Caragana leucophloea*）

黑果小檗群系（Form. *Berberis heteropoda*）

栒子群系（Form. *Cotoneaster* spp.）

忍冬群系（Form. *Lonicera* spp.）

白花沼委陵菜群系（Form. *Comarum salesovianum*）

（四）荒漠（植被型）

6. 小乔木荒漠（植被亚型）

梭梭群系（Form. *Haloxylon ammodendron*）

泡果沙拐枣群系（Form. ***Calligonum junceum***）

刺木蓼群系（Form. ***Atraphaxis spinosa***）

驼绒藜群系（Form. ***Ceratoides latens***）

木本猪毛菜群系（Form. ***Salsola arbuscula***）

8. 半灌木、小半灌木荒漠（植被亚型）

琵琶柴群系（Form. *Reaumuria soongorica*）

刺旋花群系（Form. *Convolvulus tragacanthoides*）

小蓬群系（Form. *Nanophyton erinaceum*）

博乐绢蒿群系（Form. *Seriphidium borotalense*）

纤细绢蒿（小蒿）群系（Form. *Seriphidium gracilescens*）

前山带短命植物层片

（五）草原（植被型）

9. 草甸草原（植被亚型）

禾草及杂类草草甸草原（Form. *Festuca* spp.，*varii herbae*）

苔草及杂类草草甸草原（Form. *Carex* spp.，*varii herbae*）

早熟禾群系（Form. *Poa* spp.）

10. 典型草原（植被亚型）

针茅群系（Form. ***Stipa capillata***）

羊茅群系（Form. ***Festuca ovina***）

沟羊茅群系（Form. ***Festuca valesiaca*** **subsp.** ***sulcata***）

11. 荒漠草原（植被亚型）

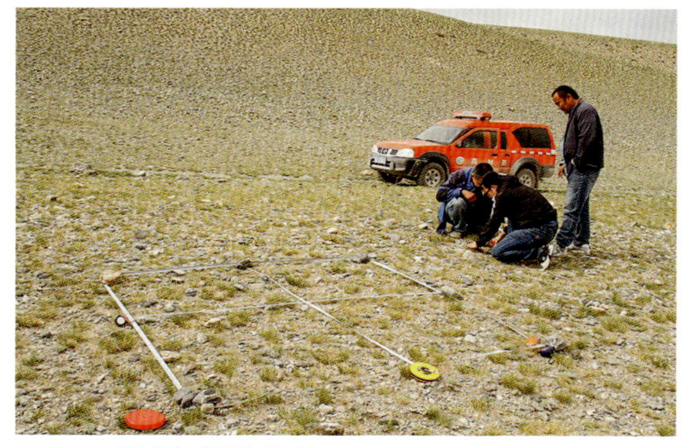

镰芒针茅群系（Form. ***Stipa caucasica***）

碱韭群系（Form. ***Alliun polyrhizun***）

（六）草甸（植被型）

12. 高山草甸（植被亚型）

高山杂类草草甸（Form. *varii herbae*）

高山嵩草、苔草草甸（Form. *Kobresia* spp.， *Carex* spp.）

13. 亚高山草甸（植被亚型）

亚高山杂类草草甸（Form. *varii herbae*）

亚高山禾草及杂类草草甸（Form. *Festuca* spp.， *Poa* spp.， *varii herbae*）

山地橐吾群系（Form. *Ligularia narynensis*）

天山羽衣草群系（Form. *Alchemilla tianschanica*）

禾草及杂类草山地草甸（Form. *Festuca* spp.，*Poa* spp.，*varii herbae*）

高草杂类草草甸（Form. *varii herbae*）

糙苏群系（Form. *Phlomis* spp.）

焮麻群系（Form. *Urtica cannabina*）

15. 低地、河漫滩草甸（植被亚型）

芨芨草群系 (Form. *Achnatherum splendens*)

（七）沼泽与水生植被（植被型）

16. 沼泽植被（植被亚型）

苔草群系（Form. *Carex* spp.）

17. 水生植被（植被亚型）

芦苇群系（Form. *Phragmites australis*）

（八）高山冰缘带植被（植被型）

18. 高寒砾石草甸植被（植被亚型）

高寒砾石草甸植被

双花委陵菜群系（**Form.** ***Potentilla biflora***）

簇生囊种草群系（**Form.** ***Thylacospermum caespitosum***）

问荆 *Equisetum arvense* Linn.

节节草 *Equisetum ramosissimum* Desf.

欧洲鳞毛蕨 *Dryopteris filix-mas* (Linn.) Schott

卵叶铁角蕨 *Asplenium rutamuraria* Linn.

天山瓦韦 *Lepisorus albertii* (Rgl.) Ching

雪岭云杉 *Picea schrenkiana* Fisch. *et* Mey.

欧亚圆柏 *Juniperus sabina* Linn.

西伯利亚刺柏 *Juniperus sibirica* Burgsd.

木贼麻黄 *Ephedra equisetina* Bge.

中麻黄 *Ephedra intermedia* Schrenk

细子麻黄 *Ephedra regeliana* Florin

胡杨 *Populus euphratica* Olivier

密叶杨 *Populus talassica* Kom.

灰毛柳 *Salix cinerea*

啤酒花 *Humulus lupulus* Linn.

焮麻 *Urtica cannabina* Linn.

细穗柳 *Salix tenuijulis* Ledeb.

泡果沙拐枣 *Calligonum junceum* (Fisch. *et* Mey.) Litv.

多茎百蕊草 *Thesium multicaule* Ldb.

中亚石竹 *Dianthus turkestanicus* Preobr.

种阜草 *Moehringia lateriflora* (Linn.) Fenzl

盐生草 *Halogeton glomeratus* (Bieb.) C. A. Mey.

刺叶 *Acanthophyllum pungens* (Bge.) Bioss.

钠猪毛菜 *Salsola nitraria* Pall.

木碱蓬 *Suaeda dendroides* (C.A.Mey.) Moq.

白喉乌头 *Aconitum leucostomum* Worosch.

大花银莲花 *Anemone silvestris* Linn.

暗紫耧斗菜 *Aquilegia atrovinosa* M. Pop. *ex* Gamajun

厚叶美花草 *Callianthemum alatavicum* Freyn

角果毛茛 *Ceratocephalus testiculatus* (Crantz) Roth

伊犁铁线莲 *Clematis iliensis* Y. S. Hou & W. H. Hou

准噶尔铁线莲 *Clematis songarica* Bge.

西伯利亚铁线莲 *Clematis sibirica* (Linn.) Mill.

红萼毛茛 *Ranunculus rubrocalyx* Rgl. *et* Kom.

扁果草 *Isopyrum anemonoides* Kar. *et* Kir.

鸦跖花 *Oxygraphis glacialis* (Fisch.) Bge.

腺毛唐松草 ***Thalictrum foetidum* Linn.**

准噶尔金莲花 ***Trollius dschungaricus* Regel.**

准噶尔金莲花 ***Trollius dschungaricus* Regel.**

淡紫金莲花 ***Trollius lilacinus* Bge.**

黑果小檗 ***Berberis atrocarpa* Schneid.**

红果小檗 ***Berberis nummularia* Bge.**

白屈菜 ***Chelidonium majus* Linn.**

长距元胡 *Corydalis schanginii* (Pall.) B. Fedtsch.

烟堇 *Fumaria schleicheri* Soy-Wil.

鳞果海罂粟 *Glaucium squamigerum* Kar. *et* Kir.

灰毛罂粟 *Papaver canescens* A. Tolm.

高山离子芥 *Chorispora bungeana* Fisch. *et* Mey

高山离子芥 *Chorispora bungeana* Fisch. *et* Mey.

准噶尔离子芥 *Chorispora soongarica* Schrenk

抱茎独行菜 *Lepidium perfoliatum* Linn.

涩荠 *Malcolmia Africana* (Linn.) R. Br.

无毛大蒜芥 ***Sisymbrium brassiciforme* C. A. Mey.**

黄花棒果芥 *Sterigmostemum sulfureum* (Banks *et* Soland.) Bornm.

甘新念珠芥 ***Torularia korolkowii* Hedge & J. Leonard**

合景天 ***Pseudosedum lievenii* (Ldb.) Berger.**

小花瓦莲 *Rosularia turkestanica* (Regel *et* Winkl.) Berger

零余虎耳草 ***Saxifraga cernua* Linn.**

球茎虎耳草 ***Saxifraga sibirica* Linn.**

杏 ***Prunus armeniaca* Linn.**

黄果山楂 *Crataegus chlorocarpa* Lenne *et* C. Koch

天山樱桃 *Prunus prostrata* var. *concolor* Lipsky

森林草莓 *Fragaria vesca* Linn.

疏花蔷薇 *Rosa laxa* Retz.

骆驼刺 *Alhagi sparsifolia* Shap.

金露梅 *Pentaphylloidcs fruticosa* (Linn.) O. Schwarz.

红果山楂 *Crataegus sanguinea* Pall.

天山花楸 *Sorbus tianschanica* Rupr.

茸毛果黄耆 ***Astragalus hebecarpus*** **Cheng f.** ***ex*** **S. B. Ho**

毛叶黄耆 ***Astragalus pallasii*** **Spreng.**

博乐黄耆 ***Astragalus porphyreus*** **Podlech** ***et*** **L.R. Xu**

卡通黄耆 ***Astragalus schanginianus*** **Pall.**

白皮锦鸡儿 ***Caragana leucophloea*** **Pojark.**

铃铛刺 ***Halimodendron halodendron*** **(Pall.) Vass**

费尔干岩黄耆 ***Hedysarum ferganense*** **Korsh.**

克氏岩黄耆 ***Hedysarum krylovii*** **Sumn.**

牧地山黧豆 ***Lathyrus pratensis*** **Linn.**

天蓝苜蓿 ***Medicago lupulina*** **Linn.**

杂交苜蓿 ***Medicago*** × ***varia*** **Martyn**

白花草木樨 ***Melilotus albus*** **Medic** ***ex*** **Desr.**

頓河红豆草 ***Onobrychis tanaitica*** **Spreng.**

苦豆子 ***Sophora alopecuroides*** **Linn.**

胀果棘豆 ***Oxytropis stracheyana* Bge.**

苦马豆 ***Sphaerophysa salsula* (Pall.) DC.**

红花车轴草 ***Trifolium pratenes* Linn.**

尖喙牻牛儿苗 ***Erodium oxyrrhynchum* M. Bieb.**

白花老鹳草 ***Geranium albiflorum* Ledeb.**

草原老鹳草 ***Geranium pretense* Linn.**

霸王 ***Zygophyllum fabago* Linn.**

翅果霸王 ***Zygophyllum pterocarpum*** **Bge.**

石生霸王 ***Zygophyllum rosowii*** **Bge.**

白刺 ***Nitraria schoberi*** **Linn.**

骆驼蓬 ***Peganum harmala*** **Linn.**

新疆远志 ***Polygala hybrid*** **DC.**

乳浆大戟 ***Euphorbia esula*** **Linn.**

短距凤仙花 ***Impatiens brachycentra*** **Kar.** ***et*** **Kir.**

琵琶柴 ***Reaumuria songarica*** **(Pall.) Maxim.**

驼绒藜 ***Krascheninnikovia ceratoides*** **(Linn.) Gueldenst.**

盐地柽柳 ***Tamarix karelinii*** **Bge.**

短穗柽柳 ***Tamarix laxa*** **Willd.**

鳞序水柏枝 ***Myricaria squamosa*** **Desv.**

宽苞水柏枝 ***Myricaria bracteata*** **Royle**

半日花 ***Helianthemum songaricum*** **Schrenk**

阿尔泰堇菜 ***Viola altaica*** **Ker-Gawl.**

裂叶堇菜 *Viola dissecta* Ledeb.

大距堇菜 *Viola macroceras* Bge. *ex* Ledeb

石生堇菜 *Viola rupestris* F. W. Schmidt.

蒙古沙棘 *Hippophae rhamnoides* subsp. *mongolica* Rousi

刺山柑 *Capparis spinosa* Linn.

锁阳 *Cynomorium songaricum* Rupr.

宽叶柳兰 *Chamaenerion latifolium* (Linn.) Fries *et* Lange

短柱鹿蹄草 *Pyrola minor* Linn.

独丽花 *Moneses uniflora* (Linn.) A. Gray.

东北点地梅 *Androsace filiformis* Retz.

旱生点地梅 *Androsace lehmanniana* Spreng.

天山点地梅 *Androsace ovczinnikovii* Schischk.

假报春 *Cortusa matthioli* Linn.

海乳草 ***Glaux maritima*** **Linn.**

金钟花 ***Kaufumannia semennovii*** **(Herd.) Rgl.**

寒地报春 ***Primula algida*** **Adam**

准噶尔报春 ***Primula nivalis*** **var.** ***farinosa*** **Schrenk**

天山报春 ***Primula nutans*** **Georgi.**

大萼报春 *Primula veris* subsp. *macrocalyx* (Bunge) Ludi

驼舌草 ***Goniolimon speciosum*** **(C. A. Mey.) Boils**

簇枝补血草 *Limonium chrysocomum* (Kar. *et* Kir.) Kuntze

大簇补血草 *Limonium chrysocomum* subsp. *semenovii*(Herder) Kamelin

细簇补血草 *Limonium chrysocomum* var. *chrysocephalum* (Regel) Peng

高山龙胆 *Gentiana algida* Pall.

单花龙胆 *Gentiana uniflora* Georgi.

河边龙胆 *Gentiana riparia* Kar. *et* Kir.

罗布麻 *Apocynum venetum* Linn.

戟叶鹅绒藤 *Cynanchum sibiricum acutum* subsp. *sibiricum* (Willd.) K. H. Rechinger

拉拉藤 *Galium spurium* Linn.

花荵 *Polemonium coeruleum* Linn.

篱打碗花 *Calystegia sepium* (Linn.) R. Br.

田旋花 *Convolvulus arvensis* Linn.

黄花软紫草 *Arnebia guttata* Bge.

硬萼软紫草 *Arnebia decumbens* (Vent.) Coss. *et* Kral.

刺旋花 *Convolvulus tragacanthoides* Turcz.

糙草 *Asperugo procumbens* Linn.

绿花琉璃草 *Cynoglossum viridiflorum* Pall. *ex* Lehm.

长毛齿缘草 *Eritrichium villosum* (Ldb.) Bge.

椭圆叶天芥菜 ***Heliotropium ellipticum* Ledeb.**

石果鹤虱 *Lappula spinocarpa* (Forsk.) Aschers. *ex* Kuntze.

狭果鹤虱 ***Lappula semiglabra* (Ledeb.) Gurke**

长柱琉璃草 ***Lindelofia stylosa* (Kar. *et* Kir) Brand.**

小花紫草 ***Lithospermum officinale* Linn.**

勿忘草 ***Myosotis alpestris* F. W. Schmidt**

湿地勿忘草 ***Myosotis caespitosa* Schultz.**

假狼紫草 *Nonea caspica*

光果孪果鹤虱 ***Rochelia leiocarpa*** **Ldb.**

长蕊琉璃草 ***Solenanthus circinnatus*** **Ledeb.**

全缘叶青兰 ***Dracocephalum integrifolium*** **Bge.**

二刺叶兔唇花 *Lagochilus diacanthophyllus*

垂花青兰 ***Dracocephalum nutans*** **Linn.**

芳香新塔花 ***Ziziphora clinopodioides*** **Lam.**

短柄野芝麻 ***Lamium album*** **Linn.**

块根糙苏 ***Phlomis tuberosa*** **Linn.**

山地糙苏 ***Phlomis oreophila*** **Kar.** ***et*** **Kir.**

宽苞黄芩 ***Scutellaria sieversii*** **Bge.**

曼陀罗 ***Datura stramonium*** **Linn.**

深裂叶黄芩 ***Scutellaria przewalskii*** **Juz.**

天仙子 ***Hyoscyamus niger*** **Linn.**

中亚天仙子 ***Hyoscyamus pusillus*** **Linn.**

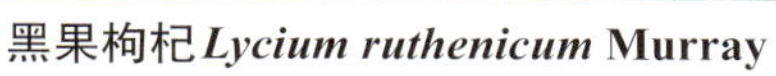

黑果枸杞*Lycium ruthenicum* Murray

柱筒枸杞*Lycium cylindricum* Kuang *et* A. M. Lu

新疆枸杞*Lycium dasystemum* Pojarkova

野胡麻*Dodartia orientalis*

短腺小米草*Euphrasia regelii* Wettst.

紫花柳穿鱼 *Linaria bungei* Kuprian.

欧氏马先蒿 *Pedicularis oederi* Vahl.

疗齿草 *Odontites serotina* Moenc

准噶尔马先蒿 *Pedicularis songarica* Schrenk

碎米蕨叶马先蒿 *Pedicularis cheilanthifolia* Schrenk

长根马先蒿 ***Pedicularis dolichorrhiza*** **Schrenk**

穗花兔尾苗 *Pseudolysimachion spicatum* (Linn.) Opiz

鼻花 ***Rhinanthus glaber*** **Lam.**

羽裂玄参 ***Scrophularia kiriloviana*** **Schischk.**

肉苁蓉 ***Cistanche deserticola*** **Ma**

盐生肉苁蓉 ***Cistanche salsa*****(C. A. Mey.) G. Beck**

紫花毛蕊花 ***Verbascum phoeniceum*** **Linn.**

弯管列当 *Orobanche cernua* Loefling

条叶车前 *Plantago lessingii* Fisch. *et* Mey.

矮小忍冬 *Lonicera humilis* Kar. *et* Kir.

刚毛忍冬 *Lonicera hispida* Pall. *ex* Roem. *et* Schult.

小叶忍冬 *Lonicera microphylla* Willd. *ex* Roem. *et* Schult.

中败酱 *Patrinia intermedia* (Horn.) Roem. *et* Schult

聚花风铃草 *Campanula glomerata* Linn.

新疆党参 *Codonopsis clematidea* (Schrenk) C. B. Clarke

长柄风铃草 *Campanula stevenii* subsp. *wolgensis* (Smirnov) Fed.

毛头牛蒡 *Arctium tomentosum* Mill.

龙蒿 *Artemisia dracunculus* Linn.

宽裂龙蒿 *Artemisia dracunculus* var. *turkestanica* Krasch

小甘菊 *Cancrinia discoidea* (Ledeb.) Poljak.

赛里木蓟 *Cirsium sairamense* (Cirsium Winkl.) O. *et* B. Fedtsch

丝毛蓝刺头 ***Echinops nanus* Bge.**

翼蓟 ***Cirsium vulgare* (Savi) Ten**

天山多榔菊 ***Doronicum tianshanicum* Z. X. An**

棉苞飞蓬 ***Erigeron eriocalyx* (Ldb.)Vierh.**

西疆飞蓬 ***Erigeron krylovii* Serg**

阿尔泰莴苣 ***Lactuca serriola* Linn.**

火绒草 ***Leontopodium leontopodioides* (Willd.) Beauv.**

大叶橐吾 *Ligularia macrophylla* (Ledeb.) DC.

雪莲 *Saussurea involucrata*（Kar. *et* Kir.）Sch.-Bip

天山橐吾 *Ligularia narynensis* (WinkLigularia) O. *et* B. Fedtsch.

基枝鸦葱 *Scorzonera pubescens* DC.

长锥蒲公英 *Taraxacum longipyramidatum* Schischk

款冬 *Tussilago farfara* Linn.

篦齿眼子菜 *Potamogeton pectinatus* Linn.

蓝苞葱 *Allium atrosanguineum* Kar. *et* Kir

滩地韭 *Allium oreoprasum* Schrenk

宽苞韭 *Album platyapathum* Schrenk

阿尔泰独尾草 ***Eremurus altaicus***

毛梗顶冰花 ***Gagea albertii*** **Regel**

伊犁贝母 ***Fritilhtria pallidiftora*** **Schrenk**

镰叶顶冰花 ***Gagea fedtschenkoana*** **Pasch.**

新疆玉竹 *Polygonatum roseum* (Lecieb.) Kunth.

异叶郁金香 *Tulipa heterophylla* (Regel) Baker

垂蕾郁金香 *Tulipa patens* Agardh. *ex* Schult.

伊犁郁金香 *Tulipa iliensis* Regel

准噶尔鸢尾蒜 *Ixiolirion songaricum* P. Yan

白番红花 *Crocus alatavicus* Regel *et* Sem

喜盐鸢尾 *Iris halophila* Pall.

天山鸢尾 *Iris loczyi* Kanitz

膜苞鸢尾 *Iris scariosa* Willd. *et* Link

东方旱麦草 *Eremopyrum orientale* (Linn.) Jaub. *et* Spach

芦苇 *Phragmites australis* (Cav.) Trin. *ex* Steud.

具刚毛荸荠 *Eleocharis valleculosa* var. *setosa* Ohwi

掌裂兰 *Dactylorhiza hatagirea* (D. Don) Soó

高山鸟巢兰 *Neottia listeroides* Lindl.

粗裂地钱 *Marchantia paleacea* Bertol.

秦岭羽苔 *Plagiochila biondiana* C. Massal.

拟地钱 *Marchantia stoloniscyphula* (Cao *et* Zhang) Piippo

芽胞裂萼苔 *Chiloscyphus minor* (Nees) Engel. *et* Schust.

多角胞三瓣苔 *Tritomaria exsectiformis* (Breidl.) Loesk.

剑叶大帽藓 *Encalypta spathulata* C. Muell.

西藏大帽藓 *Encalypta tibetana* Mitt.

葫芦藓 *Funaria hygromertrica* Hedw.

狭叶缩叶藓 *Ptychomitrium linearifolium* Reim.

粗瘤紫萼藓 ***Grimmia mammosa* Gao *et* Cao**

高山紫萼藓 ***Grimmia montana* Bruch. & Schimp.**

对叶藓 ***Distichium capillaceum* (Hedw.) B.S.G.**

曲背藓 ***Oncophorus wahlenbergii* Brid**

扭叶丛本藓 ***Anoectangium stracheyanum* Mitt.**

红叶藓 ***Bryoerythrophyllum recurvirostrum* (Hedw.) Chen**

厚肋流苏藓 ***Crossidium crassinervium* (De Not.) Jur.**

短叶对齿藓 ***Didymodon tectorus*** **(Müll. Hal.) Saito**

侧立大丛藓 ***Molendoa schliephackei*** **(Limpr.) Zander**

无疣墙藓 ***Tortula mucronifolia*** **Schwaegr.**

平叶毛口藓 ***Trichostomum planifolium*** **(Dix.) Zander**

小口小石藓 ***Weissia brachycarpa*** **(Nees & Hornsch.) Jur.**

粗尖泽藓 ***Philonotis yezoana*** **Besch & Card.**

细叶真藓 ***Bryum capillare*** **Hedw.**

刺叶真藓 ***Bryum lonchocaulon*** **C. Muell.**

拟三列真藓 ***Bryum pseudotriquetrum*** **(Hedw.) Gaertn.**

尖叶平蒴藓 ***Plagiobryum demissum*** **(Hook.) Lindb**

长叶提灯藓 ***Mnium lycopodioides*** **Schwägr.**

刺叶提灯藓 ***Mnium spinosum*** **(Voit.)Schwägr.**

长蒴丝瓜藓 ***Pohlia elongata*** **Hedw.**

疣灯藓 Trachycystis microphylla (Dozy & Molk.) Lindb.

柳叶藓 *Amblystegium serpens* (Hedw.) Bruch & Schimp.

镰刀藓 *Drepanocladus aduncus* (Hedw.) Warnst.

大叶镰刀藓 *Drepanocladus cossonii* (Schimp.) Loeske

中华细枝藓 *Lindbergia sinensis* (Müll. Hal.) Broth.

密枝燕尾藓 *Bryhnia serricuspis* (Müll. Hal.) Y.F. Wang

匙叶毛尖藓 *Cirriphyllum cirrosum* (Schwägr.) Grout

金灰藓 ***Pylaisiella polyantha*** **(Hedw.) Bruch & Schimp.**

厚角绢藓 ***Entodon concinus*** **(De Not.) Par.**

①聚盘微孢衣*Acarospora glypholecioides* Magn.
②灰微孢衣*Acarospora peliscypha* Th. Fr.
③阿尔泰柄盘衣*Anamylopsora altaica* Ahat, A. Abbas, S.Y. Guo & Tumur
④包氏平茶渍*Aspicilia bohilli* (H. Magn.) J.C. Wei
⑤荒漠平茶渍*Aspicilia desertorum* (Krempelh.) Mereschk
⑥刺小孢发*Bryoria confusa* (Awas.) Brodo&Hawksw

①同色黄烛衣 *Candelaria concolor* (Dicls.) B. Stein
②帆黄茶渍 *Candelariella antennaria* Räsänen
③珊瑚黄茶渍 *Candelariella coralliza* (Nyl.) Magnusson
④油黄茶渍 *Candelariella oleifera* Magn
⑤金黄茶渍 *Candellariella aurella* (Hoffm.) Zahlbr.
⑥喇叭石蕊 *Cladonia pyxidata* (L.) Hoffm

①小管地指衣 ***Dactylina madreporiformis*** **(Ach.) Tuck.**
②皮果衣原变种 ***Dermatocarpon miniatum*** **var.** ***miniatum*** **(L.) Mann.**
③皮果衣重瓣变种 ***Dermatocarpon miniatum*** **var.** ***complicatum*** **(Leight.) Th. Fr.**
④短绒皮果衣 ***Dermatocarpon vellereum*** **Zsch.**
⑤鳞饼衣 ***Dimeleana oreina*** **(Ach.) Norman**
⑥藓生双缘衣 ***Diploschistes muscorum*** **(Scop.) R. Sant.**

①中华石果皮原变种 *Endocarpon sinense* var. *sinense* Magn.
②裸扁枝衣 *Evernia esorediosa* (Muell. Arg.) Du
③糙聚盘衣 *Glypholecia scabra* (Pers.) Muell. Arg.
④大叶鳞型衣 *Gypsoplaca macrophylla* (Zahlbr.) Timdal
⑤碎茶渍 *Lecanora argopholis* (Ach.) Ach.
⑥坚盘茶渍 *Lecanora cenisia* Ach.

①散布茶渍 *Lecanora dispersa* (Pers.) Röhl.
②小茶渍 *Lecanora hagenii* Ach.
③墙茶渍 *Lecanora muralis* (Schreb.) Rabenh.
④多形茶渍 *Lecanora polytropa* (Ehrh.) Rabh.
⑤裸网衣 *Lecidea ecrustacea* (Anzi *ex* Arnold) Arnold Verh.
⑥脱落网衣 *Lecidea elabens* Fr.

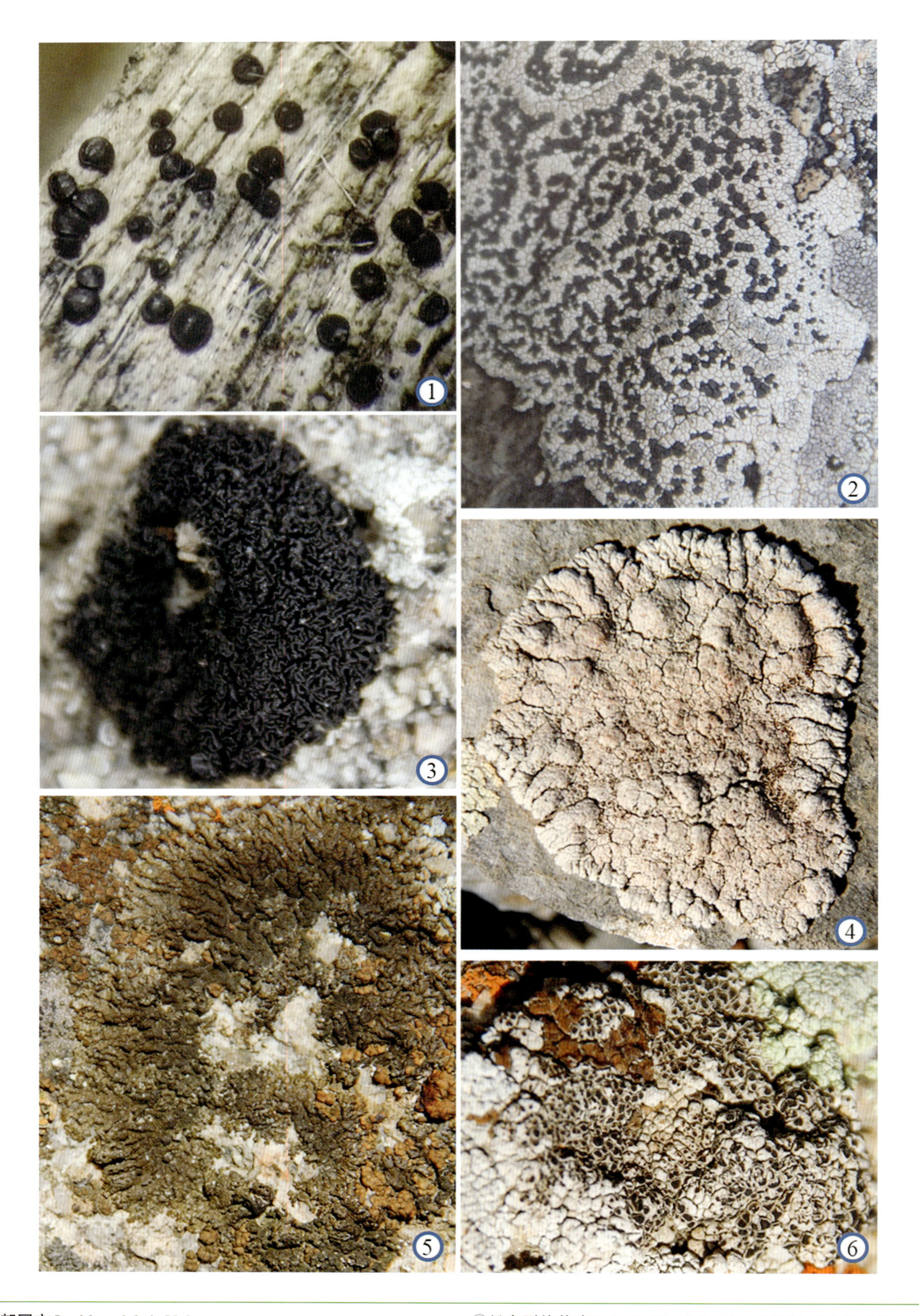

①西部网衣 ***Lecidea plebeja*** **Nyl.**
②斑纹网衣 ***Lecidea tessellata*** **Flk.**
③黑色幼芽状盘衣 ***Lichinella nigritella*** **(Lettau) P. Moreno & Ege**
④粉盘裂片茶渍 ***Lobothallia alphoplaca*** **(Wahlenb.) Hafellner**
⑤原辐瓣茶衣 ***Lobothallia praeradiosa*** **(Nyl.)Hafellner**
⑥毡褐梅 ***Melanelia panniformis*** **(Nyl.) Essl.**

①洒石肉疣衣 ***Ochrolechia tartarea*** **(L.) Massal**

②密集黑蜈蚣衣 ***Phaeophyscia constipata*** **(Norrl.et Nyl.) Moberg**

③暗裂芽黑蜈蚣衣 ***Phaeophyscia sciastra*** **(Ach.) Moberg**

④蓝灰蜈蚣衣 ***Physcia caesia*** **(Hoffm.) Hampe**

⑤哈氏蜈蚣衣 ***Physcia halei*** **J.W. Thomson**

⑥蜈蚣衣 ***Physcia stellaris*** **(L.) Nyl.**

①长缘毛蜈蚣衣 *Physcia tenella* (Scop.) DC.
②黄髓大孢衣 *Physconia enteroxantha* (Nyl.) Poelt
③戈壁金卵石衣 *Pleopsidium gobiensis* H.Magn.
④红鳞网衣 *Psora decipiens* (Ehrh.)Hoffm.
⑤绿黑地图衣 *Rhizocarpon viridiatrum* (Wulf.) Koerb.
⑥红脐鳞衣 *Rhizoplaca chrysoleuca* (Smith) Zopf

①垫脐鳞衣 ***Rhizoplaca melanophthalma*(Ram.)Leuck. *et* Poelt**
②盾脐鳞衣 ***Rhizoplaca peltata* var. *peltata* (Ram.) Leuck. *et* Poelt**
③异脐鳞衣 ***Rhizoplaca subdiscrepans* (Nyl.) R.Sant.**
④饼干衣 ***Rinodina sophodes* (Ach.)Massal.**
⑤网盘衣属1种 ***Sarcogyne* sp.**
⑥缠结茸枝衣 ***Seirophora contortupplicata* (Ach.) Frödén**

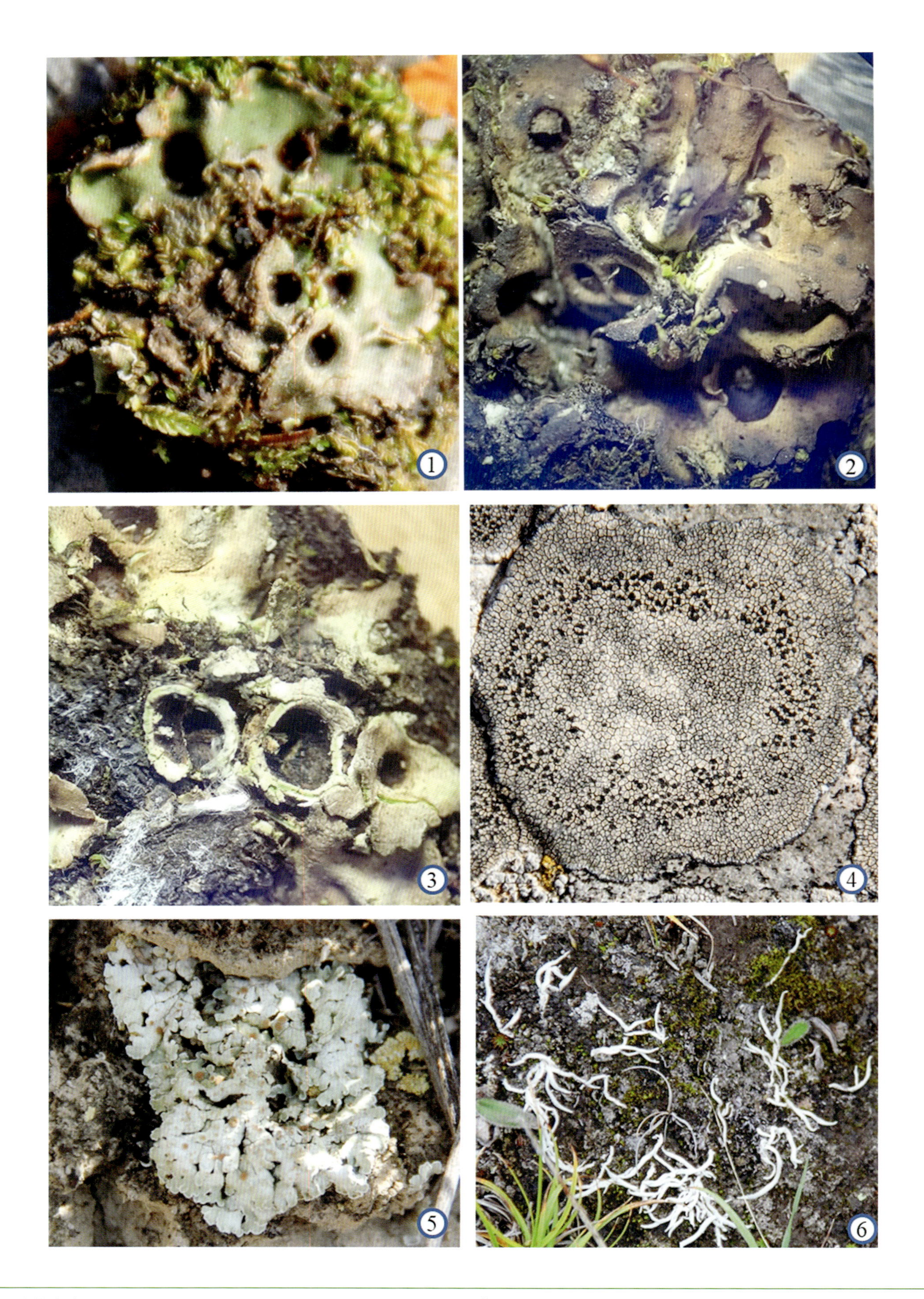

①双孢散盘衣*Solorina bispora* Nyl.
②凹散盘衣*Solorina saccata* (L.) Ach.
③绵散盘衣*Solorina spongiosa* (Ach.) Anza.
④亚洲多孢衣*Sporastatia asiatica* Magn.
⑤条斑鳞茶渍*Squamarina lentigera* (Weber) Poelt
⑥雪地茶*Thamnolia subuliformis* (Ehrh.) W.Culb.

①垫盾链衣 *Thyrea confusa* **Henssen**

②白泡鳞衣 *Toninia candida* **(Weber) Th. Fr**

③暗色泡鳞衣 *Toninia tristis* **(Th.Fr.)Th.Fr.**

④淡肤根石耳 *Umbilicaria virginis* **Schaer.**

⑤荒漠黄梅 *Xanthoparmelia desertorum* **(Elenkin) Hale**

⑥丽石黄衣 *Xanthoria elegans* **(Link).Th. Fr**

赭鹿花菌 *Gyromitra infula* (Schaeff.) Quél.

新疆鹿花菌 *Gyromitra xinjiangensis* J.Z. Cao, L. Fan & B. Liu

羊肚菌 *Morchella esculenta* (L.) Pers

橙黄蘑菇 *Agaricus augustus* Fr

四孢蘑菇 *Agaricus campestris* L.

海岸蘑菇 *Agaricus litoralis* (Wakef. & A. Pearson) Pilát

黄斑蘑菇 *Agaricus xanthodermus* Genev.

夏季灰球 *Bovista aestivalis* (Bonord.) Demoulin

大秃马勃 *Calvatia gigantea* (Batsch) Lloyd

细环柄菇 *Lepiota clypeolaria* (Bull.) P. Kumm.

白马勃（参照种）*Lycoperdon* cf. *niveum* Kreisel

网纹马勃 *Lycoperdon perlatum* Pers.

梨形马勃 *Lycoperdon pyriforme* Schaeff.

翘鳞肉齿菌 *Sarcodon imbricatus* (L.) P. Karst.

叶腹菌 *Chamonixia caespitosa* Rolland

褐色丝膜菌 *Cortinarius caesiocanescens* M.M. Mose

沼生丝膜菌 *Cortinarius helobius* Romagn.

春丝膜菌 *Cortinarius vernus* H. Lindstr. & Melot

黑头毛地星 *Geastrum melanocephalum* (Czern.) V.J. Staněk

尖顶地星 *Geastrum triplex* Jungh.

冷杉枝瑚菌 *Ramaria abietina* (Pers.) Quél.

金脐菇 *Chrysomphalina chrysophylla* (Fr.) Clémençon

纹缘盔孢伞 *Galerina marginata* (Batsch) Kühner

裸伞 *Gymnopilus penetrans* (Fr.) Murrill

相邻滑毒伞 ***Hebeloma affine*** **A.H. Sm., V.S. Evenson & Mitchel**

毛边滑锈伞 ***Hebeloma mesophaeum*** **(Pers.) Quél.**

滑毒伞 ***Hebeloma quercetorum*** **Quadr.**

铜绿丝盖伞 ***Inocybe aeruginascens*** **Babos**

灰丝盖伞 ***Inocybe griseovelata*** **Kühner**

丝盖伞 ***Inocybe rimosa*** **(Bull.) P. Kumm.**

丝盖伞属一种 ***Inocye*** **sp.**

球根丝盖伞 ***Pseudosperma bulbosissimum*** **(Kühner) Matheny & Esteve-Rav.**

Mallocybe leucoblema **(Kühner) Matheny & Esteve-Rav.**

香杏丽蘑 ***Calocybe gambosa*** **(Fr.) Singer**

宽褶奥德蘑 ***Megacollybia platyphylla*** **(Pers.) Kotl. & Pouzar**

血红小菇 ***Mycena haematopus*** **(Pers.) P. Kumm.**

洁小菇 ***Mycena pura*** **(Pers.) P. Kumm.**

灰顶伞 ***Tephrocybe*** **sp.**

褐色光柄菇 ***Pluteus brunneidiscus*** **Murrill**

灰光柄菇 ***Pluteus cervinus*** **(Schaeff.) P. Kumm.**

狮黄光柄菇 *Pluteus leoninus* (Schaeff.) P. Kumm.

罗梅尔光柄菇 *Pluteus romellii* (Britzelm.) Sacc.

红缘拟层孔菌 *Fomitopsis pinicola* (Sw.) P. Karst.

漏斗香菇 *Lentinus arcularius* (Batsch) Fr.

晶粒小鬼伞 *Coprinellus micaceus* (Bull.) Vilgalys, *et* al.

白黄小脆柄菇 *Psathyrella candolleana* (Fr.) Maire

粉小脆柄菇 *Psathyrella prona* (Fr.) Gillet

库恩菇 *Kuehneromyces mutabilis* (Schaeff.) Singer & A.H. Sm.

齿环球盖菇 ***Deconica coprophila*** **(Bull.) P. Karst.**

云杉乳菇 ***Lactarius deterrimus*** **Gröger**

乳菇属1种 ***Lactarius*** **sp.**

四川红菇 ***Russula sichuanensis*** **G.J. Li & H.A. Wen**

碱紫漏斗伞 ***Infundibulicybe alkaliviolascens*** **(Bellù) Bellù**

紫丁香蘑 ***Lepista nuda*** **(Bull.) Cooke**

花脸香蘑 ***Lepista sordid*** **(Schumach.) Singer**

白桩菇 ***Aspropaxillus candidus*** **(Bres.) M.M. Moser**

云杉白桩菇 ***Leucopaxillus cerealis*** **(Lasch) Singer**

侧生白桩菇 ***Leucopaxillus laterarius*** **(Peck) Singer & A.H. Sm.**

短柄铦囊蘑 ***Melanoleuca brevipes*** **(Bull.) Pat.**

铦囊蘑 ***Melanoleuca cognata*** **(Fr.) Konrad & Maubl.**

黏脐菇 ***Myxomphalia maura*** **(Fr.) Horak**

近香蘑 ***Paralepista*** **sp.**

棕灰口蘑 ***Tricholoma terreum*** **(Schaeff.) P. Kumm.**

锐顶斑褶菇 ***Panaeolus acuminatus*** **(P. Kumm.) Quél.**

天山棕熊 ***Ursus arctos***（马鸣 摄）

灰狼 ***Canis lupus***（马鸣 摄）

灰旱獭 ***Marmota baibacina***（马鸣 崔大方摄）

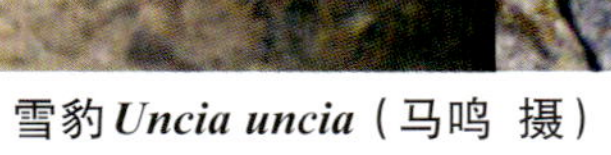

雪豹 ***Uncia uncia***（马鸣 摄）

天山野猪*Sus scrofa*（马鸣 摄）

雄性北山羊群*Capra sibirica*（马鸣 摄）

博州草原上的长尾黄鼠*Spermophilus undulatus*（马鸣 摄）

针叶林里的猫头鹰——长耳鸮*Asio otus*（马鸣 摄）

中国鸟类新记录——侏鸬鹚*Phalacrocorax pygmeus*（马鸣 摄）

斑头雁*Anser indicus*（马鸣 摄）

大天鹅的窝与卵 *Cygnus cygnus*（马鸣 摄）

金雕的幼雏 *Aquila chrysaetos*（马鸣 摄）

灰雁 *Anser anser*（马鸣 摄）

黄爪隼 *Falco naumanni*（马鸣 摄）

高山兀鹫 *Gyps himalayensis*（马鸣 摄）

暗腹雪鸡 *Tetraogallus himalayensis*（马鸣 摄）

石鸡 *Alectoris chukar*（马鸣 摄）

猫头鹰——长耳鸮
Asio otus（马鸣 摄）

针叶林里的物种——松鼠
Sciurus vulgaris（马鸣 摄）

粉红椋鸟 *Sturnus roseus*（崔大方 摄）

白鹡鸰 *Motacilla alba*（马鸣 摄）

白眼潜鸭 *Aythya nyroca*（马鸣 摄）

赤膀鸭 *Anas strepera*（马鸣 摄）

赤麻鸭 *Tadorna ferruginea*（马鸣 摄）

戴胜 ***Upupa epops***（马鸣 摄）

褐头山雀 ***Parus montanus***（马鸣 摄）

变色沙蜥 ***Phrynocephalus versicolor***（崔大方 摄）

琉璃蜓*Aeshna nigroflava* Martin

方氏赤蜻*Sympetrum fonscolombei* (Selys)

方氏赤蜻*Sympetrum fonscolombei* (Selys)

懒螽*Zichya* sp.

绿螽*Tettigonia viridissima* (Linnaeus)

懒螽*Zichya* sp.

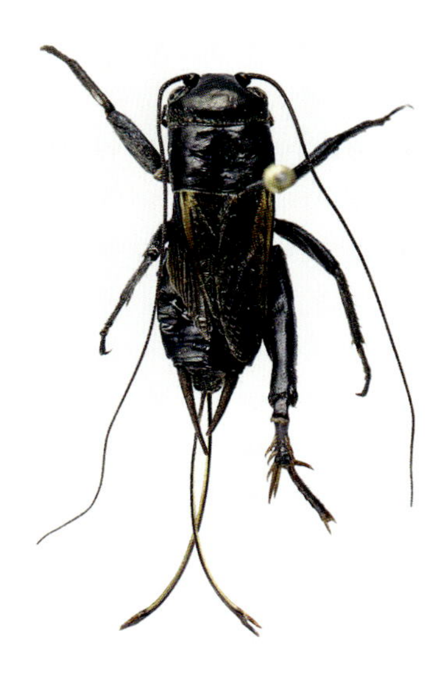

草原黑蟋*Gryllus desertus* Pallas

朱腿痂蝗 ***Bryodema gebleri gebleri*** **(Fischer von Waldheim)**

意大利蝗 ***Calliptamus italicus*** **(Linnaeus)**

欧洲象蜡蝉 ***Dictyophara europaea*** **(Linnaeus)**

赭斑蝉 ***Cicadatra querula*** **(Pallas)**

赭斑蝉 ***Cicadatra querula*** **(Pallas)**

大青叶蝉 ***Tettigella viridis*** **(Linnaeus)**

水黾 ***Gerris paludum*** **(Fabricius)**

斑须蝽 ***Dolycoris baccarum*** **(Linnaeus)**

菜蝽 ***Eurydema dominulus*** **(Scopoli)**

赤条蝽 ***Graphosoma rubrolineata*** **(Westwood)**

原缘蝽 ***Coreus marginatus*** **(Linnaeus)**

蓿盲蝽 ***Adelphocoris lineolatus*** **(Goeze)**

丽草蛉 ***Nineta vittata*** **(Wesmael)**

素完眼蝶角蛉 *Idricerus sogdianus* McLachlan

暗步甲 *Amara* sp.

荒漠暗步甲 *Amara deserta* (Krynicki)

金星步甲 *Calosoma auropunctatum* (Herbst)

斜斑虎甲 *Cicindela granulata* Gebler

星斑虎甲 *Cylindera kaleea* (Bates)

心步甲 *Nebria* sp.

毛梦步甲 *Ophonus rufipes* (De Geer)

金龟形牙甲 *Sphaeridium scarabaeoides* (Linnaeus)

里海豉甲 *Gyrinus caspius* Ménétriés

黑阎虫 *Saprinus semipunctatus* (Scriba)

裸干葬甲 *Aclypea calva* (Reitter)

滨尸葬甲 *Necrodes littoralis* (Linnaeus)

暗葬甲 *Silpha obscura* Linnaeus

中亚切根鳃金龟 *Amphimallon solstitiale* (Linnaeus)

锄蜉金龟 *Aphodius fossor* **(Linnaeus)**

直蜉金龟 *Aphodius rectus* **Motschulsky**

金匠花金龟 *Cetonia aurata* **(Linnaeus)**

白星花金龟 *Protaetia brevitarsis* **(Lewis)**

白星花金龟 *Protaetia brevitarsis* **(Lewis)**

束带斑金龟 *Trichius fasciatus* **(Linnaeus)**

压迹粪金龟 *Geotrupes impressus* **Gebler**

粗糙弯边蜣螂 *Gymnopleurus flagellatus* **(Fabricius)**

小驼嗡蜣螂 *Onthophagus gibbulus* **(Pallas)**

公牛嗡蜣螂 *Onthophagus taurus* **(Schreber)**

葡萄根蛀犀金龟 *Oryctes nasicornis* **(Linnaeus)**

葡萄根蛀犀金龟 *Oryctes nasicornis* **(Linnaeus)**

红头豆芫菁 *Epicauta erythrocephala* **(Pallas)**

红头豆芫菁 *Epicauta erythrocephala* **(Pallas)**

蓝色短翅芫菁 *Meloe violaceus* **Marsham**

中间斑芫菁 *Mylabris intermedia* Fischer von Waldheim

中间斑芫菁 *Mylabris intermedia* Fischer von Waldheim

单纹斑芫菁 ***Mylabris monozona*** **Wellman**

蚁形斑芫菁 *Mylabris quadvisignata* Fischer von Waldheim

蚁形斑芫菁 *Mylabris quadvisignata* Fischer von Waldheim

四点斑芫菁 ***Mylabris quadripunctata*** **(Linnaeus)**

四点斑芫菁 ***Mylabris quadripunctata*** **(Linnaeus)**

绿眼花天牛 ***Acmaeops smaragdula*** **(Fabricius)**

黄斑棍腿天牛 ***Phymatodes hauseri*** **(Pic)**

天花吉丁 ***Julodis variolaris*** **(Pallas)**

天花吉丁 ***Julodis variolaris*** **(Pallas)**

米兰亮叩甲 ***Selatosonus melancholieus*** **(Fabricius)**

奇异东鳖甲 ***Anatolica paradoxa*** **Reitter**

细长琵琶甲 ***Blaps oblonga*** **Kraatz**

琵琶甲 ***Blaps*** **sp**

中华刺甲 ***Oodescelis chinensis*** **Kaszab**

类沙土甲 ***Opatrum subaratum*** **Faldermann**

沙土甲 ***Opatrum sabulosum*** **(Linnaeus)**

卵形凹胫甲 ***Platyscelis ovata*** **Ballion**

亚洲鳖甲 ***Tentyria asiatica*** **Skopin**

甜菜瓢虫 ***Bulea lichatschovi*** **(Hummel)**

十一星瓢虫 ***Coccinella undecimpunctata*** **Linnaeus**

异色瓢虫 ***Harmonia axyridis*** **(Pallas)**

多异瓢虫 ***Hippodamia variegate*** **(Goeze)**

黑带蚜蝇 ***Episyrphus balteatus*** **(De Geer)**

短腹管蚜蝇 ***Eristalis arbustorum*** **(Linnaeus)**

灰带管食蚜蝇 ***Eristalis cerealis*** **Fabricius**

羽芒宽盾蚜蝇 ***Phytomia zonata*** **(Fabricius)**

熊蜂蚜蝇 ***Volucella bombylans*** **(Linnaeus)**

荨麻蛱蝶 ***Aglais urticae*** **Linnaeus**

银斑豹蛱蝶 *Argynnis aglaja* (Linnaeus)

银斑豹蛱蝶 *Argynnis aglaja* (Linnaeus)

潘豹蛱蝶 *Argynnis pandora* Denis & Schiffermüller

绿豹蛱蝶 *Argynnis paphia* Linnaeus

艾鲁珍蛱蝶 *Clossiana erubescens* (Staudinger)

艾鲁珍蛱蝶 *Clossiana erubescens* (Staudinger)

珠蛱蝶 *Issoria lathonia* Linnaeus

珠蛱蝶 *Issoria lathonia* Linnaeus

蜜蛱蝶 *Mellicta* sp.

单环蛱蝶 *Neptis rivularis* Scopoli

单环蛱蝶 *Neptis rivularis* Scopoli

朱蛱蝶 *Nymphalis xanthomelas* (Esper)

朱蛱蝶 *Nymphalis xanthomelas* (Esper)

小红蛱蝶 *Vanessa cardui* (Linnaeus)

小红蛱蝶 *Vanessa cardui* (Linnaeus)

阿波罗绢蝶*Parnassius apollo* (Linnaeus)

天山绢蝶*Parnassius tianschanicus* Oberthür

红襟粉蝶*Anthocharis cardamines* (Linnaeus)

绢粉蝶*Aporia crataegi* (Linnaeus)

绢粉蝶*Aporia crataegi* (Linnaeus)

斑缘豆粉蝶*Colias erate* (Esper)

莫氏小粉蝶*Leptidea morsei* Fenton

欧洲粉蝶*Pieris brassicae* (Linnaeus)

欧洲粉蝶*Pieris brassicae* (Linnaeus)

暗脉菜粉蝶*Pieris napi* (Linnaeus, 1758)

暗脉菜粉蝶*Pieris napi* (Linnaeus, 1758)

菜粉蝶*Pieris rapae* (Linnaeus, 1758)

云粉蝶*Pontia daplidice* (Linnaeus)

云粉蝶*Pontia daplidice* (Linnaeus)

暗色珍眼蝶*Coenonympha mahometana* Alphéraky

绿斑珍眼蝶 *Coenonympha sunbecca* Eversmann

图兰红眼蝶 *Erebia turanica* Erschoff

西方云眼蝶 *Hyponephele dysdora* (Lederer)

西方云眼蝶 *Hyponephele dysdora* (Lederer)

黄褐酒眼蝶 *Oeneis hora* Grum-Grshimailoz

北方花弄蝶 *Pyrgus alveus* Hübner

星点弄蝶 *Syrichtus tessellum* Hübner

普枯灰蝶 *Cupido prosecusa* Erschoff

酷灰蝶 *Cyaniris semiargus* Rottemburg

埃灰蝶 *Eumedonia eumedon* Esper

红珠灰蝶 *Lycaeides argyrognomon* Bergsträsser

红珠灰蝶 *Lycaeides argyrognomon* Bergsträsser

新灰蝶 *Neolycaena* sp.

新灰蝶 *Neolycaena* sp.

豆灰蝶 *Plebejus argus* Linnaeus

眼灰蝶 ***Polyommatus* sp.1**

华丽野螟 ***Agathodes ostentalis* (Geyer)**

黄基缨斑野螟 ***Endocrossis flavibasalis* (Moore)**

夏枯草线须野螟 ***Eurrhypara hortulata* (Linnaeus)**

暗纹薄翅野螟 ***Evergestis frumetalis* (Linaeus)**

褐衣薄翅野螟 ***Evergestis lichenalis* Hampson**

珀薄翅野螟 ***Evergestis politalis* (Denis & Schiffermüller)**

刺薄翅野螟 ***Evergestis spiniferalis* (Staudinger)**

锥额野螟 ***Loxostege clathralis* (Hübner)**

网锥额野螟 ***Loxostege sticticalis* (Linnaeus)**

褐缘绿野螟 ***Parotis marginata* (Hampson)**

红缘红带野螟 ***Pyrausta sanguinalis* (Linnaeus)**

八斑蓝黑野螟 ***Rhagoba octomaculalis* (Moore)**

尖双突野螟 ***Sitochroa verticalis* (Linnaeus)**

黑翅黑点野螟 ***Vittabotys nigrescens* (Moore)**

松目草螟 *Catoptria piella* (Linnaeus)

银光草螟 *Crambus perlellus* (Scopoli)

丽草螟 *Euchromius gozmanyi* Bleszynski

灰茎草螟 *Pediasia persella* (Toll)

银纹黄翅草螟 *Xanthocrambus argentarius* (Staudinger)

二点织螟 *Aphomia zelleri* (Joannis)

鳞斑螟 *Asalebria florella* (Mann)

梢斑螟 *Dioryctria simplicella* Heinemann

豆锯角斑螟 *Pima boisduvaliella* (Guenée)

深色白眉天蛾 *Celerio gallii* (Rottemburg)

疆闪红天蛾 *Pergesa porcellus* sinkiangensis Chu & Wang

淡黄巾尺蛾 *Cidaria fulvata distinctata* Staudinger

迪青尺蛾 *Dyschloropsis impararia* (Guenée)

狭幽尺蛾 *Gnophos nimbata* Alphéraky

狭斑黄尺蛾 *Opisthograptis luteolata* (Linnaeus)

狭斑丸尺蛾 ***Plutodes flavescens* Butler**

岩尺蛾 ***Scopula ornata* (Scopoli)**

白点二线尺蛾 ***Thetidia smaragdaria* (Fabricius)**

双流潢尺蛾 ***Xantnorhoe biriviata* (Borkhausen)**

豹灯蛾 ***Arctia caja* (Linnaeus)**

点灯蛾 ***Diacrisia irene* Butler**

排点灯蛾 ***Diacrisia sannio* (Linnaeus)**

黄灯蛾 ***Rhyparia purpurata* (Linnaeus)**

黑带二尾舟蛾 ***Cerura felina* (Butler)**

警纹地夜蛾 ***Agrotis exclamationis* (Linnaeus)**

黄地老虎 ***Agrotis segetum* (Denis & Schiffermüller)**

灰歹夜蛾 ***Diarsia canescens* (Butler)**

灰褐歹夜蛾 ***Dictyestra dissecta* (Walker)**

赫妃夜蛾 ***Drasteria herzi* (Alphéraky)**

元妃夜蛾 ***Drasteria obscurata* (Staudinger)**

谐夜蛾*Emmelia trabealis* (Scopoli)

齿恭夜蛾*Euclidia dentata* (Staudinger)

基剑切夜蛾*Euxoa basigramma* (Staudinger)

亚切夜蛾*Euxoa conspicua* (Hübner)

寒切夜蛾*Euxoa sibirica* (Boisduval)

宽胫夜蛾*Schinia scutosa* (Goeze)

八字地老虎*Xestia c-nigrum* (Linnaeus)

苹果大枯叶蛾*Gastropacha quercifolia* (Linnaeus)

暗双带幕枯叶蛾*Malacosoma castrensis castrensis* (Linnaeus)

浅双带幕枯叶蛾*Malacosoma castrensis kirghisica* (Staudinger)

幕枯叶蛾*Malacosoma* sp.1

幕枯叶蛾*Malacosoma* sp.2

茸毒蛾*Dasychira* sp.

缀黄毒蛾*Euproctis karghalica* (Moore)

柳毒蛾*Leucoma salicis* (Linnaeus)

断带黄斑蜾蠃 *Katamenes sesquicinctus* (Lichtenstein)

达维分舌蜂 *Colletes daviesanus* Smith

黄色分舌蜂 *Colletes hylaeiformis* Eversmann

黑木蜂 *Xylocopa violacea* (Linnaeus)

极地熊蜂 *Bombus articns* (Kirby)

斑背熊蜂 *Bombus laesus* Morawitz

天山熊蜂 *Bombus tianshanicus* Panfilov

角马蜂 *Polistes chinensis* (Fabricius)

准盾斑蜂 *Paracrocisa* sp.

盾斑蜂 *Thyreus ramosus* (Lepeletier)

沙泥蜂 *Ammophila sabulosa* (Linnaeus)

沙地节腹泥蜂 *Gerceris sabulosa* (Panzer)

广布弓背蚁 *Camponotus herculeanus* (Linnaeus)

日本弓背蚁 *Camponotus japonicus* Mary

陈涛研究员采集标本，崔大方教授与马鸣研究员在整理数据

新疆农业大学、华南农业大学师生在拍摄和压制标本（左：王兵老师；右：崔大方教授）

中山大学师生拍摄照片（左：廖文波教授）

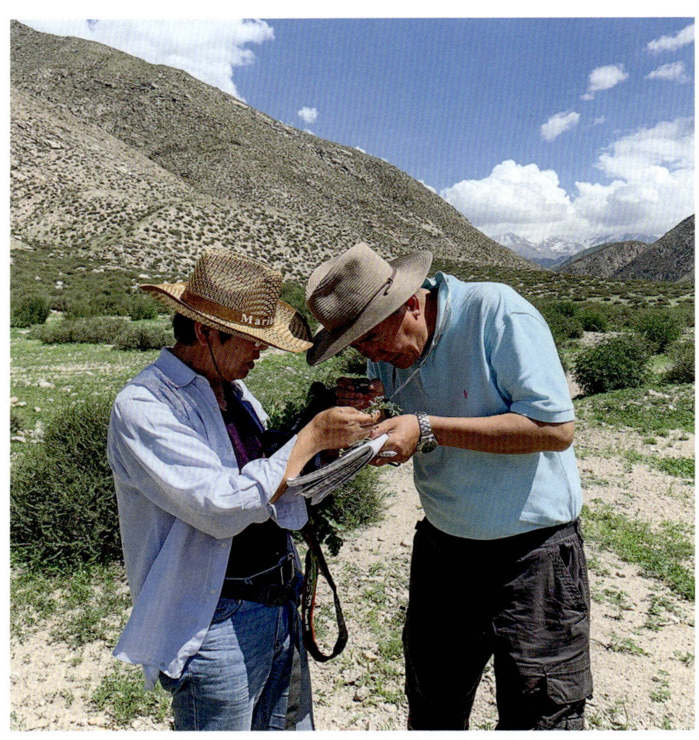

刘启新研究员与崔大方教授鉴定植物

廖文波教授与吴保欢博士在拉样方

华南农业大学师生调查群落样方

新疆维吾尔自治区天然林保护中心、博尔塔拉蒙古自治州林草局领导与林管局工作人员和考察队员在考察工作现场

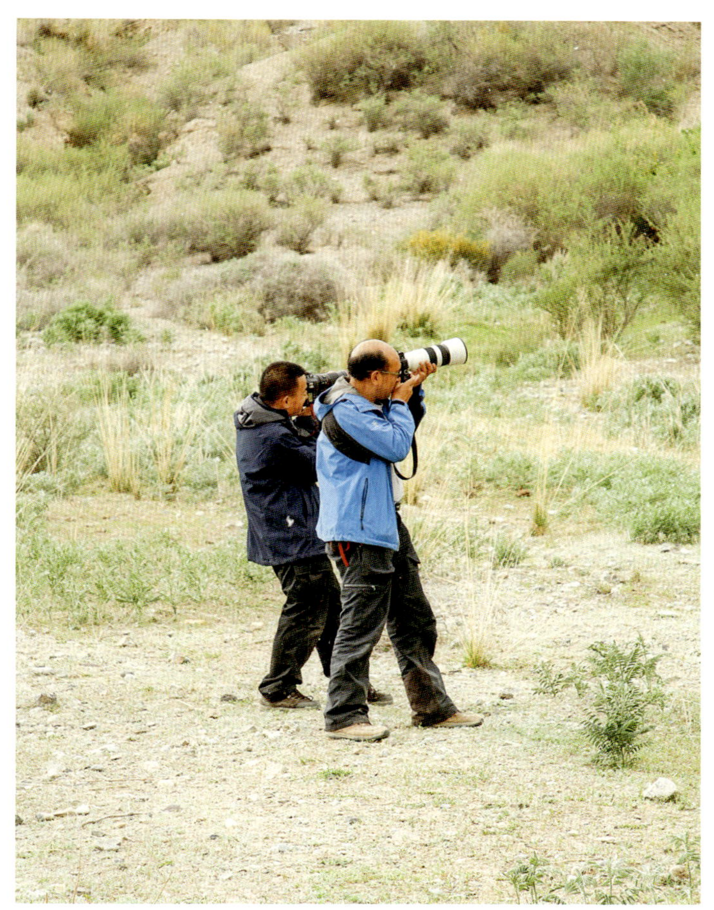

左：捕捉瞬间

右：昆虫诱捕

中国科学院深圳仙湖植物园、中山大学、博州南部山区林管局调查人员合影

中科院新疆生地所、华南农业大学、新疆农科院调查人员合影

中山大学、广东省微生物研究所、西藏高原生物研究所调查人员合影

中科院深圳仙湖植物园、中山大学、华南农业大学调查人员合影